"十三五"江苏省高等学校重点教材（编号：2018-2-180）

普通高等教育"十三五"规划教材

微电子与集成电路设计系列规划教材

微电子与集成电路设计导论

方玉明　王德波　张　瑛　郭宇锋　编著

电子工业出版社

Publishing House of Electronics Industry

北京·BEIJING

内 容 简 介

本书是"十三五"江苏省高等学校重点教材。内容从通俗性和实用性出发，全面介绍微电子科学与工程专业所需学习的各项基本理论和知识。全书共 6 章，主要包括：微电子学基础（概论）、半导体物理基础、半导体器件物理基础、半导体集成电路制造工艺、集成电路基础、新型微电子技术。并配套电子课件、习题参考答案等。

本书可作为高等学校微电子科学与工程专业"微电子导论"课程的基础教材，也可供相关领域的工程技术人员学习和参考。

图书在版编目（CIP）数据

微电子与集成电路设计导论 / 方玉明等编著. —北京：电子工业出版社，2020.3

微电子与集成电路设计系列规划教材

ISBN 978-7-121-38650-3

Ⅰ.①微…　Ⅱ.①方…　Ⅲ.①微电子技术－高等学校－教材②集成电路－电路设计－高等学校－教材

Ⅳ.①TN4

中国版本图书馆 CIP 数据核字（2020）第 035908 号

责任编辑：王羽佳　　　　特约编辑：周宏敏

印　　刷：北京七彩京通数码快印有限公司

装　　订：北京七彩京通数码快印有限公司

出版发行：电子工业出版社

　　　　　北京市海淀区万寿路 173 信箱　　邮编：100036

开　　本：787×1 092　1/16　　印张：13.25　　字数：340 千字

版　　次：2020 年 3 月第 1 版

印　　次：2025 年 1 月第 13 次印刷

定　　价：45.00 元

凡所购买电子工业出版社图书有缺损问题，请向购买书店调换。若书店售缺，请与本社发行部联系，联系及邮购电话：(010) 88254888，88258888。

质量投诉请发邮件至 zlts@phei.com.cn，盗版侵权举报请发邮件至 dbqq@phei.com.cn。

本书咨询联系方式：(010) 88254535，wyj@phei.com.cn。

前　言

微电子学（Microelectronics）是电子学的一门分支学科，是研究集成电路设计、制造、测试、封装等全过程的一门学科。自集成电路问世以来，就广泛应用于计算机、通信、国防、消费类电子等科技领域，它对我们的社会和生活产生了巨大的影响。微电子已经成了整个信息时代的标志和基础。

近年来，我国集成电路产业的发展十分迅猛。随着对半导体器件需求量的增加，尤其是大型电子计算机对集成电路需求的推动，促进了国内半导体工业的发展以及对专业人才的需求，全国很多高校都纷纷建立了微电子专业。

通过一些现实事件可以看到，中国在芯片、元器件领域仍然较为弱势，因此大力发展创新产业，逐步弥补集成电路产业差距，才是应对此类风波的终极手段。

除此之外，其他相关专业如计算机、自动控制和通信等也希望了解微电子知识。正是在这种情况下，南京邮电大学开设了“微电子科学与工程导论”这门新课，并列为专业基础必修课，本课程设置在大学一年级上学期，其主要目的是使初入校门的学生了解微电子学的定义、发展、研究领域，对微电子科学与工程专业需要学习的各门课程有一个总体、全面的了解，培养对微电子专业的兴趣。

该教材具有如下特色：

（1）语言通俗简练。相比于市场上现有的微电子导论类书籍，本书进一步删减了大量的公式推导，重点讲述基本概念。不仅让微电子专业的学生，而且让外行人也能够看懂。

（2）本书的基本思路主要分三条主线。首先，以半导体物理、半导体器件物理为主线，围绕这条主线介绍晶体结构、能带理论，各种基本器件（PN 结、双极型晶体管、MOS 管）的基础知识和基本原理，以及各种器件在不同场合的应用。其次，以集成电路工艺为主线，介绍基本的工艺步骤和基本原理，以及如何应用各种工艺技术来实现各种器件和电路。最后，以集成电路为主线，介绍集成电路的分类、性能、影响因素，并介绍基本门电路的结构和工作原理。三条主线是一个有机的整体，是相辅相成的，将理论知识与实践应用结合起来。

（3）本书注重将微电子的新发展适当地引入到教学中来，保持了教学内容的先进性，并介绍微电子学科和其他学科相结合的新器件、新产品。

本书共分 6 章，从通俗性和实用性出发，全面介绍微电子科学与工程专业所需学习的各项基本理论和知识。主要内容包括：第 1 章讲述微电子学的概念，介绍微电子学的地位、发展历史及现状；第 2 章讲述半导体物理中的晶体结构、能带理论；第 3 章讲述半导体器件物理知识，包括 PN 结、双极型晶体管、MOS 管等；第 4 章讲述半导体集成电路制造工艺中的基本工艺步骤，包括氧化、光刻、扩散、金属互连等；第 5 章讲述集成电路知识，介绍集成电路的分类、性能、影响因素，以及各基本门电路的结构和工作原理；第 6 章讲述新型微电子技术等。

通过学习本书，你可以：

- 了解微电子与集成电路领域基本概念和发展。
- 认识晶体结构、半导体物理方面的基本概念。

- 掌握半导体器件物理中的基本概念和工作原理。
- 了解基本的半导体集成电路制造工艺。
- 了解基本的集成电路概念、分类和发展。
- 了解新技术和发展趋势。
- 对专业课程形成总体和全局概念：物理→器件→工艺→IC→新型微电子技术。

本书语言简明扼要、通俗易懂，具有很强的专业性、技术性和实用性。本书是作者在微电子科学与工程专业教学积累的基础上编写而成的。每一章都附有习题，供学生课后练习以巩固所学知识。

本书可作为高等学校微电子科学与工程、电子信息等相关专业的导论课教材，也可供相关工程技术人员学习、参考。

教学中，可以根据教学对象和学时等具体情况对书中的内容进行删减和组合，也可以进行适当扩展，参考学时为 16～32 学时。为适应教学模式、教学方法和手段的改革，本书配有多媒体电子课件、习题参考答案等，请登录华信教育资源网（http://www.huaxin. edu.cn 或 http://hxedu.com.cn）注册下载。

本书第 1～4 章由方玉明编写，第 5 章由张瑛和王德波编写，第 6 章由王德波编写。全书由方玉明统稿。在本书的编写过程中，蒋文涛、丁立群、王小丽、樊卫东、钱颖琪、刘世欢、戚举、季莅莅等做了大量工作，电子工业出版社的王羽佳编辑也为本书的出版做了大量工作。在此一并表示感谢！

本书的编写参考了大量近年来出版的以及网络上的相关技术资料，吸取了许多专家和同仁的宝贵经验，在此向他们深表谢意。

由于微电子技术发展迅速，作者学识有限，书中误漏之处难免，望广大读者批评指正。

编者

2020 年 1 月

目　录

V

第 1 章 概　　论

关键词
- 微电子学
- 集成电路（IC）
- 发展、现状

纵观历史的发展，人类社会的进步离不开工具的使用。人类开始利用工具最早出现在原始社会的石器时代，随着使用工具的发展，进入青铜器时代，然后是铁器时代。那我们现在是处于什么时代呢？有人打比方说，硅器时代（Silicon Age），因为集成电路的原材料主要是硅。这个有趣的类比充分显示出微电子技术带给我们的翻天覆地的影响。

1.1　微电子学的概念

什么是微电子？微电子不是指微小的电子，而是指微型电子电路。那么微型电子电路究竟是什么概念呢？比如，我们日常生活中常见的电力电子电路的特征尺寸是米级（如图 1.1.1（a）所示）；普通的电子电路的特征尺寸是毫米量级（如图 1.1.1（b）所示）；而微电子电路（集成电路）的特征尺寸是微米量级（μm，$1\mu m = 10^{-6}m$）（如图 1.1.1（c）所示）。当然，随着科学技术的发展，电子电路的集成度会进一步提升，未来会进入纳电子电路，其特征尺寸达到纳米级（nm，$1nm = 10^{-9}m$）。

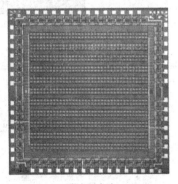

（a）电力线路　　　　　　　　　　（b）电子电路　　　　　　　　　　（c）微电子电路
特征尺寸：米　　　　　　　　　　特征尺寸：毫米　　　　　　　　　　特征尺寸：微米

图 1.1.1　各种电子电路的特征尺寸

微电子学（Microelectronics）是电子学的一门分支学科，是研究集成电路设计、制造、测试、封装等全过程的一门学科。或者说，主要是研究电子或离子在固体材料中的运动规律及其应用，并利用它实现信号处理功能的学科。它以实现电路和系统的集成为目的。微电子学对应的行业是半导体行业，以半导体材料为加工对象。核心产品是集成电路（IC，Integrated Circuit）。

集成电路是指通过一系列特定的加工工艺，将晶体管、二极管等有源器件和电阻、电容等无源器件，按照一定的电路互连，"集成"在一块半导体单晶片上，封装在一个外壳内，执行特定电路或系统功能，如图1.1.2所示。因此它具有促进电子产品小型化、降低价格、降低功耗、降低故障率等作用。

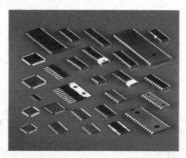

(a) 封装好的集成电路

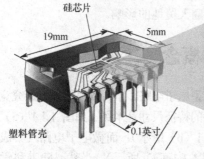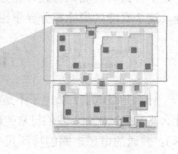

(b) 集成电路剖析图

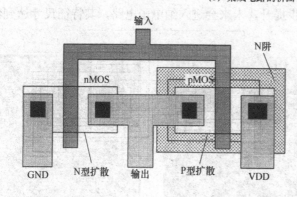

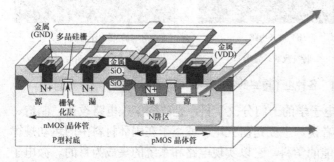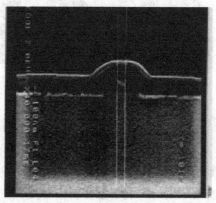

(c) 集成电路的内部单元

图1.1.2 集成电路示意图

集成电路对人类社会的发展有着非常巨大的影响。1946 年，人类第一台通用电子计算机 ENIAC 在美国宾夕法尼亚大学问世，也是继 ABC（阿塔纳索夫-贝瑞计算机）之后的第二台电子计算机。里面的电路器件是以真空管为单位，共含有 17 468 只电子管。体积非常庞大，长 24 米，宽 6 米，高 2.5 米，重 30 吨。需要 170 平方米的房间才能容纳得下这部计算机，功率达到 150 千瓦，平均无故障运行时间为 7 分钟，电子管平均每隔 7 分钟就要烧坏一只。另外由于存储容器太小，而且只有一些简单的四则运算功能，因此这么庞大的计算机根本无法携带，也不能完成现在的复杂运算的处理。而现在的计算机已经发展到"掌上电脑"，更轻、更薄，尺寸已如一本书大小，不仅非常方便携带，而且计算能力超强，同时还附带有通信、娱乐等功能。

早期的晶体管都是独立制作，成本高，功耗大，故障多，生产效率极低。然而当微电子技术发展后，采用氧化、光刻、扩散等加工工艺，可以实现在一片晶片上制造出成千上万个晶体管。这样的生产方式使效率大大提高、产品小型化，价格急剧下降，功耗降低，故障率也随之下降。

因此微电子学的特点总结如下。

基础性：微电子学是电子学的一门分支学科，是信息领域的重要基础学科，以实现电路和系统的集成为目的，其空间尺度通常以微米和纳米为单位。

集成性：微电子学是一门发展极为迅速的学科，以实现电路和系统的集成为目的。高集成度、低功耗、高性能、高可靠性是微电子学发展的方向。

综合性：涉及固体物理学、量子力学、热力学与统计物理学、材料科学、电子线路、信号处理、计算机辅助设计、测试与加工、图论、化学等多个学科。

渗透性：与其他学科结合诞生一系列新的交叉学科，发展出具有广阔应用前景的新技术，例如微机电系统（MEMS）、生物芯片等。

1.2　微电子学的战略地位

如今，电子信息产业已经成为世界第一产业，因此微电子技术也必将得到高速发展。微电子产业对人类社会的影响和作用是全方位的。重点表现在以下几个方面。

1. 对国民经济的作用

微电子产业对国民经济的战略作用首先表现在当代"食物链"关系上，如图 1.2.1 所示，1～2 元的集成电路可以产出 10 元左右的电子产品，而 10 元左右电子工业增加值的支撑，可以实现 GNP 增长 100 元。据美国半导体协会研究，每 50 万亿美元的 GNP 需要电子信息服务业 30 万亿美元（相当于 1997 年全世界 GDP 的总和）的支撑，这其中包含了电子装备 6～8 万亿美元，而核心基础是 1 万亿美元的集成电路产值。有统计数据表明，发达国家在发展过程中基本遵循一条规律：集成电路产值的增长率高于电子工业产值的增长率，而电子工业产值的增长率又高于 GNP 的增长率。微电子产业自 1980 年以来就保持着高速发展的势头，世界上还没有一个产业能保持着如此高速的发展，微电子产业已经超过了传统工业。电子产品产业已经超过汽车工业，半导体产业超过了钢铁工业。目前，世界最大的 30 个市场领域中与微电子相关的就有 24 个市场，见表 1.2.1。

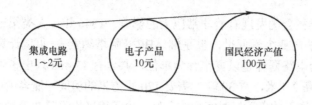

图 1.2.1　国民经济的"食物链"关系示意图

表 1.2.1　信息社会各市场领域的销售额（单位：10 亿美元）

市　　场	销售额（10 亿美元）	市　　场	销售额（10 亿美元）
手提数据通信	630	超薄显示器	170
个人电脑	470	IC 卡	165
移动电话服务	380	地面微波广播	160
CPU	300	DNA 生物芯片	160
数据存储产品	270	多用途通信设备	155
磁存储	250	半导体设备	150
电子商务	250	电力交通工具	150
网络信息服务	230	墙壁式超薄电视	145
高密度磁存储	230	移动电话	140
系统集成芯片	210	直接引入工具	140
家庭医疗设备	210	ITS 设备	140
互联网	200	DNA 加工食品	135
有线电视	200	液晶显示器	120
智能传输系统	190	仿制品	115
代理软件	180	燃油汽车	110

　　简单举例：1985～1990 年间世界半导体商品市场份额，日本公司达到 50%，美国公司下降为 37.9%。人均 IC 产值年增长率、人均电子工业年增长率、人均 GNP 年增长率日本均高于美国。20 世纪 80 年代后期～90 年代初美国采取了一系列增强微电子技术创新和集成电路产业发展的措施，重新夺回领先地位。20 世纪 90 年代日本经济萧条的同时，集成电路市场份额严重下降。20 世纪 90 年代以来美国经济保持持续高速增长主要得益于信息产业的发展，而其基础是集成电路产业与技术创新。所以日本人认为："控制了超大规模集成电路（VLSI）技术，就控制了世界产业。"英国人则认为："如果某个国家不掌握半导体技术，就会立刻加入不发达国家行列。"另外，中国台湾的集成电路产业也说明了同样的问题，20 世纪 60 年代后期台湾人均 GDP 只有 200～300 美元，在 20 世纪 70～80 年代大力发展了集成电路产业，并在 20 世纪 90 年代其 IT 业得到高速发展，因此仅在 1997 年就达到了人均 GDP 13 559 美元。

　　在信息经济时代，产品以其信息含量的多少及处理信息能力的强弱，决定着附加值的高低，并决定着在国际经济分工中的地位。Intel 公司的利润率近 25%，而我国一家以计算机销售生产为主的 IT 企业的利润率只有 2.5%。同样，德州仪器公司由于技术创新，其数字信号处理器（DSP）使它的利润率比诺基亚高出 10 个百分点。因此如果没有自己的集成电路产业，IT 行业如果停留在装配业水平上，在国际分工中只能处于低附加值的低端，没有微电子的电子工业只能是劳动密集型的组装业，不能形成高附加值的知识经济。高新技术的发展命脉将掌握在他人手中。当前，微电子产业的发展规模和科学技术水平已成为衡量一个国家综合实力的重要标志。

2. 对国家安全与国防建设的作用

人类的历史就是一部战争史，在农业社会使用的是大刀长矛等冷兵器；在工业化社会是枪、炮等热兵器；而在信息化社会，IC 成为武器的一个组成元，即电子战、信息战。进入信息化社会后，微电子技术的主要产品——集成电路成为武器的一个组成元，于是电子战、智能武器应运而生。无论是早期的冷兵器战争还是近代热兵器战争、半信息化战争，都使人类付出了巨大的代价，尤其是将现代科技的发展应用到军事领域，电子含量在各类武器装备和国防建设上的比例对国家安全起着举足轻重的作用。

微电子技术和工业最先在美国起步，一开始就受到军方重视。20 世纪 60 年代初，美国将 80%～90%的集成电路产品都用于军事，发展"民兵"导弹、阿波罗导航计算机及 W2F 飞机数据处理器三大工程，微电子工业也随之快速发展。正是由于集成电路在军事上的应用和微电子工业的高速发展，美国才拥有当代世界上性能最先进的武器系统。比如，仅在 2000 年，美国国防部各类武器装备经费预算中的电子含量百分比中，舰船约为 34.9%，坦克装甲车辆约为 28.4%，飞机为 38.9%，导弹为 59.5%，而航天器高达 61.6%。

军用微电子技术是"打赢一场现代化高技术局部战争"的重要技术支柱。现代化战争已进入综合信息战、数字化战的时代。现代化的武器系统基本上是由信息采集、传递、处理和分发、打击与反打击的快速反应，侦察与反侦察，干扰与抗干扰等组成。雷达的精确定位和导航，战略导弹的减重增程，战术导弹的精确制导，巡航导弹的图形识别与匹配，防空导弹的目标识别和大容量的数据处理，以及各类卫星的有效载荷和寿命的提高等，其核心技术都是微电子技术，如图 1.2.2 所示。

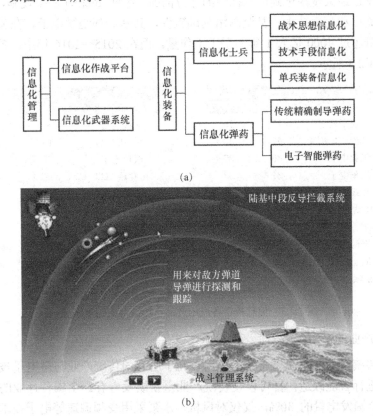

(a)

(b)

图 1.2.2　微电子技术在信息化战争中的应用

21 世纪是信息化、网络化的世纪。信息成为重要的生产要素，网络成为国家重要的基础设施。战争的形式和范围都将发生重大变化，只要网络系统可以达到的地方都能成为信息战的战场，信息战的范围将牵涉整个国家的政治、经济、军事和社会设施。未来国家的主权应包括信息主权。信息系统的基础与核心是微电子和软件，没有信息主权，就没有国家主权。可以预见，微电子这一战略性技术，不仅成为全球经济竞争的焦点，而且关系到国家安全和国防建设命脉。在国防建设和国家安全领域，微电子技术在信息战和武器装备中起着维护国家意志、捍卫国家主权的关键作用。

3. 对信息社会的作用

自然界和人类社会的一切活动都在产生信息。信息是客观事物状态和运动特征的一种普遍形式，是人类社会、经济活动的重要资源。社会的各个部分通过网络系统连接成一个整体，由高速大容量光纤和通信卫星群以光速和宽频带传送信息，从而使社会信息化、网络化和数字化。实现社会信息化的网络及其关键部件是计算机和通信系统，它们的基础都是微电子技术。据 IMF 预测和我们对美国、日本、韩国和我国 GDP，电子工业和集成电路 IC 增长率的数据统计表明，发达国家在发展过程中都有一条规律，即集成电路产值的增长率高于电子工业产值的增长率，而电子工业产值的增长率又高于 GDP 的增长率，我国也符合这一规律。21 世纪的未来经济是信息经济，目前发达国家信息产业产值已占国民经济总产值的 40%～60%，国民经济总产值增长部分的 65% 与集成电路有关。因此，抓住集成电路产业的发展，就能促进国民经济的高速发展。

微电子技术已经大量渗透到信息社会的方方面面。各种 Internet 基础设施，各种各样的网络电缆，光纤路由和交换技术，甚至网络基础软件，其基础都是微电子。在美国每年由计算机完成的工作量超过 4000 亿人 1 年的手工工作量。而在 2015～2016 年中，各种应用产品的销售状况如图 1.2.3 所示。

应用产品	2015 年 (十亿美元)	2016 年 (十亿美元)	应用产品	2015 年 (十亿美元)	2016 年 (十亿美元)
智能手机	77	76	无线通信	9	9
台式/笔记本电脑	47	43	存储类产品	10	8
工业电子	35	37	医疗电子	5	5
汽车电子	31	33	可穿戴/M2M	3	4
有线通信	26	28	家用电器	4	4
工作站/服务器	26	27	智能卡	3	3
电视/机顶盒	19	21	功能机	3	2
平板电脑	14	16	3D打印	0.1	0.1
固态硬盘	12	13	其他	32	30
视频/音频	11	10	总计	367	373

图 1.2.3　信息社会各应用产品市场领域的销售状况

4. 对传统产业的带动作用

微电子对传统产业具有渗透与带动作用。几乎所有的传统产业与微电子技术相结合，用集成电路芯片进行智能改造，都可以使传统产业重新焕发青春。全国各行业的风机、水泵的总耗电量约占全国发电量的 30%，仅仅对风机、水泵采用变频调速等电子技术进行改造，每年即可节电 500 亿度以上，相当于 3 个葛洲坝水电站的发电量（157 亿度/年）；在固体照明工程领域，对白炽灯进行高效节能改造，并假设推广应用 30%，所节省的电能相当于 3 座大亚湾核电站的发电量（139 亿度/年）。若全国一般中等以上城市的自来水公司不同程度地在管网自动检测和生产调度中使用计算机控制，可以使自来水流失率降低 50%。

微电子技术不仅在节能、节材等方面能够使传统产业升级换代，而且还可以使传统产品在结构、性能等方面发生质的变化。比如微电子和机械学科的结合，导致很多传统的机械产品不再是单纯的机械产品，而是逐步电子化。微电子和生物学结合，生物芯片的诞生得以实现对细胞、蛋白质、DNA 以及其他生物组分的准确、快速、大信息量的检测。而微电子光刻技术与 DNA 化学合成技术相结合，可以使基因芯片的探针密度大大提高，减少试剂的用量，实现标准化和批量化大规模生产，具有十分重要的发展潜力。微电子和民用产品结合，甚至小到玩具，内部一两块小芯片的植入能使产品瞬间具有智能化的效果。实际上，不仅计算机更新换代，即使家电的更新换代都是基于微电子技术的进步。电子装备（包括机械装置），其灵巧程度直接关系到它的高附加值和市场竞争力，这些都依赖于集成电路芯片的"智慧"程度和使用程度。信息社会时代的产品以其信息含量的多少和处理信息能力的强弱，决定着其附加值的高低。

1.3　微电子学的发展历史

1.3.1　晶体管的发展历史

晶体管的发展历史[7]可以追溯到半导体材料的研究和特性的发现。最早在 1833 年英国物理学家法拉第（Michael Faraday）发现氧化银的电阻率随温度升高而增加。之后 1873 年英国物理学家施密斯（Willough Smith）发现了晶体硒在光照射下电阻变小的光电导效应，1877 年英国物理学家亚当斯（W. G. Adams）发现晶体硒与金属接触在光照射下产生电动势的半导体光生伏特效应，1906 年美国物理学家皮尔逊（George Washing Pierce）等人发现金属与硅晶体接触产生整流作用的半导体整流效应。这些都是半导体的重要物理效应。

而在理论研究上，1931 年英国物理学家威尔逊（H. A. Wilson）提出了能带理论，将半导体的许多性质联系在一起，较好地解释了半导体的电阻负温度系数和光电导现象。但这个模型只能较好地说明与体内有关的半导体行为特征，却不能完美解释表面现象。1939 年肖特基（Walter Schottky）提出并建立了解释金属-半导体接触整流作用的理论，苏联物理学家达维多夫也提出自己的金属-半导体接触整流作用的理论，同时还认识到半导体中少数载流子的重要性。

在实现方法上，普度大学和康乃尔大学的科学家也发明了纯净晶体的生长技术和掺杂技术，为进一步开展半导体研究提供了良好的材料保证。在人类的需求上，早在 1900 年前后，人们就发现了具有整流特性的半导体材料，并成功研制出了检波器。但这些早期的晶体检波器性能不稳定，很快被淘汰了。20 世纪初电子管（见图 1.3.1）技术迅速发展。1946 年，世界上第一台通用电子计算机 ENIAC 诞生，每秒可进行 5000 次运算，但平均无故障运行时间为 7 分钟，见图 1.3.2。然而在第二次世界大战期间，雷达的出现使高频探测成为一个重要问题，电子管显然无法满足这一要求，同时在移动的军用器械和设备上使用也表现出极大的不便和不可靠，由于微波技术的发展，为了适应超高频波段的检波要求，半导体材料又引起了人们的注意。随着半导体材料、理论和加工技术方面的一系列研究铺垫，为晶体管的发明提供了理论和实践上的准备。

（a）电子管　　　　　　　　　　　　　　（b）电子管存储器

图 1.3.1　电子管照片

图 1.3.2　世上第一台通用电子计算机照片

为了改善这些器件的稳定性和可靠性，第二次世界大战后，在美国的贝尔实验室，由肖克莱（William Schokley）、理论物理学家巴丁（John Bardeen）和实验物理学家布拉顿（Wailter Houser Brattain）组成了固体物理研究小组。1947 年 12 月 23 日，该小组在对半导体特性研究的过程中发明了世界上第一只点接触三极管，标志着电子技术从电子管时代进入了晶体管时代。

首先，肖克莱提出了一个假说，认为半导体表面存在空间电荷层，使半导体表面与内部形成电势差，该电势差使得半导体材料表现出整流特性；通过改变电场分布可以改变表面电流，从而产生放大作用。布拉顿设计了一个类似光生伏特实验的装置，测量接触电势差在光照射下的变化验证了肖克莱的假说。

几天以后，巴丁提出了利用场效应作为放大器的几何结构，并与布拉顿一起设计了实验。其具体结构如图 1.3.3 所示。在 1947 年 12 月 23 日，观察到了该晶体管结构的放大特性，在 108MHz 的频率下实现了 100 倍的放大。

同年，肖克莱又提出了利用两个 P 型层中间夹一个 N 型层作为半导体放大的结构的设想，并于 1950 年与斯帕克斯（Morgan Sparks）和迪尔（Gordon Kidd Teal）一起发明了单晶锗 NPN 结型晶体管。此后，结型晶体管基本上取代了点接触型晶体管。为此，肖克莱、巴丁、布拉顿于 1956 年荣获诺贝尔物理学奖。图 1.3.3 右下图为 3 位科学家在实验室中的合影。

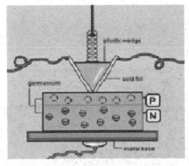

巴丁　　　　　　布拉顿
（1908—1991年）　（1902—1987年）

肖克莱
（1910—1989年）

图 1.3.3　发明晶体管的 3 位科学家

右下图从左至右分别为：肖克莱、巴丁和布拉顿

1.3.2　集成电路的发展历史

晶体管发明以后不到 5 年，即 1952 年 5 月，英国皇家研究所的达默（D. W. A. Dunmer）就在美国工程师协会举办的座谈会上发表的论文中第一次提出了集成电路的设想。文中说道："可以想象，随着晶体管和半导体工业的发展，电子设备可以在一个固体上实现，而不需要外部的连线。这块电路由绝缘层、导体和具有整流放大作用的半导体等材料组成。"之后，经过几年的实践和工艺技术水平的提高，1958 年以美国德州仪器公司的科学家基尔比（Jack Kilby）为首的研究小组和诺伊斯（Robert Noyce）就各自独立地研制出了世界上最早的集成电路，当时该电路是仅包含 12 个元件的混合集成电路。如图 1.3.4 所示，J. S. Kilby 于 2000 年获得诺贝尔奖。图 1.3.5 所示为 Fairchild 在单片硅上成功研制出了第一个基于掩模照相技术的平面工艺集成电路。

集成电路的出现打破了电子技术中器件与线路分离的传统，使晶体管和电阻、电容等元器件以及它们之间的互连线都被集成在小小的半导体基片上，开辟了电子元器件和线路甚至整个系统向一体化发展的方向，为电子设备的性能提高、价格降低、体积缩小、能耗降低提供了新途径，也为电子设备迅速普及、走向平民大众奠定了基础。图 1.3.6 给出了收音机的发展历程。从图中可以看出，收音机从最初的电子管收音机，发展到晶体管收音机，然后又发展到现在的集成电路收音机。在这个过程中，集成度越来越高，器件尺寸越来越小。

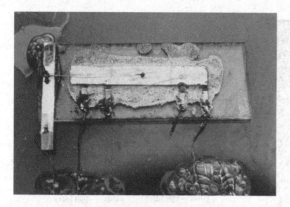

图 1.3.4　世界上第一块集成电路图

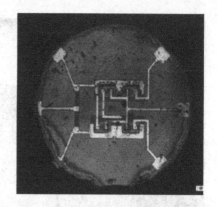

图 1.3.5　第一个基于掩模照相技术的
平面工艺集成电路

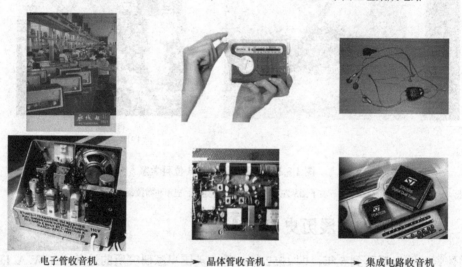

电子管收音机　──────▶　晶体管收音机　──────▶　集成电路收音机

图 1.3.6　收音机的发展历程

　　集成电路的迅速发展，除了物理原理之外还得益于许多新工艺的发明。而这些重大的工艺发明同样具有里程碑的意义，这些关键工艺为晶体管从点接触结构向平面型结构过渡并使其集成化提供了基本的技术支持。硅单晶的生长方法使得用硅材料作为器件衬底成为可能。而扩散和离子注入的工艺方法是用于形成半导体掺杂的非常重要的工艺技术。图形曝光技术是能够将图形微小化并转移到硅片上面的技术，而这项技术也是整个工艺线精度的重要决定因素。化学气相淀积用于在基底上形成各种薄膜。所有这些重大的工艺发明都极大地推动了集成电路的发展，使电子工业进入了集成电路时代，图 1.3.7 示出了各阶段重要的工艺发明。

　　1965 年英特尔公司主要创始人摩尔提出了著名的"摩尔（Moore）定律"，如图 1.3.8 所示，即当价格不变时，集成电路上可容纳的晶体管数目约每隔 18 个月便会增加一倍，性能也将提升一倍。也就是说每一美元所能买到的电脑性能将每隔 18 个月翻两倍以上。这一定律揭示了信息技术进步的速度。经过 40 余年的发展，集成电路已经从最初的小规模发展到目前的甚大规模集成电路和系统芯片，单个电路芯片集成的元件数从当时的十几个发展到目前的几亿个甚至几十亿、上百亿个。

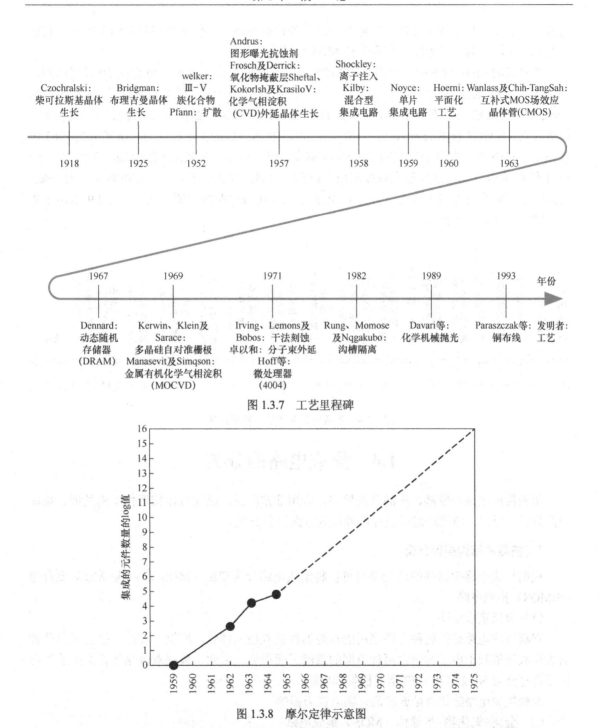

图 1.3.7　工艺里程碑

图 1.3.8　摩尔定律示意图

早期研制和生产的集成电路都是双极型的。1962 年以后又出现了由金属–氧化物–半导体（MOS）场效应晶体管组成的 MOS 集成电路。实际上，早在 1930 年，德国科学家 Lilien-filed 就提出了关于 MOS 场效应晶体管的概念、工作原理及具体的实施方案，但由于当时材料和工艺水平的限制，直到 1960 年 Kang 和 Atalla 才研制出第一个利用硅半导体材料制成的 MOS 晶体管。而且由于 MOS 集成电路具有低功耗、适合于大规模集成等优点，MOS 集成电路得到了迅速发展，在整个集成电路领域中所占的份额越来越大，现在已经成为集成电路领域的主流。虽然双极型集成电路在总份额当中所占的比例在减少，但绝对份额依然在增加，它在一些应用领域中的作用短期内也不会被 MOS 集成电路代替。

在早期的 MOS 技术中，铝栅 P 沟 MOS 晶体管是最主要的技术。20 世纪 60 年代后期，多晶硅取代 Al 成为 MOS 晶体管的栅材料。20 世纪 70 年代中期，利用 LOCOS 隔离的 NMOS（全部 N 沟 MOS 晶体管）集成电路开始商品化。由于 NMOS 器件具有可靠性好、制造成本低等特点，NMOS 技术成为 20 世纪 70 年代 MOS 技术发展的主要推动力。虽然早在 1963 年就提出了 CMOS 工艺并研制成功了 CMOS 集成电路，但由于工艺技术的限制，直到 20 世纪 80 年代 CMOS 才迅速成为超大规模集成（VLSI）电路的主流技术。由于 CMOS 具有功耗低、可靠性好、集成密度高等特点，目前 CMOS 已成为集成电路的主流工艺。图 1.3.9 给出了集成电路发展的主要里程碑。

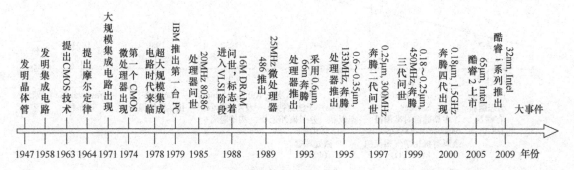

图 1.3.9　集成电路发展的主要里程碑

1.4　集成电路的分类

随着集成电路的发展，产品种类繁多，应用非常广泛，因此可以按器件结构类型、集成电路规模、材料、电路功能以及应用领域等方面进行分类。

1. 按器件结构类型分类

根据集成电路中器件的结构类型可以将集成电路分为双极、MOS 和双极-MOS 混合型（BiMOS）集成电路。

（1）双极集成电路

双极集成电路是指这种电路采用的有源器件是双极晶体管。所谓"双极"是由于晶体管的工作机理依赖于电子和空穴两种类型的载流子而得名。因此，根据双极晶体管类型的不同又可将它分为 NPN 型和 PNP 型双极集成电路。

双极集成电路的优点是速度高、驱动能力强等。

（2）金属-氧化物-半导体（MOS）集成电路

MOS 集成电路是指这种电路采用的有源器件是 MOS 晶体管。MOS 晶体管是金属-氧化物-半导体结构的场效应晶体管，主要靠半导体表面电场感应产生的导电沟道工作。为了和双极晶体管对应，有时也称它为单极晶体管。因为在 MOS 晶体管中起主导作用的只有一种载流子（电子或空穴）。因此，根据 MOS 晶体管类型的不同又可将它们分为 NMOS、PMOS 和 CMOS（互补 MOS）集成电路。

与双极集成电路相比，MOS 集成电路的主要优点是：输入阻抗高、抗干扰能力强、功耗小（约为双极集成电路的 1/10～1/100）、集成度高（适合于大规模集成）。因此，进入超大规模集成电路时代以后，MOS，特别是 CMOS 集成电路已经成为集成电路的主流。

（3）双极-MOS（BiMOS）集成电路

同时包括双极和 MOS 晶体管的集成电路为 BiMOS 集成电路。BiMOS 集成电路综合了双极和 MOS 器件两者的优点，但这种电路具有制作工艺复杂的缺点。同时，随着 CMOS 集成电路中器件特征尺寸的减小，CMOS 集成电路的速度越来越高，已经接近双极集成电路，因此，目前集成电路的主流技术仍然是 CMOS 技术。

2. 按集成电路规模分类

每块集成电路芯片中包含的元器件数目叫作集成度。根据集成电路规模的大小，通常将集成电路分为小规模集成电路（SSI, Small Scale IC）、中规模集成电路（MSI, Medium Scale IC）、大规模集成电路（LSI, Large Scale IC）、超大规模集成电路（VLSI, Very Large Scale IC）、特大规模集成电路（ULSI, Ultra Large Scale IC）和巨大规模集成电路（GSI, Gigantic Scale IC）等，见表 1.4.1。注意，对不同类型的集成电路，划分的标准有所不同。此外，不同国家采用的标准也不一样，表 1.4.1 给出的是常被采用的标准。

表 1.4.1　划分集成电路规模的标准

类　　别	数字集成电路（个/片）		模拟集成电路（个/片）
	MOS 集成电路	双极集成电路	
SSI	$<10^2$	<100	<30
MSI	10^2～10^3	100～500	30～100
LSI	10^3～10^5	500～2000	100～300
VLSI	10^5～10^7	>2000	>300
ULSI	10^7～10^9	—	—
GSI	$>10^9$	—	—

3. 按结构形式分类

按照集成电路的结构形式可以将其分为半导体单片集成电路及混合集成电路。

（1）单片集成电路

单片集成电路是指电路中所有的元器件都制作在同一块半导体基片上的集成电路，是不需要外接元器件的集成电路。要实现单片集成，需要解决一些不易微小型化的电阻、电容元件和功率器件的集成，以及各元件在电路性能上互相隔离的问题。在半导体集成电路中最常用的半导体材料是硅，除此之外，还有 GaAs 等半导体材料。

（2）混合集成电路

混合集成电路是指将多个半导体集成电路芯片或半导体集成电路芯片与各种分立元器件通过一定的工艺进行二次集成，构成一个完整的、更复杂的功能器件，作为一个整体使用。在混合集成电路中，主要由片式无源器件（电阻、电容、电感、电位器等）、半导体芯片（集成电路、晶体管等）、带有互连金属化层的绝缘基板（玻璃、陶瓷等）以及封装壳组成。

4．按电路功能分类

根据集成电路的功能可以将其分成数字集成电路、模拟集成电路和数模混合集成电路 3 类。

（1）数字集成电路（Digital IC）

数字集成电路是指处理数字信号的集成电路，即采用二进制方式进行数字计算和逻辑函数运算的一类集成电路。所谓数字信号是指在时间上和幅度上离散取值的信号，例如电报电码信号是不连续的。这种不连续的电信号一般叫作电脉冲或脉冲信号。计算机中运行的信号是脉冲信号，但这些脉冲信号均代表着确切的数字，因而又叫作数字信号。由于这些电路都具有某种特定的逻辑功能，因此也称它为逻辑电路。

（2）模拟集成电路（Analog IC）

模拟集成电路是指处理模拟信号（连续变化的信号）的集成电路。模拟集成电路又可以分为线性和非线性集成电路。线性集成电路又叫作放大集成电路，这是因为放大器的输出信号电压波形通常与输入信号的波形相似，只是被放大了许多倍，即它们两者之间呈线性关系，如运算放大器、电压比较器、跟随器等。非线性集成电路则是指输出信号与输入信号呈非线性关系的集成电路，如振荡器、定时器等电路。

（3）数模混合集成电路（Digital-Analog IC）

数模混合集成电路是既包含数字电路、又包含模拟电路的新型电路。最先发展起来的数模混合电路是数据转换器，它主要用来连接电子系统中的数字部件和模拟部件，用以实现数字信号和模拟信号的互相转换，因此它可以分为数模（D/A）转换器和模数（A/D）转换器。

集成电路还有很多分类方法，例如根据应用领域可以分为民用、工业投资、军用、航空/航天用等集成电路。

5．按电路制作工艺分类

根据集成电路的制作工艺可以将其分成半导体集成电路、膜集成电路和混合集成电路。

（1）半导体集成电路

半导体集成电路是采用半导体工艺技术，在硅基片上制作包括电阻、电容、三极管、二极管等元器件，并具有某种电路功能的集成电路。

（2）膜集成电路

膜集成电路是在玻璃或陶瓷片等绝缘物体上，以膜的形式制作电阻、电容等无源器件，并加以封装而成。薄膜工艺包括蒸发、溅射、化学气相淀积等。与厚膜混合集成电路相比，薄膜电路的特点是所制作的元件参数范围宽、精度高、温度频率特性好，可以工作于毫米波段，并且集成度较高、尺寸较小。但是所用工艺设备比较昂贵、生产成本较高。

（3）混合集成电路

在实际应用中，多半是在无源膜电路上外加半导体集成电路或分立元件的二极管、三极管等有源器件，使之构成一个整体，这便是混合集成电路。混合集成电路具有组装密度大、可靠性高、电性能好等特点。相对于单片集成电路，它设计灵活，工艺方便，便于多品种小批量生产，并且元件参数范围宽、精度高、稳定性好，可以承受较高电压和较大功率。

各种分类方法如图 1.4.1 所示。

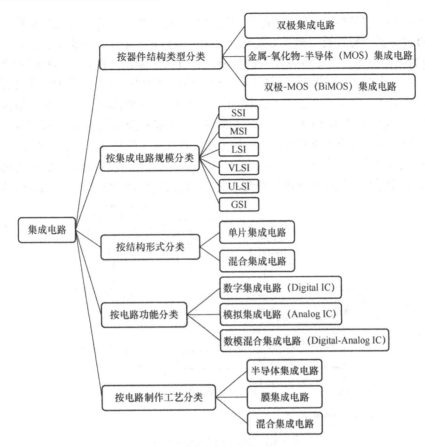

图 1.4.1　集成电路的分类

1.5　微电子产业的发展现状

微电子学是信息领域的重要基础学科，在信息领域中，微电子学是研究并实现信息获取、传输、存储、处理和输出的科学，是研究信息载体的科学，构成了信息科学的基石，其发展水平直接影响着整个信息技术的发展。微电子科学技术是信息技术中的关键之所在，其发展水平和产业规模是一个国家经济实力的重要标志。

微电子产业具有"高投入、高产出"的特点，因此，有人说 IC 产业不仅是"吞金"工程，而且是"金蛋"工程。现今，"通用" IC 产业已形成"垄断"趋势，进入的"门槛"很高。"专用"IC 发展迅速，并已形成产业专门化分工。出现了一批专门进行集成电路设计的公司（Fabless），将设计结果交由 IC 制造厂加工；一批利用 IC 制造厂的工艺数据，设计具有自主知识产权的 IC 宏单元的公司（Chipless），不生产集成电路产品；当然，也有一批标准工艺加工厂或称代客加工厂（Foundry），为客户提供优良的加工技术（包括设计和制造）及优质的加工服务。集成电路设计需要微电子、电路系统等多专业设计人员共同完成，各自发挥不同的技术专长及作用。

集成电路产业的发展是市场牵引和技术推动的结果。在不同的产业发展阶段，产业结构可以有不同的形式。一个国家集成电路产业的技术水平，很大程度上代表了一个国家在国际电子信息产业中的地位。图 1.5.1 给出了微电子产业链的示意图。从图中可以看出，IC 产业是典型的知识密集型、技术密集型、资本密集型和人才密集型的高科技产业。一条完整的集成电路产业链除了包括设计、制造和封装测试 3 个分支产业外，还包括集成电路设备制造、关键材料生产等相关支撑产业。设计处在产业链中的上游位置，具有智力密集型特点，开发一款 IC 产品投资金额一般在百万到千万美元，人均产值可以达到 70～100 万美元。制造加工类处于产业链的中游位置，属于资本技术密集型，具有高风险、高投入、高利润的产业特点，一般来说，12 英寸的生产线需要 20 亿美元，而 18 英寸的生产线将高达 100 亿美元。人均产值为 12～50 万美元。处于产业链下游位置的封装测试是劳动密集型产业，投入资金可以从千万到数亿美元，人均产值为 10 万美元。相对来说，技术和资金门槛没有上游那么高。由于 3 类企业的特点不同，集成电路产业在国际范围内形成了垂直分工的特点，即设计企业、晶圆制造企业、封装测试企业依次结成上下游分工合作的伙伴，以充分发挥各自的核心优势。集成电路产业自诞生以来，产业链便一直处于不断的裂变之中，与此同时，合作紧密的价值链逐渐形成。

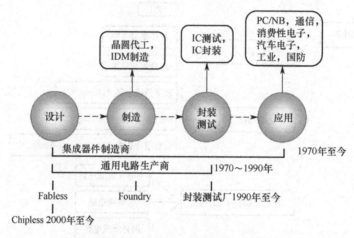

图 1.5.1　微电子产业链的示意图

微电子产业周期大致可以分为这样几个范围：第一个周期是 1975～1984 年，主要是电脑和消费类电子；第二个周期是 1985～1995 年，主要是中小型电脑和 PC；第三个周期是 1996～2005 年，主要是除 PC 外的网络和通信装备，特别是移动通信装备；第四个周期是 2006～2015 年，主要是微型便携式信息产品和消费类电子产品。21 世纪，要求移动处理信息，随时随地获取信息、处理信息成为把握先机而制胜的武器。如果前 20 年 PC 是集成电路发展的驱动器的话，后 20 年除 PC 要继续发展外，主要驱动器应该是与 Internet 结合的可移动（Mobile）、袖珍的（Portable）实时信息处理设备。核心电路是数字信号处理器（DSP，Digital Signal Processor）。集成电路的生命力在于其可以大批量、低成本和高可靠地被生产出来。集成电路芯片是整机高附加值的倍增器，但不是最终产品，如果不能在整机和系统中应用，那它就没有价值和高附加值。集成电路产业的建设必须首先考虑整机和系统应用的发展，即市场的需求。集成电路产业的发展是市场牵引和技术推动的结果。在不同的产业发展阶段，产业结构可以有不同的形式。

2014 年全球 IC 前 20 强的排名如图 1.5.2 所示。各个国家和地区中，北美地区产业具备雄厚基础，综合实力全球领先。欧洲地区整体依托大型企业，中小企业发展相对滞后。日本的竞争实力有所下降，企业在积极整合力求突破。整个亚太地区增速仍为全球之最，产业地位日渐重要。

集成电路是制造产业，尤其是信息技术安全的基础。但是，我国集成电路产业起步晚，存在诸如集成电路设计、制造企业持续创新能力薄弱，核心技术缺失仍然大量依赖进口等问题，与国际先进水平仍有显著差异。

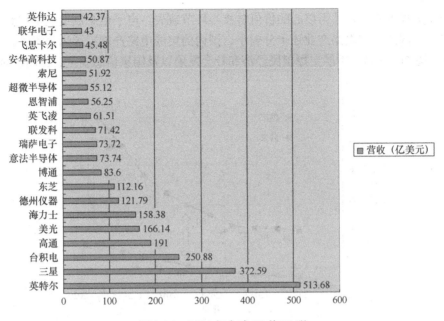

图 1.5.2 2014 年全球 IC 前 20 强

目前,伴随着电子信息产业的快速发展,中国集成电路产业也取得了长足的进步,产业规模持续增长,自主创新能力不断提高,产业结构逐步优化,资源整合步伐加快。中国是全球最大的电子产品制造基地,巨大的电子整机产能带动了集成电路市场规模的不断上升,中国已经成为全球最大的集成电路市场。但是与此形成巨大反差的是,中国自行设计生产的集成电路产品市场占有率很小。我国的 IC 产业格局是设计业占 29%,制造业占 28%,封装测试业占 43%。从地域上来说,其中设计业所占比重最大的是北京,达 27%,其次是上海、华东、珠江三角洲地区。IC 制造业上海占 67%,其次是江苏和北京。我国 IC 设计企业的产品类型见图 1.5.3。

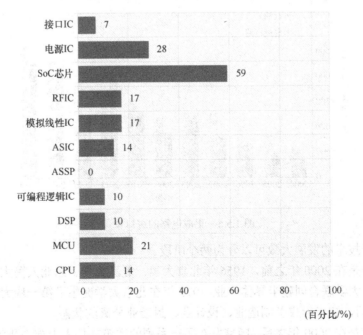

(百分比/%)

图 1.5.3 我国 IC 设计企业的产品类型

由于以集成电路和软件为核心的价值链核心环节缺失，电子信息制造业平均利润率仅为4.9%，目前中国的集成电路产业还十分弱小，国内的集成电路产能远远满足不了国内的集成电路需求（见图1.5.4），不能支撑国民经济和社会发展以及国家信息安全、国防安全建设。

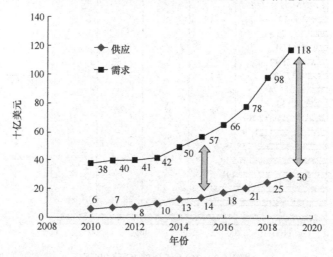

图1.5.4　国内集成电路的供求关系

不但CPU、存储器等通用芯片几乎全部需要进口，通信、网络、消费类电子产品中的高档芯片也都基本依靠进口。集成电路已连续多年成为最大宗的进口商品，与石油一起位列最大宗进口商品。到2014年已达到近3000亿美元（见图1.5.5），超过石油的进口量。巨大的市场缺口既是压力也是动力，尤其是当前以移动互联网、三网融合、物联网、云计算、智能电网、新能源汽车为代表的战略性新兴产业快速发展，将成为继计算机、网络通信、消费类电子产品之后推动中国集成电路产业发展的新动力。

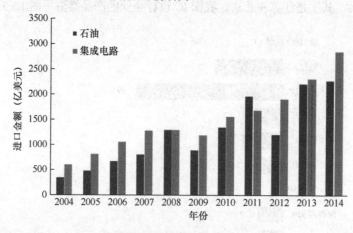

图1.5.5　集成电路的进口量

我国微电子技术的发展大致可以分为两个阶段。

第一个阶段是在2000年之前，1956年北京大学、复旦大学、东北人民大学、厦门大学、南京大学在北京大学联合创建半导体专业。1977年在北京大学诞生了第一块大规模集成电路。而在1980年以后，初步形成了制造业、设计业、封装业分离的状态。

第二个阶段是在2000年之后，国家发布了一系列的政策文件大力推进我国集成电路产业的发展。2000 年 6 月，国务院发布了 18 号文《鼓励软件产业和集成电路产业发展的若干政策的通知》。2011 年 2 月，发布 4 号文《进一步鼓励软件产业和集成电路产业发展的若干政策的通知》。2014 年 6 月 24 日，发布了《国家集成电路产业发展推进纲要》。明确了"需求牵引、创新驱动、软硬结合、重点突破、开放发展"五项基本原则。进一步突出企业的主体地位，以需求为导向，以技术创新、模式创新和体制机制创新为动力，破解产业发展瓶颈，着力发展集成电路设计业，加速发展集成电路制造业，提升先进封装测试业发展水平，突破集成电路关键装备和材料，推动产业重点突破和整体提升，实现跨越式发展。

同年 9 月，首批 1200 亿元成立国家集成电路产业基金。基金实行市场化、专业化运作，带动多渠道资金投入集成电路领域，破解产业投融资瓶颈。中国集成电路市场和产业规模都实现了快速增长。市场规模方面，2014 年中国集成电路市场规模首次突破万亿级大关，约占全球市场份额的 50%。产业规模方面，2001～2014 年年均增长率达到 23.8%。系统级芯片设计能力与国际先进水平的差距逐步缩小。集成电路封装技术接近国际先进水平。部分关键装备和材料实现从无到有，被国内外生产线采用，涌现出一批具备国际竞争力的骨干企业。我国 IC 设计业产品应用领域如图 1.5.6 所示。

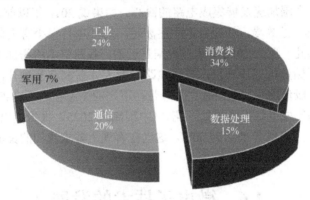

图 1.5.6 我国 IC 设计业产品应用领域

我国集成电路的重要事件有：我国第一款商品化通用高性能 CPU（中央处理器）芯片——"龙芯"系列 CPU 芯片，采用 0.18 μm 工艺，包含近 400 万个晶体管，主频最高可达 266MHz。邓中翰在中关村注册成立了"中星微电子有限公司"，研发"星光"系列芯片，并成功占领计算机图像输入芯片市场 60% 以上份额。复旦大学张卫团队 2013 年 8 月在美国《科学》杂志上发表论文，提出一种新的晶体管结构，可以大幅度改善集成电路的性能。清华大学薛其坤院士团队 2013 年 3 月在美国《科学》杂志上发表论文，发现量子反常霍尔效应，在零磁场中就可以实现量子霍尔态。

虽然国家发布了一系列的政策文件大力推进我国集成电路产业，但微电子人才仍然是当今我国最紧缺的专业人才之一。尤其是芯片制裁事件，对通信系统及行业都带来了诸多影响，对其他中央企业也必然带来一系列影响。中兴的基站、光通信和手机终端等整机设备中约有 60% 的高端零部件依赖外国，其中又有一半依赖美国供应商。所以，如果失去美国供应商，短期内没有其他供应商可以替代。美国倚仗技术优势挥舞制裁大棒，破坏全球供应链，其底气就在于信息通信技术的核心仍掌握在其手里。因此，这次事件不但重创了中兴，也给中国电子信息产业、设备制造业敲响了警钟。高端芯片、操作系统这些最底层的技术平台，支撑了互联网万千应用的蓬勃发展。不掌握上游高端核心芯片、操作系统等核心技术，就不能摆脱随时随地被别人"锁喉"的被动局面。历史经验和现实告诉我们，核心技术、核心竞争力是买不来的，真正的核心竞争力需要培育和创新。任何一项核心技术的崛起都需假以时日之功，绝非一朝一夕之事。其中，高端芯片和操作系统表现最为突出，因此急需解决大规模、大批量产品都需要用到的高端芯片国内空白问题。

在芯片产业上，近年来中国进行了长期艰苦的努力，也取得了巨大的进步，在某些局部领域已经接近国际先进水平。但由于起步较晚，产业基础不够雄厚，整体上中国在制造环节有优势，但在产业链上游的高端领域实力比较弱，设计能力与国际同步，制造能力却落后国际1～2代。缺乏高标准和可持续发展的长远规划和措施，这也导致中国即便拥有全球最大的芯片市场，在国际芯片领域依然缺少话语权。

之前，我国集成电路急需专业人才，设计产业预计到 2020 年达 20 万人，而集成电路制造产业预计到 2020 年达到 40 万人。鉴于当今形势，这些数字还会急速上涨。因此飞速发展的技术水平、数量奇缺的专业人才以及迅速扩大的市场规模都创造了前所未有的发展空间。芯片制裁事件激起了全国加速发展集成电路的决心。如果说 2018 年以前，普遍认为集成电路产业投资高、研发长、见效慢，社会资本不愿涉足，芯片项目很少有人问津，认为集成电路产业投资是国家的事儿。那么 2018 年来，特别是近期，各路资本纷纷加大了对国内芯片产业的投资力度。大家开始疯抢芯片项目，集成电路专业人才薪酬节节攀升，国内电子产业发展对集成电路产品需求成倍增长，在国家大基金带动下产业生态在不断完善。可以说国家引导、社会各路资本参与的集成电路投资处处开花。《中国制造 2025》报告提出：到 2020 年中国芯片自给率要达到 40%，2025 年要达到 50%。这也在客观上要求我们的集成电路突破方向要面向大市场、大需求。

1.6　微电子技术的发展

微电子技术对人们生活的影响在科学技术史上可以说是空前的，是其他任何产业所无法比拟的。自从提出摩尔定律，在其后的 40 多年，世界半导体产业一直朝着更高的性能、更低的成本、更大的市场方向发展。为了提高电子集成系统的性能，降低成本，器件的特征尺寸不断缩小，制作工艺的加工精度不断提高，同时硅片的面积也在不断增大。集成电路芯片的特征尺寸已经从 1978 年的 $10\mu m$ 发展到现在的 $0.13\mu m$，集成度从 1971 年的 1K DRAM 发展到现在的 1G DRAM，硅片的直径尺寸也逐渐由 2 英寸、3 英寸、4 英寸、6 英寸、8 英寸过渡到 12 英寸。与此同时，单片上的晶体管数越来越多，时钟速度越来越快，电源电压越来越低。布线层数和 I/O 引线也越来越多。然而随着半导体技术逐渐逼近硅工艺尺寸的极限，摩尔定律提出的芯片集成度约每隔两年翻一倍、性能提升一倍的预测将不再适用。为此国际半导体技术路线图组织在 2005 年的技术路线图中提出了后摩尔时代的概念。如果以主流器件结构及制造工艺发生根本性变化为标志，可以认为当主流工艺达到 22/20 纳米时，集成电路产业就开始进入后摩尔时代。因为基本器件结构及制造工艺开始从平面硅器件向三维器件迁移。

按比例缩小定律是实现超大规模集成电路迅速发展的基础，是 1974 年由 Dennard 提出的，其论文发表在 1974 年第 9 期的 *IEEE Journal of Solid-State Circuits* 杂志上，主要思想是在 MOS 器件内部电场不变的条件下，通过按比例缩小器件的纵向、横向尺寸，以增加跨导和减小负载电容，由此提高集成电路的性能。同时电源电压也要与器件尺寸缩小相同的倍数。这种维持器件内部电场不变的按比例缩小定律叫作恒定电场定律，简称 CE 律。一直以来，集成电路工艺技术和器件物理的研究和开放都是围绕这个基点进行的。但是简单的恒定电场定律也存在问题，比如阈值电压的缩小会引起电路的抗干扰能力降低，泄漏电流增加，静态功耗增加。其他器件尺寸的缩小并不能让源漏耗尽区宽度按比例缩小。电源电压随器件尺寸缩小会引起电源电压标准的改变而带来很大的不便。为了克服 CE 律中存在的问题，人们提出了恒定电压按比例缩小定律，即 CV 律。但很快发现器件尺寸按 CV 律缩小后对电路性能的提高远不如 CE 律，而且沟道内的电场大大增强，这些问题对电路的可靠性造成较大的影响。另外，由于功耗密度增加，造成器件散热困难以及金属连线的电迁移等问题。所以 CV 律一般只适用于长沟道器件，不适用于短沟道器件。因此在集成电路技术中，实际采用的按比例缩小定律通常是 CE 律和 CV 律的折中。

根据按比例缩小定律，集成电路的速度等参数飞速提高，但实际上，各种物理量和寄生效应并不能按比例缩小，比如耗尽层宽度、寄生电容等。因此集成电路性能提高的程度也往往小于按比例缩小定律预计的结果。器件性能日益接近物理极限（见图 1.6.1）。

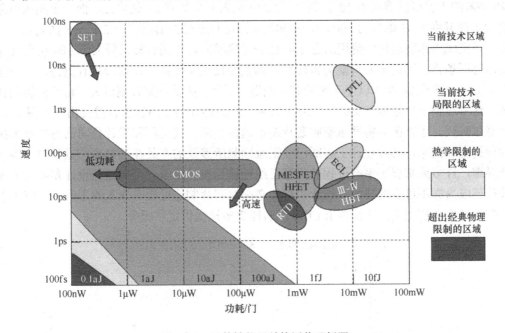

图 1.6.1 器件性能日益接近物理极限

这主要是因为器件尺寸缩小到一定程度，一些偏离大尺寸器件的特性和寄生因素开始占主导地位。比如，互连金属在整个集成电路中所占的芯片面积越来越大，有的甚至高达 80% 以上，互连线的电阻和寄生电容对电路性能的影响不能随着器件尺寸的缩小而降低；随着小尺寸器件内部电场的增强，载流子速度会达到饱和，使电路性能下降；随着器件尺寸的缩小，漏源寄生串联电阻迅速增大，对电路性能造成严重的负面影响；随着电源电压降低，寄生结电容增大，影响电路的速度；由于寄生结电容的分压，使真正施加在器件上的电压进一步降低，也会影响电路的速度；等等。为了解决这些问题则会使得工艺复杂性迅速增加，器件尺寸缩小、集成度增加都使得制造费用飞速上涨（见图 1.6.2）。

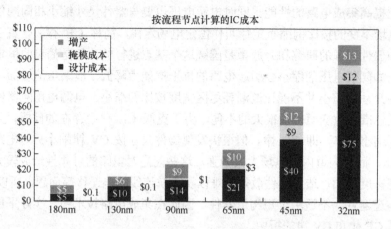

图 1.6.2　芯片制造费用示意图

摩尔时代随着集成电路制造工艺不断逼近物理极限，工艺复杂度大幅提升，导致生产线的投资达到上百亿美元的规模。集成电路工艺研发与集成电路设计的成本也将急速上升。32/28 纳米的工艺研发费用为 12 亿美元，22/20 纳米时将达到 21 亿美元，而一个集成电路产品的设计费用将由 32 纳米的 5000 万～9000 万美元上升到 22 纳米的 1.2 亿～5 亿美元。业界测算，当集成电路制造建厂费用逼近 100 亿美元规模时，年销售额必须大于 100 亿美元才符合基本建厂条件，因此未来有能力再建新厂的企业已屈指可数。目前看只有英特尔、三星等少数巨头可以建设 20 纳米以下工艺的芯片制造厂。众多的垂直整合制造大厂将纷纷转向代工模式，这将对整个半导体产业链产生巨大影响。产品的成品率问题也日益突出（见图 1.6.3），在后摩尔时代，工艺因素将严重影响芯片制造的成品率。代工厂和设计公司面对的重大挑战是如何提高成品率。芯片设计工程师已经很难预测所涉及的产品在最终生产过程中可能获得的产品率，许多原来属于生产过程的问题已经迁移到设计阶段，可制造性设计和面向成品率的设计已成为必不可少的技术。设计工程师必须对芯片制造过程有深入的了解，了解工艺参数在制造过程中的变化。这就要求 EDA 厂商能更多地提供定制服务。

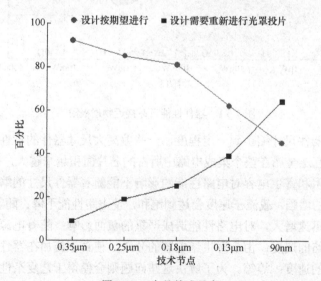

图 1.6.3　产品的成品率

微电子技术新的发展方向是不断提高系统性能和性价比，因此要求提高芯片的集成度，减小特征尺寸。而尺寸的减小将达到器件结构的诸多物理限制，需要对微电子技术的发展趋势和重点内容做进一步的分析和研究。

1. 系统集成

集成电路发展初期，尽管 IC 的速度可以很高，功耗可以很小，但它是通过印刷电路板等技术实现整机系统运行的，所以受芯片之间的连线延时、PCB 可靠性等因素的限制，整机系统的性能也受到限制。随着工艺技术水平的提高，可以将整个系统集成为一个芯片。

也就是说，微电子技术新的发展及应用方向是系统芯片（SoC），随着微电子工艺向纳米级迁移和设计复杂度的增加，一种新的产品把系统集成到芯片上，该芯片被称为系统芯片。SoC 的定义多种多样，其内涵丰富、应用范围广。一般说来，SoC 称为系统芯片（或系统级芯片），也称片上系统，意指它是一个产品，是一个有专用目标的集成电路，其中包含完整系统并有嵌入软件的全部内容。同时它又是一种技术，用以实现从确定系统功能开始，到软/硬件划分并完成设计的整个过程。系统芯片将逐渐取代微处理器，它的发展时间可能会更长，SoC 必将成为今后微电子技术发展的重要方向。而且系统集成不仅包括电路、器件、工艺等物理设计，还需要更多体现思路、架构、算法的系统设计，如图 1.6.4 所示。

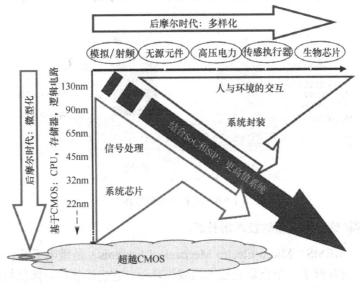

图 1.6.4　集成电路技术的发展趋势

2. 发展新器件、新结构和新材料

后摩尔时代下，发展新器件、新结构和新材料日益重要。英特尔率先推出的 3D 晶体管结构是晶体管结构的根本性转变。在低电压下性能提高 37%，耗电不到原来的一半。工业界普遍认为，对于 14 纳米工艺，3D 晶体管是必然的选择，如图 1.6.5 所示。这种设计可以在晶体管开启状态（高性能负载）时通过尽可能多的电流，同时在晶体管关闭状态（节能）将电流几乎降至零，而且能在两种状态之间极速切换。3-D Tri-Gate 三维晶体管相比于 32nm 平面晶体管可带来最多 37%的性能提升，而且同等性能下的功耗减小一半，这意味着它们更加适合用于小型掌上设备。长久以来，科学家就认识到 3D 架构可以延长摩尔定律时限。这次突破可以让英特尔量产 3-D Tri-Gate 晶体管，从而进入摩尔定律的下一领域。

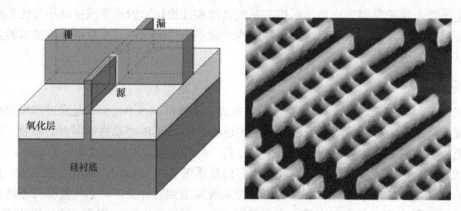

图 1.6.5　3D 晶体管

　　基于锗化硅材料生长的应变硅技术，能够提供更高的器件驱动电流和更快的晶体管速度，将有可能替代硅材料而成为 65 纳米以下 CMOS 的主流技术。同时，目前基于全新原理的材料、器件和电路技术，如高 k 栅介质、双栅/多栅器件、应变沟道和高迁移率材料、铜互连技术、基于量子力学效应的纳米电子技术、量子信息技术和光计算技术等已成为研究热点，如图 1.6.6 所示。图中的高 k+晶体管仍然延续了摩尔定律，但却具有更高的性能，漏电减少。

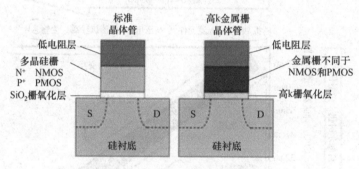

图 1.6.6　高 k 金属栅晶体管

3. 与其他学科结合形成新的技术增长点

　　微机电系统（MEMS，Micro Electro Mechanical Systems）是微电子发展的另一个方向，如图 1.6.7 所示，它开辟了一个全新的技术领域和产业。它们不仅可以降低机电系统的成本，而且还可以完成大尺寸机电系统所不能完成的任务。MEMS 是利用微电子技术和微加工技术（包括硅体微加工、硅表面微加工、LIGA 和晶片键合等技术）相结合的制造工艺，把传感部件、机械构件、驱动部件、电控系统集成为一个整体单元的微型系统。这种微机电系统不仅能够采集、处理与发送信息或指令，还能够按照所获取的信息自主地或根据外部的指令进行操作。它的目标是把信息获取、处理和执行一体化地集成在一起，使其成为真正的系统，也可以说是更广泛的 SoC 概念，真正实现机电一体化。MEMS 具有体积小、重量轻、功耗小、性能优异等优点，广泛应用在航空、航天、汽车、生物医学、环境监控、军事以及几乎人们接触到的所有领域。

　　微电子还可以与生物技术紧密结合形成新的技术和经济增长点，如图 1.6.8 所示，具体代表是 DNA 芯片等生物工程芯片。它是以生物科学为基础，利用生物体、生物组织或细胞等的特点和功能，设计构建具有预期性状的新物种和新品系，并与工程技术相结合进行加工生产，它是生命科学与技术科学相结合的产物，具有附加值高、资源占用少等一系列特点，正日益受到广泛关注。采用微电子加工技术，可以在指甲盖大小的硅片上制作出包含多达 10 万种 DNA 基因片段的芯片。利用这种芯片可以在极快的时间内检测或发现遗传基因的变化等情况，这无疑对遗传学研究、疾病诊断、疾病治疗和预防、转基因工程等具有极其重要的作用。该技术将广泛应用于农业、工业和环境保护等人类生活的各个方面，到那时，生物芯片有可能像今天的 IC 芯片一样无处不在。

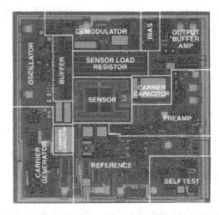

图 1.6.7 ADI 公司生产的加速度计

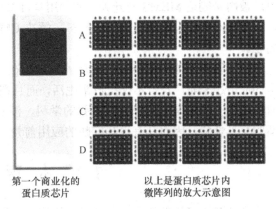

第一个商业化的
蛋白质芯片

以上是蛋白质芯片内
微阵列的放大示意图

图 1.6.8 蛋白质芯片

4. 关键技术亟待重大发展

特征尺寸缩小、器件性价比提高促使某些关键技术快速发展。

（1）超微细线条光刻技术

集成度的提高使得现有的工艺线尺寸从微米级降为亚微米级甚至亚 0.1 微米级，其中最关键的就是光刻问题，需要开发新的光刻技术。在目前的深亚微米的工艺技术中，甚远紫外线（EUV）技术被认为是目前最有发展前景的亚 0.1 微米光刻技术之一。另外还有电子束 Stepper 光刻技术，目前一般的电子束光刻系统采用都是电子束直写方式，但由于电子束直径小，光刻大尺寸圆片时效率非常低，不适合大规模的批量化生产。而采用电子束 Stepper 光刻技术可以在硅片表面获得高反差的图像，散射掩模不会吸收电子，不会因为受热而使图像变形。这就为电子束光刻技术用于批量生产提供了可能。

（2）铜互连和低 k 互连绝缘介质

芯片尺寸的缩小使得互连线在芯片中所占面积越来越大。连线尺寸的减小不仅会引起连线电阻增加，而且还会引起电流密度增加，电迁移和应力迁移影响电路性能。VLSI 电路中，铝引线基本可以满足互连线的要求，但在甚大规模集成电路中，铝的电迁移和应力迁移能力较差，电阻率高，已不能满足发展需要。相比之下，铜具有电阻率低、抗电迁移和应力迁移特性好等优点，因此成为主要的互连材料。但铜作为互连材料也有不少缺点，如容易扩散进入硅造成铜污染使得器件性能变差、与二氧化硅的黏附性较差等。

随着互连金属层数的增加，互连金属线之间的寄生线间电容迅速增大，互连介质材料对集成电路性能的影响也变得越来越严重。在今后的铜多层互连工艺中必须开发新的低 k 介质材料。以聚酰亚胺为代表的有机聚合物也很有可能成为下一代多层互连理想的低 k 介质材料。

（3）SOI（Silicon-On-Insulator，绝缘体上的硅）技术

SOI 是指在绝缘体上制作硅晶体管结构，具体的器件结构就是在硅（Silicon）晶体管之间加入绝缘体物质，可使两者之间的寄生电容比原来的小一半。材料通过在绝缘体上形成半导体薄膜，使 SOI 材料具有了体硅所无法比拟的优点：可以实现集成电路中元器件的介质隔离，彻底消除了体硅 CMOS 电路中的寄生闩锁效应；采用这种材料制成的集成电路还具有寄生电容小、集成密度高、速度快、工艺简单、短沟道效应小及特别适用于低压、低功耗电路等优势，因此可以说 SOI 将有可能成为深亚微米的低压、低功耗集成电路的主流技术。此外，SOI 材料还被用来制造 MEMS 光开关，如利用体硅微机械加工技术。而要进入大规模的工业化生产，SOI 技术需要大批量高性能的材料，解决 CMOS/SOI 器件的衬底浮置效应、硅膜均匀性等问题。

如今，微电子学是信息技术发展的关键所在，是一个国家经济实力的重要标志。微电子技术的应用越来越广泛，不仅在日常生活，而且在军工、科学研究等方面也有很深入的应用。同时，微电子学又是一门综合性很强的学科，涉及多个领域。它可以和其他学科结合而产生出新的交叉学科，因而具有极其广阔的应用前景。

1.7　本 章 小 结

本章从微电子学的概念、微电子学的战略地位、微电子学的发展历史、集成电路的分类、微电子学的发展现状以及微电子技术的发展等方面，全面介绍了微电子学这门学科的发展历史、发展现状和未来的发展前景。

微电子学是以实现电路和系统的集成为目的的，主要是研究电子或离子在固体材料中的运动规律及其应用，并利用它实现信号处理功能的学科。其核心产品是集成电路。微电子产业对人类社会的影响和作用是全方位的，重点表现在对国民经济的战略作用。微电子这一战略性技术，不仅成为全球经济竞争的焦点，而且关系到国家安全和国防建设命脉。抓住集成电路产业的发展，就能促进国民经济的高速发展。几乎所有的传统产业与微电子技术结合，用集成电路芯片进行智能改造，都可以使传统产业重新焕发青春。

微电子产业具有"高投入、高产出"的特点，集成电路产业的发展是市场牵引和技术推动的结果。集成电路产业是典型的知识密集型、技术密集型、资本密集型和人才密集型的高科技产业。

微电子技术对人类生活的影响，可以说是科学技术史上空前的，是其他任何产业所无法比拟的。自从提出摩尔定律及之后的 40 多年来，世界半导体产业一直朝着更高的性能、更低的成本、更大的市场方向发展，为了提高电子集成系统的性能，降低成本，器件的特征尺寸不断缩小，制作工艺的加工精度不断提高，同时硅片的面积也在不断增大。

微电子技术新的发展及应用方向是系统芯片（SoC），随着微电子工艺向纳米级迁移和设计复杂度增加，特征尺寸缩小、器件性价比提高促使这其中的某些关键技术快速发展。后摩尔时代下，发展新器件、新结构和新材料日益重要，微电子技术与其他学科结合亦形成新的技术增长点，具有极其广阔的应用前景。

思 考 题

1. 通过本章的学习，结合自身的理解，阐述微电子学、集成电路的概念。

2. 简单叙述微电子学对人类社会的作用。

3. 结合生活中的实例，说明微电子学的综合性特点。

4. 查阅相关文献，列举数据说明微电子学对国民经济的重要作用。

5. 试举例说明微电子学可以和其他学科产生新的交叉学科，并能创造出什么产品。

6. 能找出身边的玩具或者是民用产品中，由于和微电子技术结合，具有了智能化效果的例子吗？

7. 查阅文献，列举随着尺寸缩小，还有哪些需要重点发展的关键技术。

8. 研读《国家集成电路产业发展推进纲要》《新形势下集成电路产业投资策略观察》。

第 2 章　半导体物理基础

关键词
- 半导体的概念、性质
- 晶格结构
- 能带理论
- 载流子的运动

本章主要阐述半导体材料与器件的属性和电学特性，首先考虑固体的电学特性。通常的半导体材料都是单晶材料，单晶材料的电学特性不仅与其化学组成有关，也与固体中的原子排列有关。半导体器件表现出来的很多宏观特性，归根究底都取决于半导体中原子排列的晶体结构、载流子的输运方式，即基于半导体物理的理论。本章主要介绍半导体中的共价键及能带理论，它们是半导体器件工作的物理基础。

2.1　半导体材料及其基本性质

自然界中的固体材料，从不同的角度可以有不同的分类。如果按照电阻率来分，可以将固体材料分为绝缘体、半导体和导体。电阻率是描述材料导电能力强弱的物理参数，它的倒数是电导率。表 2.1.1 给出了不同材料电阻率的划分。绝缘体，比如二氧化硅，具有很高的电阻率，大概为 $10^8 \sim 10^{18} \Omega \cdot m$。而大多数金属都是良导体，具有很低的电阻率，大概为 $10^{-4} \sim 10^{-8} \Omega \cdot m$，比这更低的一般归为超导体。介于导体和绝缘体之间的都属于半导体。这种划分方式只是一个大致的划分，没有非常清晰的边界。我们知道，半导体具有三大特性——光敏性、热敏性和杂敏性，因此半导体材料的电阻率很容易受到外界的光照、辐射及掺杂的影响。

表 2.1.1　部分材料的电阻率

	材料	电阻率/$\Omega \cdot m$
导体	金	2.40×10^{-8}
	银	1.65×10^{-8}
	铜	1.75×10^{-8}
半导体	硅	3.16×10^{-3}
	锗	4.76×10^{-1}
绝缘体	玻璃	$10^{11} \sim 10^{14}$
	橡胶	$10^{12} \sim 10^{15}$

（1）半导体的热敏性

半导体的导电能力受温度影响较大。当温度升高时，半导体的导电能力大大增强，这种特性被称为半导体的热敏性。传感器等半导体的电导率会随着温度上升而显著增加。比如，半导体材料硅在 200℃ 下的电导率是室温下的几千倍,不同材料在不同的温度变化下电导率的变化不同。利用半导体的热敏性可制成热敏元件。在微机械系统中,有些温度传感器便是利用了这个特性。在汽车上应用的热敏元件有温度传感器,如水温传感器、进气温度传感器等。

(2)半导体的光敏性

半导体材料在外界某些因素的作用下,比如光照或辐射,也会表现出特性的显著变化。半导体的导电能力随光照的不同而不同。比如当光照增强时,半导体的导电能力增强,此特性称为半导体光敏性。利用光敏性可制成光敏元件,微机械和控制系统中的很多光敏元件都是利用了这一特性。如光敏电阻、光敏二极管、光敏三极管等。在汽车上应用的光敏元件有汽车自动空调上应用的光照传感器。

(3)半导体的杂敏性

前面提到过,按电导率划分半导体并没有一个清晰的界定。在半导体中掺入少量杂质会使半导体的导电能力增加。因此半导体在低温、纯净的情况下有可能具有很高的电阻率而表现出绝缘体的性质,而在重掺杂的情况下由于电阻率下降而表现出金属的性质。正是这种对掺杂敏感的特性使得半导体成为各种电子器件应用的重要材料。

2.2 硅的晶格结构

固体分为晶体和非晶体,如图 2.2.1 所示,晶体具有一定的外形、固定的熔点,组成晶体的原子按周期性排列。而非晶体中的原子排列没有严格的周期性。晶体又分为单晶和多晶。单晶中的原子(或离子)在较大范围内都是按严格的周期性排列的。而多晶中原子(或离子)只在较小范围内按严格的周期性排列,而在整个范围中表现出无序状态。也就是说,多晶由很多小晶粒组成,可以看成由许多晶向不同的小晶体组成。

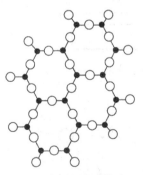 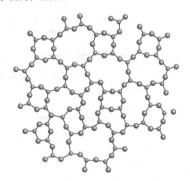

(a)晶体(原子规则排列)　　　　　　(b)非晶体(原子不规则排列)

图 2.2.1 晶体和非晶体的原子结构图

最常见的单一元素的半导体材料是硅和锗,它们都是化学元素周期表中的 IV 族元素,见表 2.2.1。

表 2.2.1 部分化学元素周期表

周期	II	III	IV	V	VI
2		B 硼	C 碳	N 氮	

（续表）

周期	II	III	IV	V	VI
3	Mg 镁	Al 铝	Si 硅	P 磷	S 硫
4	Zn 锌	Ga 镓	Ge 锗	As 砷	Se 硒
5	Cd 镉	In 铟	Sn 锡	Sb 锑	Te 碲
6	Hg 汞		Pb 铅		

　　硅是处于元素周期表的第 IV 主族、第 3 周期的 14 号元素。硅原子中有 14 个电子，锗原子中有 32 个电子。但它们的最外层都有 4 个价电子，且这 4 个价电子决定了材料的物理化学性质，如图 2.2.2 所示。原子间的相互作用倾向于形成满价壳层，比如离子键，另一种是共价键，如图 2.2.3 所示。硅、锗也倾向于形成共价键。每种元素都有 4 个价电子，需要另外 4 个电子来填满价电子层。若一个硅原子周围有 4 个原子，每个原子提供 1 个共享电子，那么该硅原子周围就有 8 个最外层电子。正是靠共价键的作用，硅原子紧紧地结合在一起构成晶体。这种晶体的立体结构称为金刚石结构，如图 2.2.4 所示。8 个顶点各 1 个原子，共 8 个原子，6 个面心各 1 个原子，共 6 个原子，两条体对角线的 1/4 和 3/4 处各 1 个原子，共 4 个原子，每个体对角线上的原子和相邻的 3 个面心原子和 1 个顶角原子构成一个正四面体。

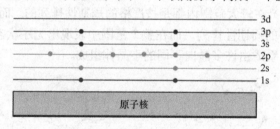

图 2.2.2　硅原子的外层电子分布

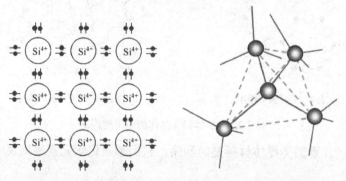

(a) 硅原子的共价键结构示意图　　　　(b) 硅原子形成的正四面体结构

图 2.2.3　硅的共价键结构

　　而最外层电子摆脱共价键的束缚所需要的能量约为 1.12eV（电子伏特）。锗晶体同样是靠锗原子间的共价键结合在一起的，同样形成金刚石结构，由于锗的原子序数大，最外层电子与原子核的距离相对远，因此原子核对电子的束缚能力弱，共价键上的电子摆脱共价键的束缚所需要的能量稍小些，大概为 0.78eV。

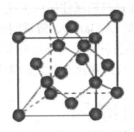
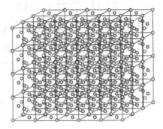

　（a）硅的晶体结构——金刚石结构　　　　　　　（b）硅晶体的堆垛

图 2.2.4　硅的晶体结构

　　以上介绍的是单一元素的半导体，可以分成单晶半导体和多晶半导体。比如单晶硅（Si）、单晶锗（Ge）都属于单晶半导体；多晶硅就属于多晶半导体。材料中含有两种或两种以上元素的半导体称为化合物半导体，见表 2.2.2。最常见的化合物半导体是由 III 族元素和 V 族元素构成的 III-V 族化合物，如砷化镓（GaAs）、磷化镓（GaP）、锑化铟（InSb）等。GaAs 是其中应用最广泛的一种化合物半导体，其良好的光学性能使之在光学器件中被广泛应用，同时也应用在需要高速器件的特殊场合。III-V 族化合物也主要是靠共价键结合的晶体。每个 III 族原子的周围有 4 个 V 族原子，每个 V 族原子的周围有 4 个 III 族原子，每个 V 族原子把一个电子转移给一个 III 族原子，从而形成一个 V 族的正离子和 III 族的负离子，它们的最外层都具有 4 个价电子，可以和邻近的离子键共用电子对，形成共价键。因此它们的晶体结构和硅、锗等十分相似。

表 2.2.2　化合物半导体材料

总体分类	半 导 体		总体分类	半 导 体	
	符号	名称		符号	名称
单晶半导体	Si	硅		ZnO	氧化锌
	Ge	锗		ZnS	硫化锌
二元化合物半导体				ZnSe	硒化锌
IV-IV	SiC	碳化硅	II-VI	ZnTe	碲化锌
III-V	AlP	磷化铝		CdS	硫化镉
	AlAs	砷化铝		CdSe	硒化镉
	AlSb	锑化铝		CdTe	碲化镉
	GaN	氮化镓		HgS	硫化汞
	GaP	磷化镓		PbS	硫化铅
	GaAs	砷化镓	IV-VI	PbSe	硒化铅
	GaSb	锑化镓		PbTe	碲化铅
	InP	磷化铟		$AlGa_{11}As$	砷化镓铝
	InAs	砷化铟		$AlIn_{11}P$	砷化铟铝
	InSb	锑化铟		$GaAs_{1-x}P$	磷化砷镓
			三元化合物半导体	$Ga_xIn_{1-x}As$	磷化铟镓
				$Ga_xIn_{1-x}P$	磷化铟镓
			四元化合物半导体	$Al_xGa_{1-x}As_ySb_{1-y}$	锑化砷镓铝
				$Ga_xIn_{1-x}As_{1-y}P_y$	磷化砷铟镓

我们也可以制造三元素化合物半导体，例如 $Al_xGa_{1-x}As$，其中的下标 x 是低原子序数元素的组分，甚至还可以形成更复杂的半导体，这为选择材料属性提供了灵活性。

除此之外，还有混晶半导体，比如铝镓砷半导体（AlGaAs）、镓砷铟半导体（GaAsIn）。非晶硅构成的非晶态半导体是具有半导体性质的非晶态材料。另外还有有机半导体，有机半导体是具有半导体性质的有机材料，即导电能力介于金属和绝缘体之间的有机物，等等。

2.3 硅晶体中的缺陷

集成电路在制造过程中必然会产生缺陷，使得原来没有缺陷的晶片结构变得不完整。而缺陷的存在对于芯片上的器件特性具有非常重要的影响。因此，我们有必要了解缺陷的产生，以及对器件参数的影响。晶体中主要有点缺陷、线缺陷、面缺陷和体缺陷。

1. 点缺陷

点缺陷是指在晶格中某个点的位置上出现空缺或嵌入。点缺陷在各个方向上都没有延伸，主要体现为以下两大类：一类是晶格原子的缺失或嵌入；另一类是杂质原子的缺失或嵌入。

间隙原子是指在原本的具有严格周期性排列的晶格原子间隙中，不该有原子的地方出现的某种原子，破坏了原有的周期性排列，这种缺陷称为间隙缺陷。而空位缺陷是指原有的晶体结构周期性排列的晶格点上由于某个原子的缺失而造成空位，这个缺陷称为空位缺陷。

自间隙原子是晶体中最简单的点缺陷，是指存在于硅晶格间隙中的硅原子。室温下晶格上的原子热振动平均能量很小，因此原子靠热振动或辐射所得到的能量是很难离开格点位置的。但是晶格振动的能量存在涨落，因此晶体中仍会有少量的原子能够获得足够的能量，离开正常格点位置进入间隙中。表面的原子也可能进入附近的晶格间隙成为自间隙原子，如图 2.3.1 中的间隙硅原子。

当晶格上的硅原子进入间隙并形成自间隙原子的同时，它们原来的晶格位置上就产生空位。晶格位置上的原子可以从晶格热振动的涨落中获得足够能量，离开原位置进入间隙或晶体表面，在原位置形成空位。这种间隙原子和空位成对出现的缺陷称为弗伦克尔缺陷。只在晶格内形成空位而无间隙原子的缺陷被称为肖特基缺陷。这些原子和空位一方面不断地产生，另一方面，两者又不断地复合，达到一个平衡浓度值。弗伦克尔缺陷和肖特基缺陷由于由温度引起，所以又称为热缺陷，它们总是同时存在的，如图 2.3.1 所示。

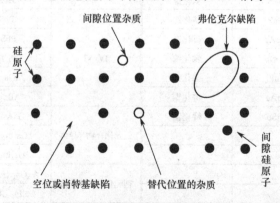

图 2.3.1　晶格中的点缺陷和类型

外来原子也会引起点缺陷。在晶体生长加工和集成电路制造等过程中，不可避免地要引入一些杂质，一般称为外来原子。这些杂质可以占据晶格的正常位置，成为替位性杂质。也可能存在于间隙之中，成为间隙性杂质。不论是替位性还是间隙性，这些外来原子都破坏了晶格原子排列的严格周期性、完整性，引起点阵的畸变，对晶体的电学性质产生非常重要的影响。

2. 线缺陷

在单晶材料的形成中，还会出现更复杂的缺陷，比如当一整列的原子从正常晶格位置缺失时就会出现线缺陷，这种缺陷称为线位错，如图 2.3.2（a）所示。因此线缺陷是指在工程材料学中二维尺度很小而第三维尺度很大的缺陷，其特征是两个方向尺寸上很小而另外一个方向延伸较长，也称一维缺陷，集中表现形式是位错，由晶体中原子平面的错动引起。晶体中的位错可以设想是由滑移形成的，滑移以后，两部分晶体重新吻合，滑移的晶面中，在滑移部分和未滑移部分的交界处形成位错。当位错线与滑移方向垂直时，这样的位错称为刃位错。如果位错线与滑移方向平行则称为螺位错，如图 2.3.2（b）所示。和点缺陷一样，线位错也破坏了正常的晶格几何周期性和晶体中理想的原子键，线位错也会改变材料的电学特性，而且比点缺陷更加难以预测。

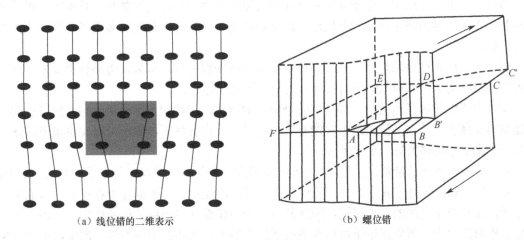

（a）线位错的二维表示　　　　　　　　　　　（b）螺位错

图 2.3.2　晶格中的线缺陷

3. 面缺陷

晶体中的面缺陷是二维曲线。面缺陷在两个方向上的尺寸都很大，另外一个方向上的尺寸很小。多晶的晶粒间界就是最明显的面缺陷，晶粒间界是一个原子错排的过渡区。在密堆积的晶体结构中，由于堆积次序发生错乱导致堆垛层错，简称层错。层错是一种区域性的缺陷，在层错以外及以内的原子都是规则排列的。只是在两部分交界面处，原子排列才发生错乱，所以它是一种面缺陷。

4. 体缺陷

杂质硼、磷、砷等在硅晶体中只能形成有限固溶体。当掺入的数量超过晶体可接受的浓度时，杂质将在晶体中沉积，形成体缺陷。

2.4 半导体中的能带理论

在对大量半导体器件的研究中，我们最关心的是电流-电压特性。而电流是由大量的载流子做定向运动形成的，因此必须研究晶体中的电子在外力作用下的运动规律。我们研究物体在外力作用下的运动状态通常采用经典的牛顿力学。而牛顿力学只适用于宏观状态，在宏观状态下认为能量是连续的，遵循 $E = \frac{1}{2}mv^2$。在微观状态下，牛顿力学已不适用，原子中电子的运动量子化了，电子的能量不再连续，每个电子只能处于确定的能量状态，必须利用量子力学来分析。

晶体由大量的原子组成（10^{23} 个/cm³）。每个原子由原子核和电子组成，在一定温度下电子围绕原子核运动，而原子核在平衡位置附近做无规则振动。因此晶体中电子的运动是一个典型的多体问题。要解决多体问题，可以作以下假设。

假设一：绝热近似。原子核的质量远远大于电子的质量，运动速度比较慢，因此将电子的运动和原子核的运动（晶格振动）分开处理，即在研究电子的运动时假设原子核是固定不动的，从而将多体问题转化为多电子问题。

假设二：单电子近似。电子间的相互作用可以用某种平均作用来替代，从而每个电子的运动都看作在固定的离子势场和其他电子的平均势场下的运动，从而将多电子问题转化为单电子问题。

假设三：周期性势场近似。根据晶体中原子的周期性排列，可以认为晶体中单电子运动所处的势场（离子势场和电子平均势场）是一个周期性势场。

原子中的电子做稳恒运动，并具有完全确定的能量，这种状态称为量子态。量子态的能量通常用能级表示。一个量子态上只能有一个电子。一定条件下，电子可以发生量子跃迁，即从一个量子态转移到另一个量子态。

电子分列在不同的能级上，形成所谓的电子壳层。不同电子壳层上的电子分别用 1s；2s，2p；3s，3p，3d；等符号表示，每一壳层对应于确定的能量。由于晶体中存在着大量的原子和电子，而且原子之间的距离很近，因此外层电子不仅受到内部原子核的作用力，还受到相邻原子核的作用力，所以在原子核和其他电子的作用下，相邻原子中的电子的量子态会发生一定程度的交叠，电子可以从一个原子转移到相邻的原子上去。如图 2.4.1 所示，当原子组合成晶体后，电子的量子态将不再固定于个别原子的运动而是存在于整个晶体的运动中，称为"共有化"。电子只能在能量相同的量子态之间发生转移。由于电子在晶体中的共有化可以有各种速度，因此同一个原子能级上产生的共有化运动也是多种多样的，称为能级分立。可见，电子的运动是量子化的，电子的能量不再连续，每个电子只能处于确定的能量状态。

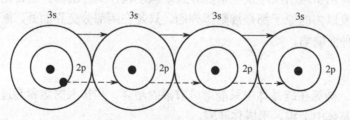

图 2.4.1　电子共有化运动示意图

设 N 个原子相距很远还未组合成晶体时,每个原子的能级都像孤立原子一样,都是 N 度简并的。当 N 个原子相互靠近组合成晶体时,每个电子都要受到周围原子势场的作用,结果是 N 度简并的能级都分裂成 N 个彼此相距很近的能级,这样密集的能级在能级图上看就像一条带子,因此称为能带。这 N 个能级组成一个能带,这时电子不再属于某一个原子而是在晶体中做共有化运动。分裂的每一个能带都称为允带,允带是由允许能量构成的能量区域,允带之间没有能级,称为禁带。禁带是由禁止能量构成的能量区域,禁带宽度即为从一个能带到另一个能带之间的能量差。在晶体中运动的电子能量由一系列允许能量和禁止能量隔开,即电子处于能带状态。所有状态数都被电子填满的能带为满带,没有任何电子的能带为导带。图 2.4.2 形象地用现实生活中的例子解释了什么是满带,什么是导带。

满带　　　　　　　　　　　　　　　　　　　　导带

图 2.4.2　满带与导带的现象示例

内壳层的电子原来处于低能级,共有化运动很弱,其能级分裂得很小,能带很窄;外壳层电子原来处于高能级,共有化运动很显著,如同自由运动的电子,常称为"准自由电子",能级分裂很显著,能带较宽。能量最高的是价电子所填充的能带,称为价带。价带以上的能级基本是空的,其中最低的没有被电子填充的能带通常称为导带。禁带是导带底与价带顶之间的能带间隙。带隙(禁带宽度)是指导带底与价带顶之间的能量差,如图 2.4.3 所示。

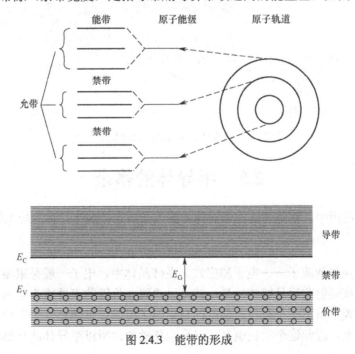

图 2.4.3　能带的形成

用能带理论可以解释电子、空穴的产生过程。在硅或锗晶体中被共价键束缚的最外层的4 个电子就是填充价带的电子，它们的能量最高，填充的也是能量最高的价带。由于热振动或者其他方式获得足够能量后，电子摆脱共价键的束缚，即电子离开价带留下空能级，跃迁到离价带最近的空能带——导带，而成为自由电子，如图 2.4.4 所示。如果对导带上的电子施加电压，电子将自由地在晶体中运动，从而形成电流，称为电子电流。价带中因电子跃迁出现的空位在外加电压的作用下，可以像带正电的粒子一样在晶体中运动，也将形成电流。这个虚拟的粒子称为空穴，所形成的电流称为空穴电流。因此从能带的角度看，电子摆脱共价键形成电子和空穴的过程就是一个电子从价带跃迁到导带的过程。

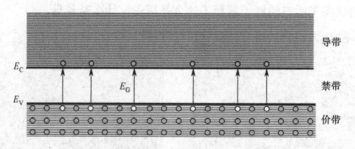

图 2.4.4　电子的跃迁

因此，绝缘体晶体中只有满带和导带，且满带与导带之间的禁带较宽，普通的热振动不能获得大于禁带宽度的能量。半导体晶体中有满带和导带，但满带与导带之间的禁带较窄（<2eV），电子容易获得大于禁带宽度的能量而发生跃迁。金属是价电子部分填充能带，从而成为导带，存在大量的自由电子，如图 2.4.5 所示。

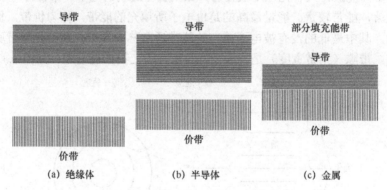

图 2.4.5　绝缘体、半导体、金属的能带图

2.5　半导体的掺杂

在很多器件应用中，都是通过在半导体中掺入杂质来控制半导体的导电性的。

1. 载流子

半导体中有两种载流子——电子和空穴。在硅晶体中，电子一般是束缚在共价键上的，如果由于热激发或辐射获得足够的能量，就可以挣脱共价键的束缚成为自由电子。同时在原来的共价键的位置上留下一个空位，邻近的自由电子可以过来填充这个空位，导致空位移动到邻近的共价键上，因此这个空位也是可以自由移动的。所以半导体就是靠电子和空位（空穴）的移动而导电的。

2. 本征半导体

如果半导体材料中没有掺入任何杂质，也没有缺陷，即纯净半导体，我们就称其为本征半导体。这时它的导电特性取决于材料本身的固有性质。本征半导体有个特征，材料内部电子和空穴是成对出现的，因此电子浓度等于空穴浓度。若半导体的掺杂量很小，电子浓度也基本等于空穴浓度，因此半导体也表现出本征特性。

本征半导体在温度为 0K 时，价带是满带。当温度上升到大于 0K 时，会有电子通过本征激发进入导带，而在价带留下一个空穴，因此本征激发时，电子和空穴是成对产生的，如图 2.5.1 所示。

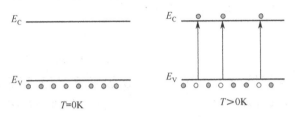

图 2.5.1　本征激发

3. 杂质半导体

掺入杂质的半导体称为杂质半导体，即非本征半导体，也叫掺杂半导体。在本征半导体中掺入某些微量元素作为杂质，可使半导体的导电性能发生显著变化。

（1）施主杂质和受主杂质

硅材料的导电性能主要由杂质决定，根据掺入的元素不同形成不同类型的半导体。

若在硅中掺入 V 族元素杂质，如磷（P）、砷（As），它们最外层有 5 个价电子，其中 4 个与邻近的硅原子形成共价键，还多一个价电子，该电子在室温下很容易电离成自由电子。即 V 族元素可以在晶体中提供一个自由电子，这种杂质称为施主杂质。掺杂了施主杂质的半导体称为 N 型半导体。

反之在硅中掺入 III 族元素，如硼（B），它们最外层有三个价电子，全部与邻近的硅原子形成共价键，还多一个空穴，即 III 族元素可以在晶体中提供一个空穴，这种杂质称为受主杂质。掺杂了受主杂质的半导体称为 P 型半导体，见图 2.5.2。

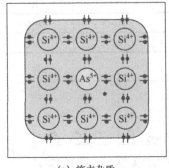
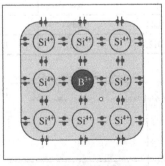

(a) 施主杂质　　　　　　　　　　(b) 受主杂质

图 2.5.2　杂质半导体

当半导体中掺入杂质时，会引入杂质能级。如将 V 族的杂质掺入半导体后，一个杂质原子取代一个硅或锗的位置，还多余一个价电子成为自由电子，杂质中心成为带正电的电荷中心，这种正电中心可以束缚在其周围运动的电子。而电子摆脱这种束缚所需的能量称为电离能。原子对电子的束缚能力越强，电子挣脱原子的束缚需要的能量就越多，即电离能越大。所谓的电离过程就是电子从施主能级跃迁到导带的过程，因此施主能级在导带的下面，与导带的距离等于电离能，如图 2.5.3 所示。图中，E_C 和 E_V 分别表示导带和价带，当电子得到能量 ΔE_D 后，就可以从施主的束缚态跃迁到导带成为导电电子，所以电子被施主杂质束缚时的能量比导带底 E_C 低 ΔE_D。被施主杂质束缚的电子的能量状态称为施主能级，记为 E_D，所以施主能级位于离导带底很近的禁带中。

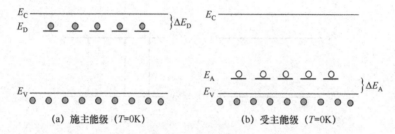

(a) 施主能级 ($T=0K$)　　　　　　(b) 受主能级 ($T=0K$)

图 2.5.3　杂质能级

当将 III 族的杂质掺入半导体后，一个杂质原子取代一个硅或锗的位置，它的最外层有 3 个价电子形成共价键，还少一个价电子，即多一个空位，为形成 4 个共价键，杂质中心需要吸取一个电子而成为带负电的电荷中心，这种负电中心可以束缚在其周围运动的空穴。而空穴为摆脱这种束缚所需要的能量是受主的电离能。表 2.5.1 给出了施主和受主杂质的电离能。电离过程就是价带中的电子跃迁到受主能级，反过来也可以看作空穴从受主能级跃迁到价带的过程。被电子填充后的受主能级相当于失去空穴的受主负电中心。因此受主能级在价带的上面，与价带的距离等于电离能，如图 2.5.4 所示。图中，E_C 和 E_V 分别表示导带和价带，当空穴得到能量 ΔE_A 后，就从受主的束缚态跃迁到价带成为导电空穴，所以空穴被受主杂质束缚时的能量比价带顶 E_V 高 ΔE_A。被受主杂质束缚的空穴的能量状态称为受主能级，记为 E_A，所以受主能级位于离价带顶很近的禁带中。

表 2.5.1　硅、锗晶体中杂质的电离能（单位：eV）

晶体	V 族杂质			III 族杂质		
	P	As	Sb	B	Al	Ga
Si	0.044	0.049	0.039	0.045	0.057	0.065
Ge	0.0126	0.0127	0.0096	0.01	0.01	0.011

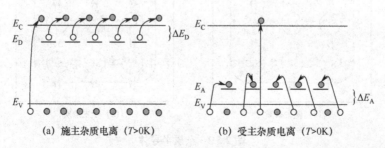

(a) 施主杂质电离 ($T>0K$)　　　　　　(b) 受主杂质电离 ($T>0K$)

图 2.5.4　杂质电离示意图

施主能级和受主能级分别距离导带和价带非常近，电离能很小，通常称这种能级为浅能级，而杂质能级离导带和价带较远的则称为深能级。

（2）多子和少子

半导体材料中有电子和空穴两种载流子。多子，即为多数载流子。如果在半导体材料中某种载流子占大多数，导电中起到主要作用，则称其为多子。同样，少子，即为少数载流子，在半导体材料中占少数，导电中起次要作用。例如，在 N 型半导体中，电子是多数载流子，空穴是少数载流子。在 P 型半导体中，空穴是多数载流子，电子是少数载流子。

（3）补偿半导体

半导体材料中可以同时掺杂施主和受主杂质，它们的共同作用会使载流子减少，这种作用则称为杂质补偿。如图 2.5.5 所示，如果施主杂质浓度大于受主杂质浓度，则显示出 N 型补偿，半导体成为 N 型。如果受主杂质浓度大于施主杂质浓度，则显示出 P 型补偿，半导体成为 P 型。在制造半导体器件的过程中，通过采用杂质补偿的方法来改变半导体某个区域的导电类型或者电阻率。

若 n_D^+ 和 p_A^- 分别是离化施主浓度和离化受主浓度，则电中性条件为

$$p_0 + n_D^+ = n_0 + p_A^- \tag{2.5.1}$$

如果考虑杂质强电离及其以上的温度区间，$n_D^+ = N_D$，$p_A^- = N_A$，则

$$p_0 + N_D = n_0 + N_A \tag{2.5.2}$$

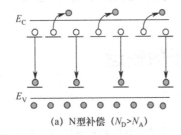 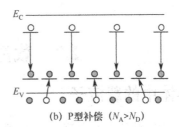

(a) N 型补偿（$N_D > N_A$）　　　　　　　(b) P 型补偿（$N_A > N_D$）

图 2.5.5　杂质能级的补偿

2.6　费米分布函数

自然界中的一条普遍规律是，系统在平衡状态下倾向处于能量最低点。电子的统计分布规律是大量电子的运动表现出来的统计规律。电子在各种能级之间热跃迁以达到热平衡。电子既可以从晶格热振动获得能量，从低能级跃迁到高能级，也可以释放出多余的能量，从高能级跃迁到低能级。每个电子对应于一个量子态，因此先要计算出量子态数。分布在各个能级上的电子数服从确定的统计规律：在热力学温度为 T 的物体内，电子达到热平衡时，能量为 E 的量子态被一个电子占据的概率为

$$f(E) = \frac{1}{1 + \exp\dfrac{E - E_F}{kT}} \tag{2.6.1}$$

式中，k 为玻尔兹曼常数，E_F 是费米能级，$f(E)$ 称为电子的费米分布函数，也就是电子占据能级 E 的概率。如果一个能级一直被电子占据，则占据概率为 1；若正好一半时间内有电子，则占据概率就是 1/2。

一般认为，在低温下，能量大于费米能级的量子态基本上没有被电子占据，而能量小于费米能级的量子态基本上被电子占满，当 $E=E_F$ 时，电子占据费米能级的概率是 1/2，所以费米能级标志了电子填充能级的水平。费米能级位置越高，说明有较多的能量较高的量子态上有电子。图 2.6.1 给出了能级 E 和费米分布函数 $f(E)$ 的函数曲线。从图中可以看出，小于 E_F 的 $f(E)$ 迅速增加达到 1，而大于 E_F 的 $f(E)$ 迅速下降为 0。这表示导带基本上都是空的，而价带基本上都是满的。而这不包含在 E_F 附近的能级。从式（2.6.1）也可以看出，只要 $E-E_F \gg kT$，分母中的指数函数便比 1 大很多，$f(E) \ll 1$。相反，只要 $E-E_F \ll kT$，分母中的指数函数便比 1 小很多，$f(E) \approx 1$。这其间变化的只是几个 kT 的能量。

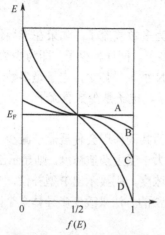

A、B、C、D 分别是 0K、300K、1000K 和 1500K 的 $f(E)$ 曲线

图 2.6.1　费米分布函数与温度关系曲线

费米统计律与玻尔兹曼统计律的主要差别在于：前者受到泡利不相容原理的限制。而在 $E-E_F \gg kT$ 的条件下，泡利不相容原理失去作用，应该采用玻尔兹曼分布。通常把服从费米统计分布规律的半导体称为简并半导体，把服从玻尔兹曼统计分布规律的半导体称为非简并半导体。

2.7　载流子的输运

2.7.1　半导体中的载流子

我们最终关心的是器件的电流-电压特性，而电流-电压特性归根结底取决于载流子的运动。大量的载流子做定向运动形成电流，因此确定载流子的浓度及其运动状态至关重要。

半导体中的载流子主要是电子和空穴。电子（Electron）是带负电的导电载流子，是价电子脱离原子束缚后形成的自由电子，对应于导带中占据的电子。空穴（Hole）是带正电的导电载流子，是价电子脱离原子束缚后形成的电子空位，对应于价带中的电子空位。电子浓度一般用 n（negative）表示，空穴浓度用 p（positive）表示。

2.7.2　半导体中的载流子浓度

1. 本征半导体的载流子浓度

本征半导体是指掺杂的杂质浓度相比于本征激发的载流子浓度很小的半导体。$T=0K$ 时，价带中的全部量子状态都被电子占据，而导带中的量子态都是空的，$T>0K$ 时，就有电子获得能量从价带激发到导带中去，同时价带中产生了空穴，这就是本征激发。由于电子和空穴成对产生，所以 $n=p=n_i$，其中 n_i 是本征载流子浓度，并且有

$$n_i^2 = n_0 p_0 \tag{2.7.1}$$

式中，n_0 和 p_0 分别表示热平衡状态下的电子浓度 n 和空穴浓度 p。由上式可以看出，在一定

的温度下，任何非简并半导体的热平衡载流子浓度的乘积 $n_0 p_0$ 等于该温度时的本征载流子浓度 n_i 的平方，与所含的杂质无关。所以此式不仅适用于本征半导体材料，而且也适用于非简并的杂质半导体材料。室温时硅的本征载流子浓度为 $n_i = 1.5 \times 10^{10} \text{cm}^{-3}$。

影响本征载流子浓度的因素主要是温度和禁带宽度。

作出本征载流子浓度和温度的关系曲线，可以看出本征载流子浓度随着温度升高而显著上升，温度下降时，本征载流子浓度跟着下降。一般的半导体器件中，载流子主要来源于杂质电离，而将本征激发忽略不计。在本征载流子浓度没有超过杂质电离所提供的载流子浓度的温度范围时，如果杂质全部完全电离，载流子浓度是一定的，器件就能稳定工作。但是随着温度的升高，本征载流子迅速增加，甚至本征激发占主要地位，器件将不能正常工作。图 2.7.1 给出了本征载流子浓度与温度的关系。

本征载流子浓度和禁带宽度也有关系。对于禁带宽度大的材料，本征载流子浓度小；禁带宽度小的材料，本征载流子浓度大。

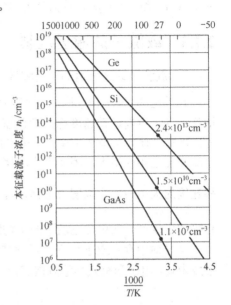

图 2.7.1　本征载流子浓度与温度的关系

2. 杂质半导体的载流子浓度

实际的半导体中，总是含有一定量杂质的。这样的半导体称为非本征半导体。对于非本征半导体，在热平衡状态下，仍然遵循 $n_i^2 = n_0 p_0$，只是电子和空穴浓度不再相等，$n \neq p$。N 型半导体中 n 大于 p，P 型半导体中 p 大于 n。因此掺杂了大量杂质时，我们可以做近似处理，比如在 N 型半导体中的电子浓度就近似等于施主杂质浓度 N_D，而在 P 型半导体中的空穴浓度就近似等于受主杂质浓度 N_A。

N 型半导体：电子　　$n \approx N_D$　　　　空穴　　$p \approx n_i^2/N_D$

P 型半导体：空穴　　$p \approx N_A$　　　　电子　　$n \approx n_i^2/N_A$

无论何种掺杂，都必须满足电中性条件，即正负电荷之和为零：$p + N_D - n - N_A = 0$。

施主和受主可以相互补偿，即：在 P 型半导体中，电中性条件为 $p = n + N_A - N_D$；在 N 型半导体中，电中性条件为 $n = p + N_D - N_A$。

图 2.7.2 给出了电子浓度随温度的变化曲线，温度很低时，从价带中依靠本征激发跃迁至导带的电子数可以忽略不计，即导带中的电子全部由电离施主杂质所提供。但此时电离的杂质数也很少，所以 $p_0 = 0$，而 $n_0 = N_D^+$，N_D^+ 为电离的施主杂质浓度，这部分区域是低温弱电离区。温度继续升高，进入中间电离区，施主杂质有 1/3 电离。电子浓度随杂质电离数的增加而急剧增加。温度升高至杂质完全电离，这时

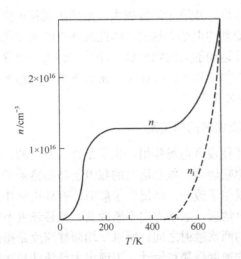

图 2.7.2　N 型半导体中电子浓度随温度的变化曲线

$n_0 \approx N_D$，载流子浓度与温度无关，这一温度范围称为强电离区或饱和区。半导体处于饱和区和完全本征激发区之间的时间称为过渡区。随着温度继续升高，本征激发产生的本征载流子数远多于杂质电离产生的载流子数，电子浓度随本征激发的增加而急剧上升，即 $n_0 \gg N_D$，$p_0 \gg N_D$，这时 $n_0 = p_0$，称为高温本征激发区。

2.7.3　载流子的输运机制

1. 载流子的漂移运动与迁移率

在外电场 E 的作用下，半导体中载流子要逆（顺）电场方向做定向运动，这种运动称为漂移运动，定向运动速度称为漂移速度，大量载流子的漂移速度的平均值 v_d 称为平均漂移速度。当半导体内部电场恒定时，电子应具有一个恒定不变的平均漂移速度。电场强度增大时，电流密度也相应增大，因而平均漂移速度也随着 $|E|$ 的增大而增大，反之亦然。所以，平均漂移速度的大小与电场强度成正比，可以写为 $v_d = \mu|E|$，其中，$\mu = \dfrac{v_d}{|E|}$ 称为载流子的迁移率。它描述了载流子在单位电场下的平均漂移速度，也衡量了载流子做漂移运动的强弱。

半导体中存在电子和空穴两种带相反电荷的粒子，如果在半导体两端加上电压，内部就形成电场，电子和空穴漂移方向相反，但所形成的漂移电流密度是两者之和，如图 2.7.3 所示。

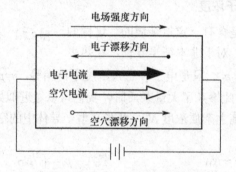

图 2.7.3　电场作用下的载流子漂移方向

因此影响漂移电流的因素主要有：①载流子浓度。载流子浓度越大，形成的漂移电流密度就越大。②电场强度。外加电场越强，载流子受到的电场力越大，因此漂移电流密度就越大。③迁移率的大小。迁移率是衡量载流子做漂移运动能力的物理量，迁移率越大，漂移电流密度就越大。一般来说，电子的迁移率大于空穴的迁移率，在硅中，常温下电子迁移率大约是空穴迁移率的 2.5 倍，因此很多器件优先选用 N 型器件。

2. 半导体中的主要散射机构及迁移率与平均自由时间的关系

在一定温度下，半导体内部的大量载流子，即使没有电场作用，也不是静止不动的，而是永不停息地做着无规则、杂乱无章的运动，简称热运动。做热运动的载流子与晶格原子、杂质原子、其他载流子发生碰撞，动量和动能都发生了改变，即发生了散射。有外电场作用时，载流子一方面做漂移运动，另一方面又要遭到散射，运动方向不断改变，漂移速度不能无限积累，电场对载流子的加速作用只在于连续的两次散射之间。所以平均漂移速度是指载流子在电场力和散射的双重影响下，以一定的平均速度做漂移运动，表现出大量统计规律的结果。散射机制主要有两种。

（1）电离杂质的散射

施主杂质电离后是一个带正电的离子，受主杂质电离后是一个带负电的离子。在电离施主或受主周围形成一个库仑势场，因此会破坏杂质附近的周期性势场。当载流子运动到电离杂质附近时，由于库仑势场的作用，载流子运动方向发生变化。这种散射称为杂质散射。

掺杂浓度越大，载流子遭受散射的机会就越多。但温度越高，载流子热运动的平均速度越大，可以较快地经过杂质离子，受库仑力的作用时间短，偏转就小，所以不易被散射。

（2）晶格振动的散射

一定温度下的晶格点原子在各自平衡位置附近做热振动。载流子在运动的过程中，就会与晶格原子碰撞从而使动量、动能发生改变。这是半导体中格点原子的振动引起的载流子的散射。温度越高，晶格振动越强，散射概率越大。

载流子在电场中做漂移运动时，只有在连续两次散射之间的时间内才做加速运动，这段时间称为自由时间。自由时间长短不一，若取多次并求其平均值则称为载流子的平均自由时间。

半导体中几种散射机构同时存在，总散射概率为几种散射机构对应的散射概率之和。

3. 载流子的扩散运动

扩散是因为无规则热运动引起的粒子从高浓度处向低浓度处有规则的输运，扩散运动起源于粒子浓度分布的不均匀。在均匀掺杂的半导体中，由于不存在浓度梯度，载流子分布也是均匀的，因此不产生扩散运动。如果有非平衡载流子注入，表面和体内就会存在浓度梯度，从而导致非平衡载流子由浓度高的地方向浓度低的地方扩散。因此扩散运动是载流子在浓度差作用下的运动，扩散运动产生的电流叫扩散电流。

电子的扩散电流密度 $J_n(扩)$ 为

$$J_n(扩) = -qS_n(x) = qD_n \frac{\mathrm{d}\Delta n(x)}{\mathrm{d}x} \tag{2.7.2}$$

式中，$S_n(x)$ 为随 x 变化的电子的粒子流密度，D_n 为电子的扩散系数，描述电子扩散运动的快慢。$\frac{\mathrm{d}\Delta n(x)}{\mathrm{d}x}$ 为沿 x 方向的电子的浓度梯度，q 为电荷量。

空穴的扩散电流密度 $J_p(扩)$ 为

$$J_p(扩) = qS_p(x) = qD_p \frac{\mathrm{d}\Delta p(x)}{\mathrm{d}x} \tag{2.7.3}$$

式中，$S_p(x)$ 为随 x 变化的空穴的粒子流密度，D_p 为空穴的扩散系数，描述空穴扩散运动的快慢。$\frac{\mathrm{d}\Delta p(x)}{\mathrm{d}x}$ 为沿 x 方向的空穴的浓度梯度。

可以看出，影响扩散电流的因素主要是扩散系数和浓度差。扩散系数越大，电流密度越大；粒子浓度差越大，电流密度越大。

半导体中的总电流是扩散电流与漂移电流之和。扩散电流可以归为内因驱动，漂移电流为外因驱动。每种电流都包含电子流和空穴流的贡献。

4. 爱因斯坦关系式

引起载流子漂移运动和扩散运动的原因虽然不同，但这两种运动是相互联系、相互统一的。因为载流子在这两种运动过程中都要受到散射的作用，载流子的迁移率 μ 和扩散系数 D 满足爱因斯坦关系式：

$$\frac{D_{\mathrm{n}}}{\mu_{\mathrm{n}}} = \frac{kT}{q} \tag{2.7.4}$$

$$\frac{D_{\mathrm{p}}}{\mu_{\mathrm{p}}} = \frac{kT}{q} \tag{2.7.5}$$

虽然爱因斯坦关系式是针对平衡载流子推导出来的，但实验证明，这个关系可直接用于非平衡载流子。

5. 载流子的复合

在半导体中，一方面，不断地有价电子从价带跃迁到导带，形成导带电子，同时在价带留下一个空位，称为电子-空穴对的产生。另一方面，载流子在移动过程中也不断地有导带电子落回到价带的空位上，使得导带中电子数减少一个，价带中空穴数减少一个，表现为遇到符号相反的载流子双方会一起消失，称为电子-空穴对的复合，如图 2.7.4 所示。

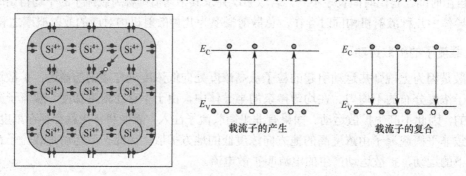

图 2.7.4　载流子的产生与复合

2.8　连续性方程

半导体中更普遍的情况是载流子浓度既和位置 x 有关，又与时间 t 有关。例如，单位体积单位时间内电子的变化为：新产生的电子数、复合掉的电子数、由于漂移或扩散流入和流出的电子数。

电子的连续性方程可以写成

$$\frac{\partial n(x,t)}{\partial t} = D_{\mathrm{n}}\frac{\partial^2 n(x,t)}{\partial x^2} + \mu_{\mathrm{n}}\left[E\frac{\partial n(x,t)}{\partial x} + \frac{\partial E}{\partial x}n(x,t)\right] + g_{\mathrm{n}} - \frac{\Delta n(x,t)}{\tau_{\mathrm{n}}} \tag{2.8.1}$$

式中，$\dfrac{\partial n(x,t)}{\partial t}$ 是电子浓度随时间的变化量；$\dfrac{\partial^2 n(x,t)}{\partial x^2}$ 是扩散流密度；$\mu_{\mathrm{n}}\left[E\dfrac{\partial n(x,t)}{\partial x} + \dfrac{\partial E}{\partial x}n(x,t)\right]$ 是在电场作用下，漂移运动引起的粒子流密度的变化；g_{n} 表示产生率；$\dfrac{\Delta n(x,t)}{\tau_{\mathrm{n}}}$ 表示复合率。

同样，可以写出空穴的连续性方程：

$$\frac{\partial p(x,t)}{\partial t} = D_{\mathrm{p}}\frac{\partial^2 p(x,t)}{\partial x^2} - \mu_{\mathrm{p}}\left[E\frac{\partial p(x,t)}{\partial x} + \frac{\partial E}{\partial x}p(x,t)\right] + g_{\mathrm{p}} - \frac{\Delta p(x,t)}{\tau_{\mathrm{p}}} \tag{2.8.2}$$

所谓连续性是指载流子浓度在时空上的连续性，连续性方程是半导体器件理论的基础之一。

2.9　本　章　小　结

本章主要从半导体材料和晶体结构的角度讨论了半导体特性。

半导体材料按电阻率来分，可以分为绝缘体、半导体和导体。而半导体是介于绝缘体和导体之间的材料，它具有光敏性、热敏性和杂敏性，因此半导体材料的电阻率很容易受到外界的光照、辐射及掺杂的影响。我们运用最多的是利用半导体材料的杂敏性。在掺杂的半导体中，N 型半导体中多数载流子是电子，P 型半导体中多数载流子是空穴。在制造半导体器件的过程中，可以通过采用杂质补偿的方法来改变半导体某个区域的导电类型或者电阻率。无论何种掺杂，都必须满足电中性的条件。半导体材料分单一元素的半导体和化合物半导体。硅和锗是最常见的单一元素的半导体材料，最常见的化合物半导体是由 III 族元素和 V 族元素构成的 III-V 族化合物，它们都各自具有良好的电学、光学性能，在电学及光学器件中应用广泛。

同时本章亦从能带角度讨论了半导体的材料属性。所有状态数都被电子填满的能带是满带，没有任何电子的能带是导带，从一个能带到另一个能带之间的能量差为禁带宽度。尤其讨论了半导体的掺杂对其电学特性的影响。半导体内部大量的载流子在电场下做漂移运动，在浓度梯度的作用下做扩散运动。这两种运动机理是相互独立的，但这两种运动是相互联系、相互统一的，它们都会对电流密度的形成有直接贡献，并且电流密度的大小可以由连续性方程得出。半导体中的总电流是扩散电流与漂移电流之和，扩散电流可以归为内因驱动，漂移电流为外因驱动。

2.10　扩展阅读内容

2.10.1　载流子的漂移运动与迁移率的推导

在外电场 E 的作用下，半导体中载流子要逆（顺）电场方向做定向运动，这种运动称为漂移运动，如图 2.10.1 所示。定向运动速度称为漂移速度，大量载流子的平均值 v_d 称为平均漂移速度。图中给出了截面积为 S 的均匀样品，内部电场为 $|E|$，电子浓度为 n。在其中取相距 $v_d t$ 的 A 和 B 两个截面，这两个截面所围成的体积中总电子数为 $N = n S v_d t$，N 个电子经过 t 时间后都将经过 A 面，与电流方向垂直的单位面积上所通过的电流强度定义为电流密度，用 J 表示，因此

$$J = -n q S v_d \tag{2.10.1}$$

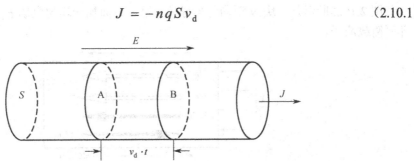

图 2.10.1　在外电场作用下，半导体中的载流子做漂移运动

$$J = \frac{I}{S} = -nqv_d \tag{2.10.2}$$

已知 $J = \sigma E$，σ 为电导率，单位为 S/cm。由此可见，当半导体内部电场恒定时，电子应具有一个恒定不变的平均漂移速度。电场强度增大时，电流密度也相应增大，因而平均漂移速度也随着 E 的增大而增大，反之亦然。所以，平均漂移速度的大小与电场强度成正比，可以写为 $v_d = \mu E$，得：

$$J = nq\mu E \tag{2.10.3}$$

$$\sigma = nq\mu \tag{2.10.4}$$

式中，$\mu = \dfrac{v_d}{E}$ 称为载流子的迁移率，它描述了载流子在单位电场下的平均漂移速度。

2.10.2　载流子扩散运动的推导

一维情况下，设扩散流密度 S 为单位时垂直通过单位面积的粒子数，设空穴的扩散流密度为 S_P，则

$$S_p = -D_p \frac{\mathrm{d}\Delta p(x)}{\mathrm{d}x} \tag{2.10.5}$$

式中，非平衡载流子在 x 方向上的浓度梯度为 $\mathrm{d}\Delta p(x)/\mathrm{d}x$。$D_p$ 为空穴扩散系数，反映了存在浓度梯度时扩散能力的强弱，单位是 cm^2/s，负号表示扩散由高浓度向低浓度方向进行。如果非平衡载流子浓度恒为 Δp_0，由表面不断注入，那么半导体内部各处空穴浓度形成稳定分布，不随时间变化，称为稳态扩散。

稳态下 $\mathrm{d}S_p(x)/\mathrm{d}x$ 就等于单位时间、单位体积内复合而消失的空穴数 $\Delta p(x)/\tau_p$，其一维稳态扩散方程为

$$D_p \frac{\mathrm{d}^2 \Delta p(x)}{\mathrm{d}x^2} = \frac{\Delta p(x)}{\tau_p} \tag{2.10.6}$$

它的通解是

$$\Delta p(x) = A e^{-x/L_p} + B e^{x/L_p} \tag{2.10.7}$$

式中，$L_p = \sqrt{D_p \tau_p}$，L_p 反映了非平衡载流子深入样品的平均距离，称为扩散长度，τ_p 为非平衡载流子的寿命。

对均匀掺杂的一维半导体，如果存在外加电场 E 的同时还存在非平衡载流子浓度的不均匀，那么平衡和非平衡载流子都要做漂移运动，非平衡载流子还要做扩散运动。

如图 2.10.2 所示是一块 N 型均匀半导体，沿 x 方向加一均匀电场 E_x，同时在表面处光注入非平衡载流子。

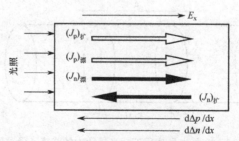

图 2.10.2　半导体中载流子扩散运动方向

则少数载流子空穴的电流密度为

$$J_p = (J_p)_{漂} + (J_p)_{扩} = q(p_0 + \Delta p)\mu_p E_x - qD_p \frac{d\Delta p}{dx} \tag{2.10.8}$$

多数载流子电子的电流密度为

$$J_n = (J_n)_{漂} + (J_n)_{扩} = q(n_0 + \Delta n)\mu_n E_x + qD_n \frac{d\Delta n}{dx} \tag{2.10.9}$$

非均匀掺杂的一维半导体，由于平衡载流子浓度也是位置的函数，平衡载流子也要扩散，因此

$$J_p = (J_p)_{漂} + (J_p)_{扩} = q(p_0(x) + \Delta p)\mu_p E_x - qD_p \frac{d[\Delta p + p_0(x)]}{dx} \tag{2.10.10}$$

$$J_n = (J_n)_{漂} + (J_n)_{扩} = q(n_0(x) + \Delta n)\mu_n E_x + qD_n \frac{d[\Delta n + n_0(x)]}{dx} \tag{2.10.11}$$

思 考 题

1. 半导体材料有哪些主要特性？它们受哪些因素的影响？

2. 请从原子排列结构的角度说明什么是晶体，为什么其会具有相应的化学特性。

3. 请从晶格结构的角度解释硅材料为什么是优异的半导体材料且具有半导体的特性。

4. 试阐述并比较单一元素的半导体和化合物半导体的定义，并说明各自的优缺点。

5. 硅晶体中的缺陷有哪些？各有什么样的特点？如何避免和消除？

6. 载流子的主要输运模式是什么？影响载流子输运的因素有哪些？

7. 在室温下的单晶硅进行硼掺杂，硼的浓度为 $3\times10^{15}\text{cm}^{-3}$。试求半导体中多子和少子的浓度。若再掺入浓度为 $4.5\times10^{15}\text{cm}^{-3}$ 的磷，试确定此时硅的导电类型，并求出此时的多子和少子浓度。

8. 何谓晶体的各向异性？表现在哪些方面？

9. 试举一个生活中的例子来类比能带的形成、满带和导带、电子跃迁。

10. 用于推导能带论的基本假设有哪些？

11. 简述能带的概念，并用能带论的观点来说明金属、半导体和绝缘体。

12. 什么是本征特性？与掺杂半导体的特性相比有什么不同？

13. 为什么通过掺杂可以显著改变半导体的电学特性？

14. 掺杂半导体的导电特性随着温度的变化呈现出什么变化规律？

15. 空穴是如何形成的？

16. 什么是迁移率？该参数主要描述的运动机理是什么？它和哪些因素有关？

17. 什么是扩散系数？它用于描述什么运动机理？它和哪些因素有关？

18. 漂移运动和扩散运动由不同的独立机制引起，这两种运动之间是相互独立的还是相互关联的？

19. 什么是费米能级？它的物理意义是什么？

20. 尝试通过查阅书籍资料，推导载流子的连续性方程。

第 3 章　半导体器件物理基础

关键词
- PN 结
- 双极型晶体管
- MOS 管
- 结型场效应晶体管

前面介绍了 P 型和 N 型半导体的形成，如果把这两种类型的半导体结合在一起，就会在交界面处形成 PN 结。PN 结是所有晶体管的基础，通过 PN 结的一定方式的组合可以形成双极型晶体管、MOS 管、可控硅等。晶体管、集成电路等都属于有源器件。有源器件就是需要能（电）源的器件，有源器件正常工作的基本条件是必须向器件提供相应的电源，如果没有电源，器件将无法工作。有源器件一般用于信号放大、变换等，又叫主动元器件。无需能（电）源的器件就是无源器件，无源器件是一种只消耗元器件输入信号电能的元器件，本身不需要电源就可以进行信号处理和传输，不实施控制。无源器件包括电阻、电位器、电容、电感等，又叫被动元器件。

前面的章节中介绍了半导体材料及载流子的概念，以及热平衡状态下的电子与空穴的浓度，并且讨论了能级的概念。本章要讨论将 P 型半导体与 N 型半导体紧密接触形成 PN 结的情况。大多数半导体器件都至少有一个由 P 型半导体区与 N 型半导体区接触形成的 PN 结，器件的特性与工作过程均与此 PN 结有密切关系。正因为 PN 结的重要性，本章主要介绍 PN 结形成的各种基本的晶体管结构，介绍它们的工作原理和电学特性。

3.1　PN 结

前面说过，一个 P 区和一个 N 区结合在一起就形成了 PN 结。很多器件和电路就是利用了 PN 结二极管的基本特性来工作的。分析 PN 结的基本方法也适用于研究其他的半导体器件，因此理解和掌握 PN 结原理是学习半导体器件理论的关键。本节主要讨论 PN 结的基本概念、工作原理、静电特性、电流电压特性，同时介绍击穿特性等，并给出相应的公式。

在实际的工艺加工中，一般是通过合金法或扩散法形成 PN 结的（详见第 4 章）。图 3.1.1（a）给出了 PN 结的结构图。正如图中所示，整个半导体材料是一块单晶材料，它的一部分掺入受主杂质原子，形成了 P 区，相邻的另一部分掺入施主杂质原子形成了 N 区。分隔 P 区与 N 区的交界面称为冶金结。图 3.1.1（b）显示了该 PN 结的杂质浓度分布图，从图中可以看出两边区域都是均匀掺杂，杂质浓度都是常数，并且在交界面处杂质浓度突变，这种浓度分布的 PN 结也称为突变结。突变结是浅扩散或低能离子注入形成的 PN 结，结的杂质分布可以用掺杂浓度在 N 区和 P 区之间突然变换来近似表示。而掺杂浓度在 N 区和 P 区之间缓慢变换的称为缓变结，如图 3.1.2（a）所示。对于深扩散或高能离子注入的 PN 结，杂质浓度分布可以被近似成线性缓变结，即浓度分布在结区呈线性变化，这样的 PN 结称为线性缓变结，如图 3.1.2（b）所示。

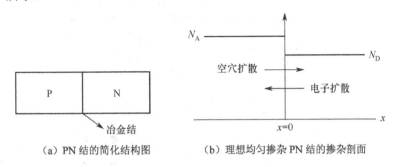

（a）PN 结的简化结构图　　　　　　（b）理想均匀掺杂 PN 结的掺杂剖面

图 3.1.1　PN 结示意图

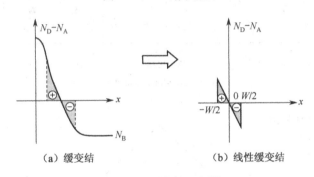

（a）缓变结　　　　　　　　　　　（b）线性缓变结

图 3.1.2　缓变结示意图

3.1.1　平衡 PN 结

所谓的平衡 PN 结是指没有外加电压、光照、辐射等状态下的 PN 结。没有特别说明时，一般就是指没有外加电压的 PN 结，如图 3.1.3 所示。

1. 平衡 PN 结空间电荷区的形成

当把 P 型半导体和 N 型半导体制作在一起时，在它们的交界面，由于存在很大的浓度差，两种载流子首先做扩散运动。P 区里的空穴向 N 区扩散，扩散到 P 区的自由电子首先在交界面处与该区的多子空穴复合，留下不可移动的带负电的杂质中心，N 区里的电子向 P 区扩散，扩散到 N 区的空穴首先在交界面处与该区的多子自由电子复合，留下不可移动的带正电的杂质中心，如图 3.1.3（a）所示。交界面处，P 区出现负电荷区，N 区出现正电荷区，形成内建电场，电场方向由 N 区指向 P 区，称为空间电荷区，如图 3.1.3（b）所示。在电场力的作用下，载流子做漂移运动，方向与扩散运动相反。空穴从 N 区向 P 区运动，自由电子从 P 区向 N 区运动。当扩散运动与漂移运动大小相等、方向相反时，达到一种动态平衡，形成稳定的空间电荷区，形成 PN 结。

图 3.1.3（c）也给出了自建电场 E 的强度变化曲线，最大值 E_{max} 出现在冶金结处，向两边呈线性下降，在空间电荷区边界处下降到零。自建电势的大小从左边的空间电荷区边界逐渐下降，呈非线性变化，如图 3.1.3（d）所示。

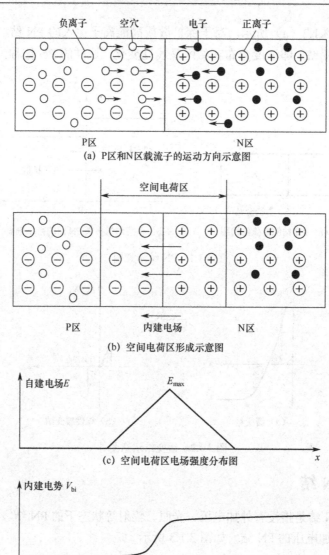

(a) P区和N区载流子的运动方向示意图

(b) 空间电荷区形成示意图

(c) 空间电荷区电场强度分布图

(d) 空间电荷区电势分布图

图 3.1.3　平衡状态下的 PN 结

3.1.2　PN 结能带

我们知道，在 PN 结附近存在着内建电场，而该内建电场的方向正好是阻挡空穴进一步从 P 型半导体扩散到 N 型半导体的，同时也阻挡电子从 N 型半导体进一步扩散到 P 型半导体。

而从能量上来看，当两块半导体结合形成 PN 结时，电子将从高能级的 N 区向低能级的 P 区流动，相反，空穴将从 P 区流向 N 区。电子与空穴的相对移动，使得 N 区的费米能级 E_{FN} 相对降低，而 P 区的费米能级 E_{FP} 相对抬高。当 $E_{FN}=E_{FP}$ 时达到动态平衡，此时 PN 结的内建电场形成。内建电场的方向正好是阻挡空穴进一步从 P 型半导体扩散到 N 型半导体的，同时也阻挡电子从 N 型半导体进一步扩散到 P 型半导体。于是从能量上来看，由于空间电荷区、内建电场的出现，就使得电子在 P 型半导体一边的能量提高了，同时空穴在 N 型半导体一边的能量也提高了。在界面处产生了一个阻挡载流子进一步扩散的势垒——PN 结势垒。根据内建电场所引起的这种能量变化关系，即可画出 PN 结的能带图，如图 3.1.4 所示。在达到热平衡时，系统的标志是具有统一的费米能级，所以两边的费米能级是拉平的，能带的倾斜就表示着电场的存在。φ_B 为费米势，$e\varphi_B$ 对应费米能级和本征费米能级之间的能量差，下标 P 和 N 分别对应 P 区和 N 区。

　　内建电场越强，电势差就越大，内建电势差所对应的能量差就是 PN 结的势垒高度。对于一般的 PN 结，只有在 PN 结势垒区中才存在着内建电场，在势垒区之外是电中性区，因此 PN 结势垒区中的能带是倾斜的，载流子在势垒区以内的运动主要靠漂移，在势垒区以外的能带是水平的，载流子的运动主要靠扩散。因为势垒区是在冶金结界面附近处的一个区域，其厚度一般较薄，所以势垒区中的内建电场通常都较强。而内建电场起着把导带电子驱赶到 N 型半导体、把价带空穴驱赶到 P 型半导体中的作用，于是势垒区中留下的载流子数目往往很少，从而在一定的近似程度上就可以认为势垒区中的载流子完全被驱赶出去了，载流子被耗尽了，即认为势垒区是一个耗尽层。在耗尽层近似下 PN 结中的空间电荷就完全看成是由电离杂质中心所提供的。

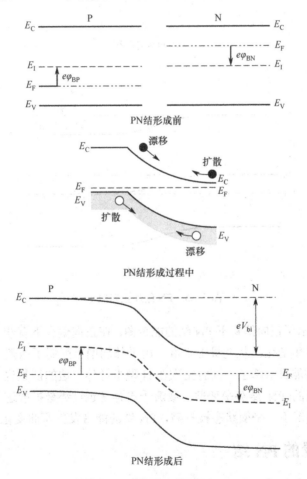

图 3.1.4　平衡 PN 结的能带图

3.1.3　正向偏置的 PN 结

　　若 PN 结的 P 端接电源正极，PN 结的 N 端接电源负极，称为 PN 结正向偏置。此时外加电场和 PN 结中的内建电场方向相反，因此削弱了漂移运动，加剧了扩散运动，空间电荷区变窄。电子通过扩散从 N 区到达 P 区，通过漂移从 P 区到达 N 区。空穴则相反，通过漂移从 N 区到达 P 区，通过扩散从 P 区到达 N 区。由于电源的作用，扩散运动将源源不断地进行，从而形成正向电流，PN 结导通，如图 3.1.5（a）所示。

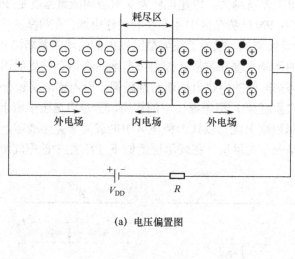

(a) 电压偏置图

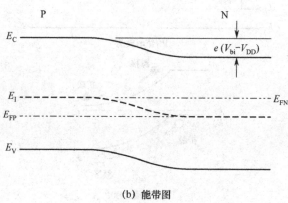

(b) 能带图

图 3.1.5 PN 结加正向电压

图 3.1.5（b）给出了正向偏置下 PN 结的能带图，在正向偏置下有非平衡载流子注入半导体中，使费米能级发生变化。从能量上来看，由于外加偏压削弱了内建电场，从而使得电子在 P 型半导体一边的能量下降了，同时空穴在 N 型半导体一边的能量也下降了，在界面处阻挡载流子进一步扩散的 PN 结势垒变薄，载流子更容易越过势垒扩散进入对面区域。总的来说，在外加电压的情况下，平衡状态被打破，PN 结的能带发生弯曲变化。

3.1.4 反向偏置的 PN 结

若 PN 结的 P 端接电源负极，PN 结的 N 端接电源正极，称为 PN 结反向偏置。此时外加电场和 PN 结中的内建电场方向相同，因此加剧了漂移运动，削弱了扩散运动，空间电荷区变宽。形成反向电流，也称漂移电流，如图 3.1.6 所示。因为少子的数目极少，即使所有的少子都参与漂移运动，反向电流也非常小，所以在近似分析中常将其忽略不计，认为 PN 结外加反向电压时处于截止状态。

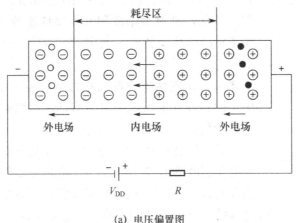

(a) 电压偏置图

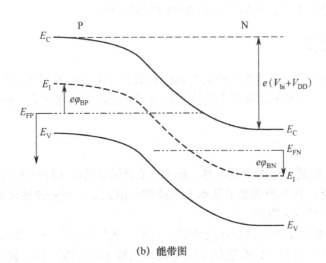

(b) 能带图

图 3.1.6　PN 结加反向电压

3.1.5　PN 结的伏安特性

PN 结的电流-电压特性方程可以表示为

$$I = I_S(e^{\frac{eV}{kT}} - 1) = I_S(e^{\frac{V}{V_T}} - 1) \tag{3.1.1}$$

式中，I 为流过 PN 结的电流，V 为 PN 结上的电压，I_S 为反向饱和电流，e 为电子的电量，k 为玻尔兹曼常数，T 为热力学温度，$V_T = \dfrac{kT}{e}$。在常温下，即 T=300K 时，$V_T \approx 26\text{mV}$。

由式（3.1.1）可知，V=0 时，PN 结处于平衡态，电流为零。当 PN 结外加正向电压时，若 $0 < V \leqslant V_{bi}$，势垒降低，电流随偏压增加而增加，但增加幅度较小。但当 $V \gg V_T$ 时，势垒消失，电流迅速增大，$I \approx e^{\frac{V}{V_T}}$，即 I 随着 V 呈指数规律变化。当 PN 结外加的反向电压 $V \gg V_T$ 时，电流 I 就趋向于 I_S。当反向电压超过一定数值 V_{BR}（反向击穿电压）后，

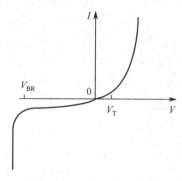

图 3.1.7　PN 结的伏安特性

反向电流急剧增加，此现象称为结击穿，外加的正向电压通常小于 1V，但是反向临界电压或击穿电压可以从几伏变化到几千伏，视掺杂浓度和其他器件参数而定。图 3.1.7 所示为 PN 结的伏安特性。其中 $V>0$ 的部分称为正向特性，$V<0$ 的部分称为反向特性，$V \leqslant V_{BR}$ 的部分称为反向击穿。PN 结所表现出来的伏安特性也称为单向导电性，或者称为整流特性，即只容许电流流经单一方向。利用整流特性可以制作整流二极管。

式（3.1.1）中含有温度项 T，由此可知，PN 结的伏安特性也会受温度的影响。而且，工作温度对器件特性有很大的影响。在正向和反向偏压情况下，扩散和复合–产生电流的大小和温度有密切的关系。温度升高时，PN 结的正向电流增大、正向压降降低，即正向电流具有正的温度系数，正向压降具有负的温度系数，这主要是由于 PN 结的势垒高度降低所造成的结果。并且反向电流随着温度的升高也会增大，这主要是由于两边少数载流子浓度增大的结果。

3.1.6　PN 结电容

外加电压的变化使得 PN 结内部空间电荷区和载流子的分布都发生变化，从而使 PN 结表现出电容效应。PN 结的电容效应在交流信号作用下才会明显表现出来。PN 结电容可分为势垒电容和扩散电容。

1. 势垒电容

势垒电容是 PN 结所具有的一种电容，是 PN 结空间电荷区（势垒区）的电容。由于势垒区中存在较强的电场，其中的载流子基本上都被驱赶出去了，则势垒区可近似为耗尽层，故势垒电容往往也称为耗尽层电容。

PN 结势垒区的宽度是随外加电压变化的，在固定的外加电压下，PN 结势垒区（即空间电荷区、耗尽区）中存储有一定数量的空间电荷，当外加电压改变时，就会引起空间电荷区的改变，而空间电荷区的改变是通过载流子流入、流出势垒区形成的，因此表现出随电压变化电荷量发生变化的电容效应，称为势垒电容。势垒电容具有非线性，它与结面积、耗尽层宽度、半导体的介电常数及外加电压有关。

PN 结反偏电压减小、耗尽层的宽度减小、空间电荷量减少，相当于势垒电容放电，如图 3.1.8（a）中 V_1 所示；PN 结反偏电压增加、耗尽层的宽度增大、空间电荷量增加，相当于势垒电容充电，如图 3.1.8（a）中 V_2 所示。理论分析表明，势垒电容的大小与 PN 结的面积成正比，与耗尽层的厚度成反比，而耗尽层的厚度是随外加电压变化的。反偏电压越大，势垒电容越小；正偏时，势垒电容随正偏电压的增大而增大。如图 3.1.8（b）所示，图中 $C_B(0)$ 表示外加电压为 0 时的 PN 结势垒电容。

2. 扩散电容

PN 结扩散电容是来自于非平衡少数载流子（简称非平衡少子）在 PN 结两边的中性区内的电荷存储所造成的电容效应。因为在中性扩散区内存储有等量的非平衡电子和非平衡空穴的电荷，它们的数量受到结电压控制。

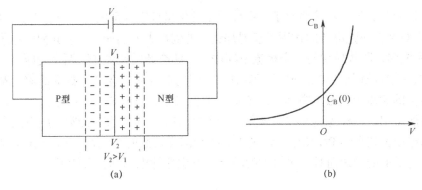

图 3.1.8　势垒电容 C_B 随外加电压的变化特性

　　当 PN 结正向偏置时，载流子的扩散运动加强，空穴从 P 区扩散到 N 区并在 N 区形成稳定分布。电子从 N 区扩散到 P 区并在 P 区形成稳定分布，在空间电荷区边界少子浓度高于平衡浓度。如果正偏电压增大，将有更多的电子从 N 区扩散到 P 区，更多的空穴从 P 区扩散到 N 区，少子的浓度梯度增加，相当于"充电"，如图 3.1.9 所示外加电压为 V_2 的载流子浓度分布。相反，当正偏电压减小时，少子浓度梯度下降，空间电荷区两边存储的电荷量减少，相当于"放电"，如图 3.1.9 所示外加电压为 V_1 的载流子浓度分布。因此也表现出随着电压变化电荷量变化的电容效应，称为 PN 结的扩散电容，如图 3.1.9 所示。由于 PN 结扩散电容与少数载流子的积累有关，而少数载流子的产生与复合都需要一个时间（称为寿命 τ）过程，所以扩散电容在高频下基本上不起作用。

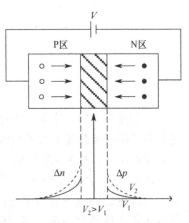

图 3.1.9　扩散电容示意图

　　势垒电容在正偏和反偏时均不能忽略。而反向偏置时，由于少数载流子数目很少，可忽略扩散电容。实际上 PN 结在较大正偏时所表现出的电容主要不是势垒电容，而是所谓的扩散电容。势垒电容是相应于多数载流子电荷变化的一种电容效应，因此势垒电容不管是在低频还是高频下都将起到很大的作用。与此相反，扩散电容是相应于少数载流子电荷变化的一种电容效应，故在高频下不起作用，也可以理解为少数载流子存储电荷的变化跟不上外加信号的变化。实际上，半导体器件的最高工作频率往往就取决于势垒电容。扩散电容在低频下很重要。

3.1.7　PN 结击穿

　　由 PN 结的电流-电压特性可知，当 PN 结上加反向偏压时，在反向偏压较小时，只有很小的反向饱和电流。而当反向偏压达到某一数值 V_B 时，反向电流急剧增大，这种现象称为 PN 结击穿。发生击穿时的反向电压称为 PN 结的击穿电压。击穿电压与半导体材料的性质、杂质浓度及工艺过程等因素有关。PN 结击穿是 PN 结的一个重要电学性质，击穿电压限制了 PN 结的工作电压，所以半导体器件对击穿电压都有一定的要求。

　　PN 结主要有 3 种击穿机制：雪崩击穿、齐纳击穿、热击穿。

1. 雪崩击穿

　　加大 PN 结上的反偏电压时，空间电荷区内电场增强，通过空间电荷区的电子和空穴在强电场的作用下获得加速，从而获得的动能也随之增加。当反向电压接近击穿电压时，这些具有很高能量的载流子会和晶格原子等中性原子发生碰撞产生新的电子-空穴对。这些新产生的电子-空穴对又会在强电场的作用下获得加速，得到很大的动能，碰撞其他的原子，产生更多的电子-空穴对，即从最初的一个载流子撞击产生两个新的载流子，两个变四个，四个变八个……这种连锁反应过程发生的时间非常短，空间电荷区内的载流子数量剧增，就像雪崩一样，阻挡层中的载流子的数量雪崩式地增加，使反向电流急剧增大，产生击穿。因此把这种击穿称为雪崩击穿，也称为电子雪崩现象，如图 3.1.10 所示。雪崩击穿一般发生在掺杂浓度较低、外加电压又较高的 PN 结中。这是因为掺杂浓度较低的 PN 结，空间电荷区宽度较宽，载流子能获得足够的加速而具有足够大的动能，发生碰撞电离的机会较多。

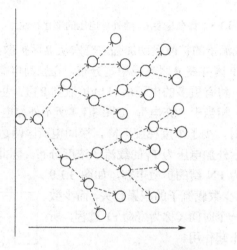

图 3.1.10　雪崩击穿示意图

当温度升高时，半导体中晶格的振动加剧，导致载流子运动的平均自由路程缩短，因此，在与原子碰撞前载流子由外加电场获得的能量较小，发生碰撞而电离的可能性减小，所以必须加大反向电压，才能发生雪崩击穿。因此，雪崩击穿电压随温度升高而增大，具有正温度系数。

PN 结的雪崩击穿电压主要受原材料杂质浓度、扩散杂质的表面浓度影响。另外，半导体层的厚度也会影响雪崩击穿电压。如果半导体层厚度大于势垒区，即 PN 结发生击穿时，势垒区全部在低掺杂的半导体层内，那么击穿电压由低掺杂的电阻率决定。如果半导体层厚度小于势垒区，即 PN 结发生击穿时，势垒区已经超过了低掺杂的半导体层，进入高掺杂区，那么击穿电压会由于两边掺杂浓度的提高而降低。因此，低掺杂半导体层厚度比势垒区厚度小得越多，击穿电压就下降得越多。

平面工艺制造的 PN 结也会影响雪崩击穿电压。在扩散工艺中，杂质原子从硅表面往硅体内扩散，不仅有纵向扩散，也有横向扩散。横向扩散的量不容忽视，我们可以近似认为，横向扩散的量近似是纵向扩散的量的 0.8 倍。这样，在底部扩散形成的 PN 结是一个平面结，在拐角处形成曲面（见图 3.1.11）。在侧面形成类似圆柱形的柱面结，四个顶角附近形成类似于球面的球面结。由于柱面结和球面结都有一定的曲率，都会引起电场集中效应，其电场强度比平面结区域大，因此这些区域会首先发生击穿，从而使 PN 结的击穿电压降低。结深越小，这种柱面结和球面结的曲率半径越小，越容易引起电场集中，因此更容易发生击穿。

2. 齐纳击穿（隧道击穿）

齐纳击穿又称为隧道击穿。隧道击穿是当施加反偏电压时，在强电场作用下，PN 结两边区域的导带底和价带顶足够近，禁带宽度足够窄，由于隧道效应，使大量电子从 P 区的价带顶直接穿过禁带到达 N 区的导带底而成为自由电子，从而引起的一种击穿现象。

如图 3.1.12 所示，根据量子力学知识，当 PN 结加反向偏压时，势垒区能带发生倾斜，反向偏压越大，势垒越高，势垒区的内建电场也越强，势垒区能带也越加倾斜，甚至可以使 N 区的导带底比 P 区的价带顶还低。由于能带错开，左边价带中的电子能量和右边导带中的电子能量相等，中间隔着宽度为 d 的禁带区域，则价带中的电子将有一定的概率穿过禁带进入导带成为自由电子，从而引起击穿现象。对于一定材料的半导体，这种电子通常出现在掺杂浓度较高的 PN 结中。同时势垒中的电场越大，隧道长度越窄，则电子穿过隧道的概率也就越大。

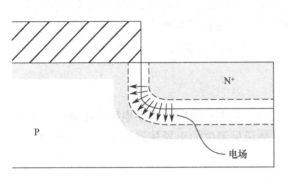

图 3.1.11　横向扩散引起的拐角处电场集中示意图

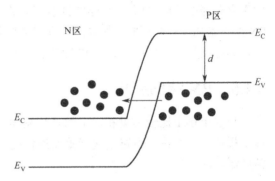

图 3.1.12　齐纳击穿示意图

在一般的杂质浓度下，雪崩击穿是主要因素。当杂质浓度升高时，势垒宽度减小，不利于雪崩倍增效应的发生，而在反向偏压不高的情况下就能产生隧穿效应。因此在重掺杂下，隧道击穿是主要因素。

由上述的击穿条件以及和电场有关的电离率，可以计算雪崩倍增发生时的临界电场。使用测量得到的电子电离率和空穴电离率，可求得硅和砷化镓单边突变结的临界电场 E_c，其与衬底掺杂浓度的关系如图 3.1.13 所示。图中亦同时标示出隧道效应的临界电场。显然，隧道击穿只发生在高掺杂浓度的半导体中。对于硅和砷化镓结，击穿电压约小于 $4E_g/e$ 时（E_g 为禁带宽度），其击穿机制归因于隧道效应。击穿电压超过 $6E_g/e$ 时，其击穿机制归因于雪崩倍增。若电压在 $4E_g/q$ 和 $6E_g/q$ 之间，击穿则为雪崩倍增和隧道击穿二者共同作用的结果。

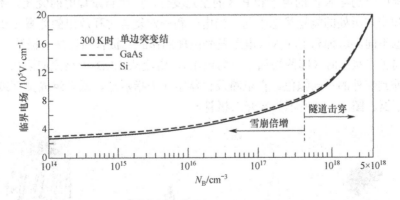

图 3.1.13　硅和砷化镓单边突变的击穿临界电场和衬底掺杂浓度的关系

3. 热击穿（热电击穿）

热击穿为固体电介质击穿的一种形式。击穿电压随温度和电压作用时间的延长而迅速下降，这时的击穿过程与电介质中的热过程有关，称为热击穿。

当在 PN 结上加反向偏压时，反向电流流过 PN 结会引起热损耗。反向电压增大时，热损耗也增大。如果这些能量不能及时散发出去，将引起 PN 结的温度上升，而 PN 结的温度上升又会导致反向电流的增大和热损耗的进一步增加。若没有采取有效措施，就会反复循环导致反向电流一直增大而发生击穿，PN 结被烧毁。这种热不稳定性引起的击穿称为热击穿或热电击穿。对于禁带宽度比较小的半导体材料，由于反向饱和电流密度较大，在室温下尤其要注意这种击穿。

PN 结的雪崩击穿、隧道击穿和热电击穿的 3 种击穿机理中，前两者一般不是破坏性的，如果立即降低反向电压，PN 结的性能可以恢复；如果不立即降低电压，PN 结就会遭到破坏。PN 结上施加反向电压时，如果没有良好的散热条件，将使结的温度上升，反向电流进一步增大，如此反复循环，最后会使 PN 结发生热电击穿，此类击穿具有永久破坏性。

3.1.8　PN 结的应用

目前市场上比较常见和常用的多是晶体二极管，几乎在所有的电子电路中都要用到半导体二极管，它在许多电路中起着重要的作用，它是最早诞生的半导体器件之一，其应用也非常广泛。

1. 整流二极管

二极管最重要的特性就是单向导电性，整流二极管就是利用了单向导电性。整流二极管可用半导体锗或硅等材料制造。整流二极管一般为平面型硅二极管，用于各种电源整流电路中。选用整流二极管时，主要应考虑其最大整流电流、最大反向工作电流、截止频率及反向恢复时间等参数。图 3.1.14 所示为整流二极管实物图。

整流二极管主要用于各种低频半波整流电路，如需达到全波整流则需连成整流桥使用。

2. 发光二极管

发光二极管是半导体二极管的一种，可以把电能转化成光能，也具有单向导电性。当给发光二极管加上正向电压后，从 P 区注入到 N 区的空穴和由 N 区注入到 P 区的电子，在 PN 结附近数微米内分别与 N 区的电子和 P 区的空穴复合，产生自发辐射的荧光。不同的半导体材料中电子和空穴所处的能量状态不同，当电子和空穴复合时释放出的能量多少不同，则发出的光颜色也不同。这种利用注入式电致发光原理制作的二极管叫发光二极管，通称 LED。当它处于正向工作状态时（即两端加上正向电压），电流从 LED 阳极流向阴极，半导体晶体就发出从紫外到红外的不同颜色。在电路及仪器中作为指示灯，或者组成文字或数字显示，用作信号显示器。图 3.1.15 所示为发光二极管。

(a) 发光二极管电路图形符号　　(b) 发光二极管实物图

图 3.1.14　整流二极管实物图　　　　　图 3.1.15　发光二极管

与白炽灯泡和氖灯相比，发光二极管的特点是：工作电压很低（有的仅一点几伏）；工作电流很小（有的仅零点几毫安）；抗冲击和抗震性能好，可靠性高，寿命长；通过调制通过的电流强弱可以方便地调制发光的强弱。

3. 稳压二极管

稳压二极管又叫齐纳二极管，是利用 PN 结反向击穿状态时其电流可在很大范围内变化而电压基本不变的现象，制成的起稳压作用的二极管。稳压二极管的伏安特性曲线和普通二极管类似，在反向特性中，当反向电压低于反向击穿电压时，反向电阻很大，反向漏电流极小。但当反向电压达到击穿电压的临界值时，反向电流骤然增大，称为击穿。在这一临界击穿点上，反向电阻骤然降至很小的值。尽管电流在很大的范围内变化，而二极管两端的电压却基本上稳定在击穿电压附近，从而实现了二极管的稳压功能，见图 3.1.16。

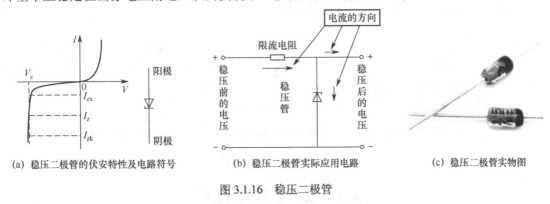

(a) 稳压二极管的伏安特性及电路符号　　　(b) 稳压二极管实际应用电路　　　(c) 稳压二极管实物图

图 3.1.16　稳压二极管

因为这种特性，稳压管主要被作为稳压器或电压基准元件使用。稳压二极管可以串联起来以便在较高的电压上使用，通过串联就可以获得更高的稳定电压。可以应用于典型的串联型稳压电路、电视机里的过压保护电路等。

4. 变容二极管

变容二极管又称"可变电抗二极管"，是一种利用 PN 结电容（势垒电容）与其反向偏置电压 V_r 的依赖关系及原理制成的二极管，即让 PN 结反偏，只是改变电压的大小，而不改变极性。若外加反向电压增大，则耗尽层变宽，二极管的电容值就减小；而反向电压减小，则耗尽层宽度变窄，二极管的电容量变大。因此反向电压的改变引起耗尽层的变化，从而达到改变压控电容器的电容值的目的。

变容二极管可以被应用于通信、谐振电路和 FM 调制电路中，主要在高频电路中用于自动调谐、调频、调相等，例如在电视接收机的调谐回路中用作可变电容，见图 3.1.17。

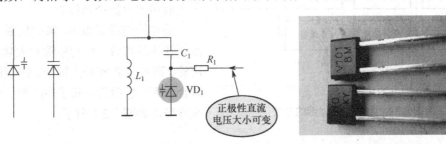

(a) 变容二极管的电路图形符号　　(b) 变容二极管典型应用电路　　　(c) 变容二极管实物图

图 3.1.17　变容二极管

5. 光敏二极管

光敏二极管又叫光电二极管，是一种能够将光根据使用方式转换成电流或电压信号的光探测器。管芯常使用一个具有光敏特征的 PN 结，对光的变化非常敏感，具有单向导电性，而且光强不同的时候会改变电学特性，因此可以利用光照强弱来改变电路中的电流。

光敏二极管的核心部分也是一个 PN 结，和普通二极管相比在结构上不同的是，为了便于接受入射光照，PN 结面积尽量做得大一些，电极面积尽量小一些，光敏二极管是在反向电压作用下工作的。没有光照时，反向电流很小，称为暗电流。当有光照时，携带能量的光子进入 PN 结后，把能量传给共价键上的束缚电子，使部分电子挣脱共价键，从而产生电子-空穴对，称为光生载流子。它们在反向电压作用下参加漂移运动，使反向电流明显变大。光的强度越大，反向电流也越大。如果在外电路上接上负载，负载上就获得了电信号，而且这个电信号随着光的变化而相应变化，见图 3.1.18。

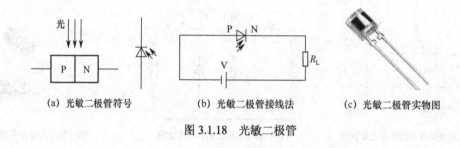

(a) 光敏二极管符号　　　(b) 光敏二极管接线法　　　(c) 光敏二极管实物图

图 3.1.18　光敏二极管

3.2　双极型晶体管

双极型晶体管是由两个 PN 结构成的三端器件。由于双极型晶体管体积小、重量轻、耗电少、寿命长、可靠性高，具有信号放大能力，因此在广播、电视、通信、雷达、计算机、自控装置、电子仪器、家用电器等领域中获得了非常广泛的应用，起放大、振荡、开关等作用。双极型晶体管是一种电流控制型器件，电子和空穴同时参与导电。习惯上，常用缩写词 BJT（Bipolar Junction Transistor）代表双极型晶体管。

最早出现的具有放大功能的三端半导体器件起源于 1948 年发明的点接触晶体三极管，20 世纪 50 年代初发展成结型三极管，即现在所称的双极型晶体管。

晶体管的种类很多，按使用要求一般分为低频管和高频管、小功率管和大功率管、低噪声管、高反压管和开关管等。按制造工艺可分为合金管、扩散管、离子注入管、台面管和平面管等，如图 3.2.1 所示。

图 3.2.1　双极型晶体管的分类

3.2.1　晶体管的结构及类型

从基本结构来看，晶体管实质上是两个彼此十分靠近的背靠背的 PN 结，因此有两种基本结构：PNP 型和 NPN 型。两个 PN 结将晶体管划分为 3 个区——发射区、基区和集电区。由 3 个区引出的电极分别称为发射极、基极和集电极，用符号 E、B、C（e、b、c）表示。图 3.2.2 给出了 PNP 管的三维结构图，图 3.2.3 给出了双极型晶体管的详细结构和电路符号。

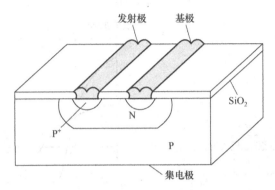

图 3.2.2　PNP 管的三维结构图

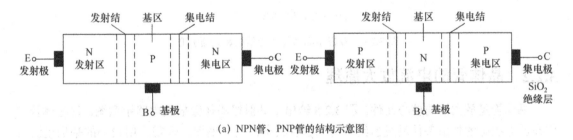

(a) NPN管、PNP管的结构示意图

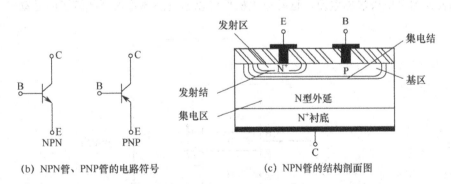

(b) NPN管、PNP管的电路符号　　　　(c) NPN管的结构剖面图

图 3.2.3　双极型晶体管结构

目前的双极型晶体管基本采用平面工艺制作，但早期的晶体管都是采用合金工艺制造的。这两种工艺晶体管的内部杂质分布不完全相同。合金晶体管 3 个区域中杂质均为均匀分布，如图 3.2.4（a）所示。平面晶体管中，PN 结由双扩散法形成，因此杂质为非均匀分布，如图 3.2.4（b）所示。但是这两种结构的放大原理基本相同，主要区别在于基区的杂质浓度分布。

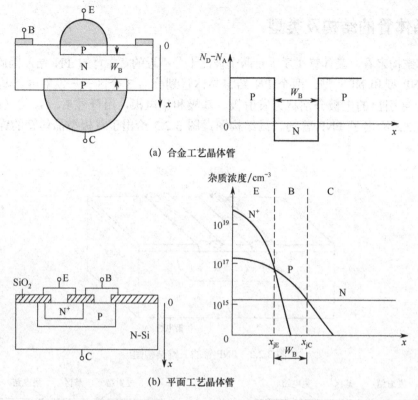

(a) 合金工艺晶体管

(b) 平面工艺晶体管

图 3.2.4　双极型晶体管实际结构和杂质分布

3.2.2　晶体管的电流放大原理

晶体管是放大器的核心元件，图 3.2.5 给出了共射极晶体管放大电路示意图。使晶体管工作在放大状态的外部条件是发射结正向偏置且集电结反向偏置，表现为用较小的基极电流可以得到较大的集电极输出电流。这种放大机理可以通过晶体管内部载流子的运动来阐明。

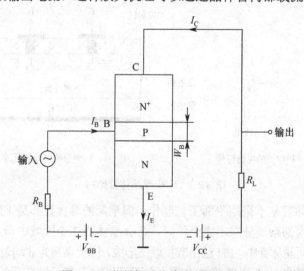

图 3.2.5　共射极晶体管放大电路原理

1．晶体管内部载流子的运动

以 NPN 管为例，晶体管内部载流子运动示意图如图 3.2.6 所示。

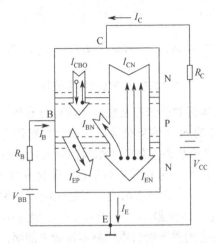

图 3.2.6　晶体管内部载流子运动示意图

发射区掺杂浓度最高，当发射结施加正向偏压时，发射区的多子是电子，大量的电子由发射区向基区扩散，运动到发射结时，被发射结上的正偏电压发射到达基区形成 I_{EN}。与此同时，基区的多子空穴也从基区向发射区扩散，运动到发射结时，被发射结上的正偏电压发射到发射区，和发射区的多子电子复合形成 I_{EP}。但是基区杂质浓度相对较低，所以空穴形成的电流非常小。

到达基区的电子电流 I_{EN} 会和基区的一部分空穴复合形成 I_{BN}，但由于基区很薄，杂质浓度较低，所以扩散到基区的电子只有少部分与空穴复合，其余部分作为基区的非平衡少子到达集电结边界。

集电结施加了反向电压，到达集电结边界的电子就会被强电场扫到集电区形成集电极电流 I_{CN}。与此同时，集电结又存在反向饱和电流 I_{CBO}，但该电流很小，近似分析中可忽略不计。又由于 V_{BB} 的作用，电子与空穴的复合运动将源源不断地进行，形成基极电流 I_B。

2．晶体管的电流分配关系

设由发射区向基区扩散所形成的电子电流为 I_{EN}，基区向发射区扩散所形成的空穴电流为 I_{EP}，基区内复合运动所形成的电流为 I_{BN}，基区内非平衡少子漂移至集电区所形成的电流为 I_{CN}，平衡少子在集电区与基区之间的漂移运动所形成的电流为 I_{CBO}，见图 3.2.6，则

$$I_E = I_{EN} + I_{EP} = I_{CN} + I_{BN} + I_{EP} \tag{3.2.1}$$

$$I_C = I_{CN} + I_{CBO} \tag{3.2.2}$$

$$I_B = I_{BN} + I_{EP} - I_{CBO} \tag{3.2.3}$$

从外部看：

$$I_E = I_C + I_B \tag{3.2.4}$$

3.2.3　晶体管中载流子浓度分布

图 3.2.7 是 NPN 管的结构示意图，假设各区掺杂浓度都均匀，且杂质浓度 $N_E > N_B > N_C$，则发射结势垒宽度小于集电结势垒宽度。

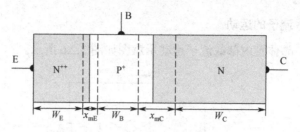

图 3.2.7　PNP 管结构示意图

图 3.2.8 是平衡状态下晶体管的能带图及载流子浓度分布图。图 3.2.8（a）是 NPN 管的能带图，相对于 P 区，左右两边的 N 区的势垒降低。由于平衡状态下没有电流，因此费米能级保持为常数。图 3.2.8（b）是平衡状态下载流子浓度的分布图，图中变量 n 和 p 分别代表电子和空穴的浓度，下标中的 E、B 和 C 分别代表发射区、基区和集电区，下标 0 代表平衡状态。3 个区中，发射区掺杂浓度最大，因此多子浓度中发射区的电子浓度最大，少子浓度中发射区的空穴浓度最小。而集电区掺杂浓度最小，多子浓度中集电区的电子浓度最小，少子浓度中集电区的空穴浓度最大。发射区的费米能级更远离本征费米能级，而集电区的费米能级更靠近本征费米能级。但由于是均匀掺杂且没有外加偏压，因此所有的载流子波度都保持不变，所以室温下可以假定杂质完全电离，多子浓度就等于掺杂浓度，而少子浓度可以由 $np=n_i^2$ 得到。

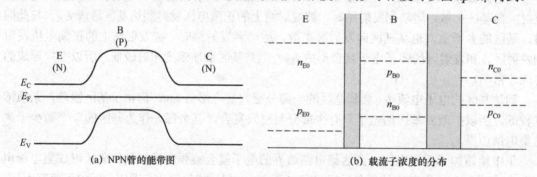

（a）NPN 管的能带图　　　　　　　　　　（b）载流子浓度的分布

图 3.2.8　平衡状态下晶体管的能带图及载流子浓度分布图

图 3.2.9 是放大状态下晶体管的能带图及载流子浓度分布。发射结加正向偏压 V_E，集电结加反向偏压 V_C。因此发射结势垒下降了 eV_E，集电结势垒上升了 eV_C。由于发射结正偏，则发射结两边的少子浓度由于正向注入而大于各自的平衡浓度；由于集电结反偏，则集电结两边的少子浓度由于反向抽取而小于各自的平衡浓度。在远离势垒区的地方回复到平衡浓度。

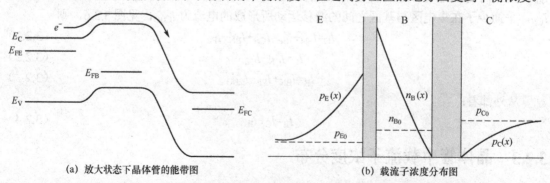

（a）放大状态下晶体管的能带图　　　　　　（b）载流子浓度分布图

图 3.2.9　放大状态下晶体管的能带图及载流子浓度分布图

对于基区来讲，左边靠近发射结的地方，由于发射结正偏，电子浓度大于基区的少子平衡浓度。靠近集电结的地方，由于集电结反偏，电子浓度就小于基区的少子平衡浓度。如果集电结上所加的反偏电压足够大，则靠近集电结处的少子浓度就远小于基区的少子平衡浓度，甚至降为零。把基区左右两侧的浓度点连接起来就是基区的少子浓度分布曲线。如果基区宽度足够小，那么基区的少子浓度分布近似为一条直线。

同样可以得到截止状态下晶体管的能带图和载流子浓度分布图，如图 3.2.10 所示。发射结加反向偏压 V_E，集电结加反向偏压 V_C。因此发射结势垒上升了 qV_E，集电结势垒上升了 qV_C。由于发射结反偏，则发射结两边的少子浓度由于反向抽取而小于各自的平衡浓度。由于集电结反偏，则集电结两边的少子浓度由于反向抽取而小于各自的平衡浓度。在远离势垒区的地方回复到平衡浓度。如果发射结和集电结上所加的反偏电压足够大，则靠近发射结和集电结处的少子浓度就远小于基区的少子平衡浓度，甚至降为零。把基区左右两侧的浓度点连接起来就是基区的少子浓度分布曲线。

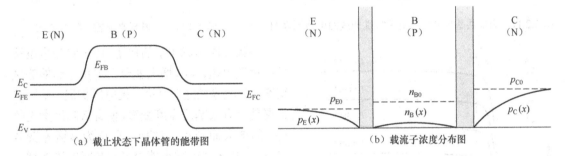

（a）截止状态下晶体管的能带图　　　　　（b）载流子浓度分布图

图 3.2.10　截止状态下晶体管的能带图及载流子浓度分布图

以此类推，可以得到饱和状态下（发射结正偏，集电结正偏）、倒置状态下（发射结反偏，集电结正偏）的能带图和载流子浓度分布图。

3.2.4　晶体管的伏安特性曲线

晶体管的伏安特性曲线描述了各电极之间电压、电流的关系，用于对晶体管的性能、参数和晶体管电路的分析。生产过程中常用特性曲线来判断晶体管质量的好坏。晶体管的接法不同，特性曲线也不同。

电流和电压都分输入和输出部分，描述输入电压和输入电流的关系称为输入特性曲线，描述输出电压和输出电流的关系称为输出特性曲线。共基组态的输入和输出特性曲线以及共射组态的输入和输出特性曲线统称为晶体管的伏安特性曲线。

1.　共基极组态的直流特性曲线

图 3.2.11 为测量共基极晶体管直流特性曲线的电路原理图。V_{BE} 为发射极和基极之间的电压降，V_{CB} 为集电极和基极之间的电压降，R_E 为发射极串联电阻，用以控制和调节 I_C 或 V_{BE}。

（1）共基极直流输入特性曲线

在共基组态下，输入电压是 V_{BE}，输入电流是 I_E。在不同的 V_{CB} 下，改变 V_{BE}，测量 I_E，便可得出一族 I_E-V_{BE} 曲线，这族曲线称为共基极直流输入特性曲线，如图 3.2.12 所示。V_{BE} 增加，相当于发射结正向偏置增大，实际就是正向 PN 结的特性，输入电压 V_{BE} 大于结电压后，电流 I_E 显著增大。共基组态的直流输入特性和 PN 结伏安特性曲线类似，但它与单独 PN 结存在差别。这是由于集电结反向偏置影响的结果。

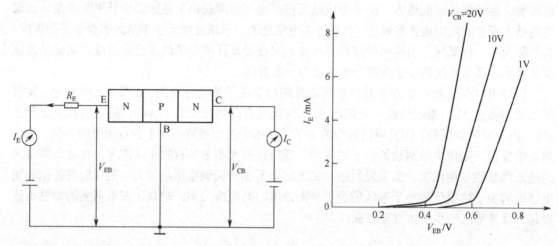

图 3.2.11 测量共基极晶体管直流特性曲线的电路原理图

图 3.2.12 共基极直流输入特性曲线

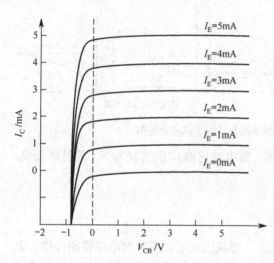

图 3.2.13 共基极直流特性输出特性曲线

如果此时考虑 V_{CB} 的作用，由于它是集电结反向偏置电压，V_{CB} 增大就会引起集电结的势垒变宽，因此势垒区向基区、集电区扩展。基区的扩展使得有效基区宽度变窄，使有效基区宽度随 V_{CB} 的增大而减小，这种现象称为基区宽变效应。由于基区宽度减小使少子在基区的浓度梯度增加，从而引起发射区向基区注入的电子电流增大，因而发射极电流 I_E 增大，所以在同样的发射结电压下，V_{CB} 越大，I_E 就越大。输入特性曲线随 V_{CB} 的增大而向左移动。

（2）共基极直流输出特性曲线

在不同的 I_E 下，改变 V_{CB}，测量 I_C，便可得到一族 I_C-V_{CB} 曲线，这族曲线称为共基极直流输出特性曲线，如图 3.2.13 所示。从输出特性曲线

可见，如果保持某一个 I_E 值不变，在 $V_{CB}>0$ 时，因为落在发射结上的有效偏置电压仍然为正，因此集电结还具有收集作用，$I_C \approx I_E$，基本与 V_{CB} 无关。在 $V_{CB}=0$ 时，集电结开始失去收集能力，I_C 也开始下降。在 $V_{CB}<0$ 时，I_C 急剧下降到零。如果增大输入电流 I_E，由于 I_C 和 I_E 的比例关系，因此得到的输出电流 I_C 也增大。

2. 共射极组态的直流特性曲线

图 3.2.14 为测量共发射极晶体管直流特性曲线的电路原理图。V_{BE} 为基极和发射极之间的电压降，V_{CE} 为集电极和发射极之间的电压降，R_B 为基极串联电阻，用以控制和调节 I_B 或 V_{BC}。

（1）共射极直流输入特性曲线

在不同的 V_{CE} 下，改变 V_{BE}，测量 I_B，便可得到一族 I_B-V_{BE} 曲线，这族曲线称为共发射极直流输入特性曲线，如图 3.2.15 所示，其曲线形状与半导体二极管的伏安特性曲线类似，不同的是与参量 V_{CE} 有关。当参量 V_{CE} 增大时，集电结处于反偏，基区宽度减小，从而少子扩散

过基区的路程缩短，基区内载流子的复合损失减少，意味着有更多的从发射区过来的载流子能到达集电结边界并被集电区所收集，相当于集电结的收集能力增强，I_B 也就减小了。曲线向右移动，或者说，当 V_{BE} 一定时，I_B 随着 V_{CE} 的增大而减小。而且，当 $V_{BE}=0$ 时，I_{EP} 和 I_{BN} 都为零，因此 $I_B = -I_{CBO}$。因此在 $V_{BE}=0$ 处，特性曲线下移到 I_{CBO}。

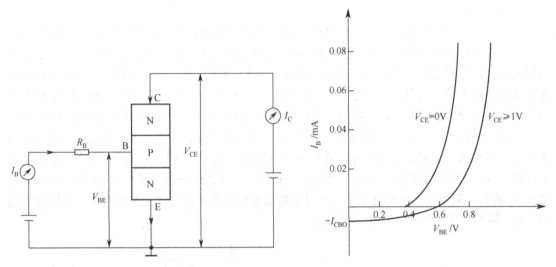

图 3.2.14　测量共发射极晶体管直流特性曲线的电路原理图　　　图 3.2.15　共发射极直流输入特性曲线

　　实际上，对于确定的 V_{BE}，当 V_{CE} 增大到一定值以后，集电结的电场已足够强，可以将发射区注入基区的绝大部分非平衡少子都收集到集电区，因而再增大 V_{CE}，I_C 也不可能明显增大，也就是说，I_B 已基本不变。因此，V_{CE} 超过一定数值后，曲线不再明显右移。对于小功率管，可以用 V_{CE} 大于 1V 的任何一条曲线来近似 V_{CE} 大于 1V 的所有曲线。

（2）共射极直流输出特性曲线

　　在不同的 I_B 下，改变 V_{BE}，测量 I_C，便可得到一族 I_C-V_{CE} 曲线，这族曲线称为共发射极直流输出特性曲线，如图 3.2.16 所示。晶体管的直流特性曲线分为 3 个区域：放大区、饱和区和截止区。

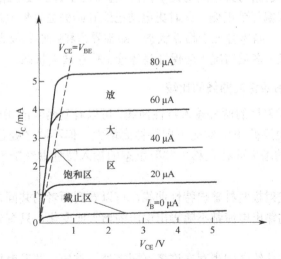

图 3.2.16　共发射极直流输出特性曲线

① 截止区。

当发射结上所加偏压小于开启电压且集电结反向偏置时，即 $V_{BE} \ll V_{ON}$ 且 $V_{CE} > V_{BE}$ 时，$I_B \le 0$，而 $I_C \ll I_{CEO}$，小功率硅管的 I_{CEO} 在 $1\mu A$ 以下，锗管的 I_{CEO} 小于几十微安。因此在近似分析中可以认为晶体管截止时 $I_C \approx 0$。

② 放大区。

当发射结上所加偏压大于开启电压且集电结反向偏置时，即晶体管工作于放大区且 $V_{BE} > V_{ON}$ 时，集电结反偏，电场已足够强，可以将发射区注入基区的绝大部分非平衡少子都收集到集电区，因而再增大 V_{CE}，I_C 也不可能明显增大。表现在输出特性曲线上是 I_C 呈水平状态，基本保持不变。这时 $I_C = \beta I_B$，$\Delta I_C = \beta \Delta I_B$，表现出 I_B 对 I_C 具有控制作用，I_C 对 I_B 具有放大作用。在理想情况下，当 I_B 按等差变化时，输出特性是一族平行于横轴的等距离平行线。

但对于实际器件，由于外加电压 V_{CE} 增大，基区宽度减小，基区里面的复合下降，输出电流会略微增大。这种集电结偏压的变化导致基区的宽度发生变化，从而引起输出电流略微变化的现象称为基区宽度调制效应，如图 3.2.17 所示。输出特性曲线的反向延长线和 x 轴的交点 V_A 称为厄利电压。厄利电压的大小可以用来表示输出特性曲线上翘的程度。上翘程度越小，$|V_A|$ 越大，基区宽度调制效应就越小。

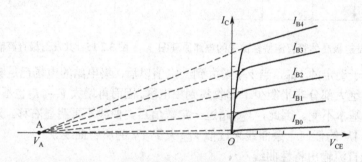

图 3.2.17　发射极实际测量的输出特性曲线

③ 饱和区。

饱和区的特征是发射结与集电结均处于正向偏置。对于共射极电路，$V_{BE} > V_{ON}$ 且 $V_{CE} < V_{BE}$。集电结上的偏压变为零偏甚至正偏，此时集电结已经开始失去收集电流的能力，输出电流急剧下降。当 $V_{CE} = V_{BE}$ 时，晶体管处于临界状态，即临界饱和或临界放大状态。

在模拟电路中，绝大多数情况下应保证晶体管工作在放大状态。

3. 共基极与共发射极特性曲线的比较

比较共基极与共发射极的两种输入特性曲线，可以看到两者的相同之处是：随着输入电压的增大，输入电流也遵循 PN 结的正向特性而增大。但不同之处是：共基组态的输入特性曲线随着输出电压的增大而往左移，共射组态的输入特性曲线随着输出电压的增大而略微往右移。

比较共基极与共发射极两种输出特性曲线，可以看到两者的共同之处是：当输入电流一定时，两种特性曲线的输出电流都不随输出电压的增大而变化，只有当输入电流改变时输出电流才会跟着变化。

然而两种输出特性曲线之间也存在许多不同之处。首先，共发射极电路的电流放大倍数要比共基极电路的大得多，表现出共射组态的晶体管具有显著的电流放大能力。其次，共发射极电路的输出曲线比共基极的要上翘一些，共基极电路的输出阻抗比共发射极电路大。另外，V_{CE} 的减小对输出电流的影响有所不同。共基极输出特性曲线在输出电压下降到零时才开始显著下降。而共发射极输出特性曲线在输出电压下降到 0.7V 时就开始下降，等输出电压下降为零时，输出电流就已经下降到零了。实际上，共基极与共发射极特性曲线在输出电压减小时的下降所反映的是同一个物理过程，只不过共发射极电路的输出电压是 V_{CE}，是跨接在发射结、集电结两个结上的电压。共基极电路的输出电压是 V_{CB}，是跨接在集电结上的电压，因而使得其特性曲线的下降发生在输出电压更小（负值时）的区域。

以上是以 NPN 晶体管为例，PNP 晶体管可以采用类似的分析，同样可以得到共基和共射组态下的输入和输出特性曲线。

3.2.5　晶体管的频率特性

前面分析的是晶体管的直流情况，发射极电流通过发射结注入到基区，通过基区输运到集电结，被集电结收集形成集电极输出电流。在这个电流传输过程中有两次电流损失，忽略了载流子在运输过程中的动态过程和寄生参数的影响。当输入是一个交流信号时，其传输过程与直流情况有很大不同，一些新的因素开始起作用。晶体管中的一些寄生效应开始显现，比如电容和电感的充放电造成的延迟，等效阻抗的下降。尤其在频率升高时，晶体管的电流放大能力会下降，信号传输会产生延迟，因此晶体管的使用会受到信号频率的限制。频率特性就是研究晶体管在输入交变信号下的特性。根据工作频率范围可以把晶体管分为低频晶体管、高频晶体管和超高频晶体管。

1. 晶体管的交流放大系数

（1）共基极交流放大系数 α

共基极交流放大系数 α 定义为：在共基极运用时，集电极（输出端）交流短路，集电极的输出交流小信号电流 i_C 与发射极的输入交流小信号电流 i_E 之比（用小写字母代表交流电流），即 $\alpha = \dfrac{i_C}{i_E}$。

在低频时，电流放大与工作频率无关。但在频率较高时，考虑到相位关系，α 为复数，通常所说的大小是指它的模值。

（2）共发射极交流放大系数 β

共发射极交流放大系数 β 定义为：在共发射极运用时，集电极（输出端）交流短路，集电极的输出交流小信号电流 i_C 与基极的输入交流小信号电流 i_B 之比，即 $\beta = \dfrac{i_C}{i_B}$。

在交流小信号工作条件下，晶体管端电流 α 与 β 之间仍有如下关系式：$i_E = i_C + i_B$。α 与 β 满足关系式 $\beta = \dfrac{\alpha}{1-\alpha}$。由于 α 与 β 是在集电极交流短路的条件下定义的，因此也称为交流短路电流增益。

2. 晶体管频率特性参数

随着晶体管工作频率的增高，晶体管的电学性能会发生很大变化，主要表现为电流增益和功率增益的下降。图 3.2.18 给出了典型的电流增益随频率变化关系的简图，其中纵坐标是以分贝表示的电流放大倍数。从晶体管的频率响应特性定义以下几个参数，用于描述其高频性能。

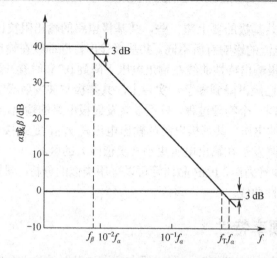

图 3.2.18　电流放大倍数与频率的关系

（1）α 截止频率（f_α）

f_α 的定义为共基极电流放大倍数减小到低频值的 $1/\sqrt{2}$ 时所对应的频率，即 $\alpha = \alpha_0/\sqrt{2} \approx 0.707\alpha_0$ 时所对应的频率。或者说，f_α 为 α 比低频值 α_0 减小 3dB 时所对应的频率。它反映了共基极运用时的频率限制。

（2）β 截止频率（f_β）

f_β 的定义为共发射极电流放大倍数减小到低频值的 $1/\sqrt{2}$ 时所对应的频率，即 $\beta = \beta_0/\sqrt{2} \approx 0.707\beta_0$ 时所对应的频率。或者说，f_β 为 β 比低频值 β_0 减小 3dB 时所对应的频率。它反映了共发射极运用时的频率限制。

α 截止频率和 β 截止频率实质上描述了晶体管的电流放大能力开始下降的频率临界点。

（3）特征频率 f_T

在共发射极运用时，f_β 还不能完全反映晶体管使用频率的上限，也就是说当工作频率等于 f_β 时，β 值还可能相当大。为了更好地表示共发射极运用晶体管具有电流放大作用的最高频率限制，引进了特征频率 f_T 的概念。f_T 的定义为随着频率的增加，晶体管的共射极电流放大倍数 $|\beta|$ 下降到 1 时所对应的频率。当频率低于 f_T 时，β 大于 1，晶体管有电流放大作用；当频率高于 f_T 时，β 小于 1，晶体管就没有电流放大作用。所以特征频率 f_T 是判断晶体管是否具有电流放大作用的一个重要依据，也是晶体管电路设计的一个重要参数。

（4）最高振荡频率 f_M

f_T 仅仅反映了晶体管具有电流放大作用的最高频率，但还不能表示具有功率放大能力的最高频率，因为虽然 $f > f_T$ 时 β 已小于 1，但仍可具有功率放大作用，为此再引入一个最高振荡频率的概念 f_M。f_M 定义为随着频率的增加，晶体管的最佳功率增益 $G_{Pm}=1$（0dB）时对应的频率，称为晶体管的最高振荡频率。f_M 不仅表示晶体管具有功率放大作用的频率极限，也是晶体管使用频率的最高上限，若工作频率超过 f_M，晶体管将失去任何放大作用。

要改善频率响应，必须缩短少数载流子穿越基区所需的时间，所以高频晶体管都设计成短基区宽度。由于在硅材料中电子的扩散系数是空穴的 3 倍，所有的高频硅晶体管都是 N-P-N 的形式（基区中的少数载流子是电子）。另一个降低基区渡越时间的方法是利用有内建电场的缓变掺杂基区，掺杂浓度变化（基区靠近发射极端掺杂浓度高，靠近集电极端掺杂浓度低）

产生的内建电场将有助于载流子往集电极移动，因而缩短基区渡越时间。

3. 提高晶体管频率特性的途径

影响晶体管频率特性的原因主要是载流子在晶体管内部传输的过程中有传输延迟，或者还要对晶体管内部的各种电容充放电。因此载流子在从发射极到集电极的传输过程中需要花时间，即传输延迟时间。因此要提高晶体管的频率特性，就必须要减小传输过程中的传输延迟时间。

在特征频率不太高的时候，延迟时间中起主要作用的是基区渡越时间，也就是载流子穿越基区所需要的渡越时间。所以为了减小基区渡越时间，减小基区宽度是能够提高晶体管频率特性的一个非常有效的途径。为了减小基区宽度，一是采用浅结工艺制作薄基区来减小基区宽度，二是制作缓变基区晶体管来提高基区的自建电场因子。因为基区的缓变杂质分布会形成基区自建电场，而这个电场对载流子的输运则通过基区而起到加速作用。所以要提高基区自建电场的加速场的作用，也就是要求杂质分布要尽可能陡。

当晶体管的特征频率比较高，基区宽度也已经比较小的时候，再进一步降低基区渡越时间的空间就比较小。其他延迟时间的作用就不可以忽略了，甚至可能上升为影响晶体管频率特性的主要因素，所以还必须考虑减少其他延迟时间。

首先，由于 PN 结具有电容效应，因此载流子在晶体管传输过程中会有对发射结电容充放电的效应，这个延迟时间称为发射结电容充放电时间常数。所以为了减小发射结电容延迟时间，除了选用比较大的工作电流降低发射结动态阻抗以外，在进行图形结构设计时，要尽量减小结面积，目的是为了减小发射结势垒电容，从而降低发射结势垒电容充放电时间。

其次，载流子在晶体管内传输的过程中还会对集电结势垒电容充放电。要减小集电结势垒电容充放电时间常数，必须要降低集电区的电阻率，减小集电区的厚度来减小集电区的串联阻抗。但这与功率要求相矛盾，和击穿电压也有一定的矛盾，所以两者必须同时兼顾。

再者，由于集电结是强反偏，而且集电结两侧的区域掺杂浓度都比较低，所以集电区的空间电荷区的宽度就扩展得比较宽，因此载流子渡越集电结势垒区时也会有比较可观的延迟时间。为了减小集电结空间电荷区的渡越时间，必须降低集电结空间电荷区宽度。因此，要适当提高两区的掺杂浓度，而这也和功率要求、击穿电压有一定的矛盾，所以也必须两者同时兼顾。

综上所述，提高晶体管频率特性的主要途径是减小基区宽度，减小结面积（包括发射结面积和集电结面积），适当降低集电区电阻率和适当减小集电区厚度，尽量减小延伸电极的面积。

3.2.6　晶体管的大电流特性

在电子电路应用中，很多场合需要晶体管工作在高耐压和大电流的条件下，经常需要用到大功率晶体管。但是在大电流区域，晶体管的直流特性和交流特性都会发生明显的变化。也就是说，电流增益和特征频率等参数都会随着大电流工作状态而迅速下降，这样就使得集电极最大工作电流受到了影响，因此我们有必要研究在高耐压和大电流条件下晶体管的电学参数及特性的变化。

1. 集电极最大电流

晶体管的集电极最大电流是一个晶体管的集电极最大允许通过的电流 I_{CM}。通常定义为，共发射极直流短路，电流放大倍数 β 下降到其最大值 β_M 的一半时所对应的集电极电流，如图 3.2.19 所示。晶体管集电极最大允许电流的设计，要根据使用时的输出功率、电源电压和运用方式等因素的要求来确定。

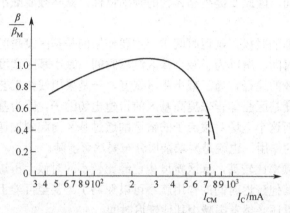

图 3.2.19　集电极最大电流与电流放大倍数 β 的关系

2. 大电流工作时的效应

要想提高晶体管的功率特性，就要提高晶体管的集电极最大电流。流过晶体管的电流是电流密度和结面积的乘积，所以增大电流有两种方法：第一种是增大结面积，第二种是增大电流密度。但是，根据前面的讨论，晶体管的频率特性要受到结面积的影响，结面积的增大会增加电容的充放电延迟时间，导致晶体管的高频特性变差。所以，通常考虑通过增加电流密度来提高工作电流。然而，电流密度的增加会导致电流放大倍数、特征频率和基极电阻的下降，所以有必要探讨大电流下晶体管内部物理过程变化的因素，才能找到既可以提高电流密度，又不会使特征频率下降的方法。下面讨论晶体管在大电流工作时容易产生的几个效应。

（1）基区电导调制效应

在注入基区的少数载流子浓度远小于基区的平衡多子浓度时，我们称为小注入，此时，为了维持基区电中性而相应增加的多子浓度可以忽略。但是当注入基区的少子浓度接近甚至超过基区内平衡多子浓度的时候，我们称之为发生大注入效应。此时，为了维持电中性，基区的多子浓度将等量增加。因此多子浓度的增加很可观，不能忽略，这将使得基区的电阻率下降，从而导致基区电导率受注入电流调制，称为基区电导调制效应。如图 3.2.20 所示是小注入和大注入时基区的载流子浓度分布示意图。

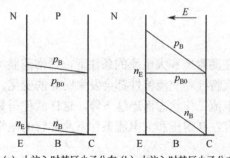

(a) 小注入时基区少子分布 (b) 大注入时基区少子分布

图 3.2.20　不同注入水准时的基区少子分布

（2）基区扩展效应

基区电导调制效应不能够有效地解释大注入下电流放大倍数和特征频率显著下降的现象。能根本解释这些现象的是基区扩展效应。研究发现，大注入下，晶体管的有效基区宽度将随着注入电流的增加而扩展。如图 3.2.21 所示，未发生基区扩展前，集电结大概在图中横坐标 4μm 的位置处，发生基区扩展后，集电结向右偏移到大概 10μm 处，扩展出来的基区是 W_{CIB}，这样就相当于基区宽度增大了 W_{CIB}，该效应也称为 Kirk 效应。晶体管的基区宽度对电流放大倍数和特征频率都具有决定性的作用，因此 Kirk 效应能够有效地解释大电流下晶体管的电流放大倍数和截止频率下降的现象。

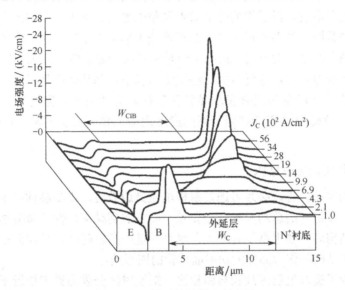

图 3.2.21　基区扩展效应示意图

（3）电流集边效应

如图 3.2.22 所示为平面晶体管电流集边效应示意图。从图中可以看出，晶体管的基极电流是平行于截面横向流动的多数载流子复合电流。靠近基区边缘的地方载流子流经的路径短，而靠近中心的地方载流子流经的路径长。较大的基极电流流过基极电阻在基区中产生较大的横向压降。发射结的正向偏置电压从边缘到中心逐渐减小。发射极电流密度则由中心到边缘逐渐增大，因此产生发射极电流集边效应（也称为基区电阻自偏压效应）。

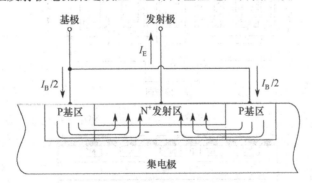

图 3.2.22　电流集边效应示意图

对于大功率晶体管来说，通常工作电流较大，发射极电流集边效应尤为显著。由于电流集边效应会使晶体管发射结有效面积变小，从而在较小的发射极电流下通过集电区的电流密度就有可能达到临界电流密度，因此电流放大倍数和特征频率就会下降。克服发射极电流集边效应的关键在于减小发射结下面的基区电阻。

3. 晶体管的最大耗散功率

晶体管还受到热学特性的限制。最大耗散功率就是晶体管的主要热参数。当晶体管工作时，电流通过发射结、集电结和体串联电阻都会发生功率耗散。耗散功率转换为热量，使集电结变成晶体管的发热中心，使集电结温度升高，当结温高于环境温度时，由于温差使热量由管芯通过管壳向外散发，散发出的热量随着温差的增大而增大。当结温上升到耗散功率能全部变成散发的热量时，结温不再上升，晶体管处于热动态平衡状态。在散热条件一定的情况下，耗散功率越大，结温就越高。最高结温是指晶体管能正常、可靠工作的 PN 结温度，它与材料的电阻率和器件的可靠性有关。在限定结温下，晶体管所能承受的耗散功率由晶体管的散热能力决定，一般用热阻来表示晶体管散热能力的大小。提高晶体管最大耗散功率的主要措施是尽量降低晶体管的热阻。因此应选用最高结温高的材料，尽量降低使用时的环境温度。

4. 大功率晶体管的图形结构

对于高频大功率晶体管，必须考虑发射极电流集边效应，提高晶体管电流承受能力，所以在图形结构中，发射区的总周长尽可能要长。而考虑到频率特性又希望结面积尽可能小，所以在设计图形结构时，要根据现有的工艺水平尽量提高发射区周长和面积比，所以经常采用梳状结构、覆盖结构等作为高频大功率晶体管的图形结构。

梳状结构是为了提高发射区周长与面积比，把发射区分隔为许多接近于条状的图形，然后再将很多条状的图形结构并联起来工作，如图 3.2.23 所示。

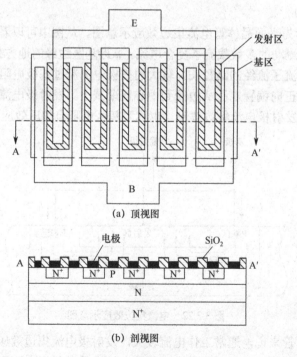

(a) 顶视图

(b) 剖视图

图 3.2.23　梳状结构示意图

覆盖结构是把发射区分隔为许多长方形或正方形的小发射区，再把小的发射区并联起来组成的结构，如图 3.2.24 所示。

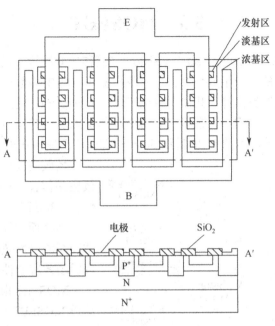

图 3.2.24　覆盖结构示意图

　　而网格结构的几何图形与覆盖结构的几何图形相似，不同的是覆盖结构的高掺杂基区位置和发射区位置在网格结构中正好相反，由于发射区是网格形的，故称为网格结构，如图 3.2.25 所示。

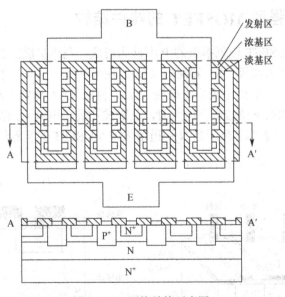

图 3.2.25　网格结构示意图

　　以上图形各有优缺点，在器件设计时要从器件性能要求和现实工艺水平的角度全面考虑才能最终确定比较合适的图形结构，不能脱离实际工艺水平的限制而片面提高发射区周长和面积比。

3.3　MOSFET

场效应晶体管（FET，Field Effect Transistor）（简称场效应管）是利用输入回路的电场效应来控制输出回路电流的一种半导体器件，它仅依靠半导体中多数载流子的漂移运动形成电流，因此也称为"单极"晶体管。其输入阻抗高达 $10^7 \sim 10^{12}\Omega$，输入电流几乎为零。场效应管不但具备双极型晶体管体积小、重量轻、寿命长的优点，更有噪声低、热稳定性佳、抗辐射能力强、能耗低的特性，因此自 20 世纪 60 年代起就广泛应用在电子电路中。

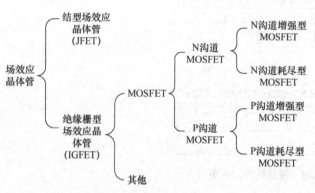

图 3.3.1　场效应晶体管的分类

场效应晶体管通常分为绝缘栅型场效应晶体管（IGFET）和结型场效应晶体管（JFET）。

绝缘栅型场效应晶体管是利用半导体表面的电场效应进行工作的，也称为表面场效应器件。

MOSFET 根据导电类型可以分为 N 沟道 MOSFET（简称 NMOS）和 P 沟道 MOSFET（简称 PMOS）两类；根据栅电压（V_{GS}）为 0 时源、漏极之间是否存在导电沟道，又可分为增强型 MOSFET 和耗尽型 MOSFET 两类，如图 3.3.1 所示。

3.3.1　N 沟道增强型 MOSFET 的器件结构

N 沟道增强型 MOSFET 以低掺杂的 P 型硅为衬底，利用扩散工艺制作两个高掺杂的 N^+ 区，并引出两个电极作为源极（S）和漏极（D）。在半导体上形成一层 SiO_2 氧化层，氧化层外淀积多晶硅或金属层，引出电极成为栅极（G）。衬底（B）通常与源极相连。当栅源电压发生改变时，将改变栅极下感应电荷的数量，从而控制漏极电流。因此，MOSFET 是电压控制电流的器件。如图 3.3.2（a）所示是 N 沟道增强型 MOSFET 的实际结构图，图 3.3.2（b）为其剖面图。

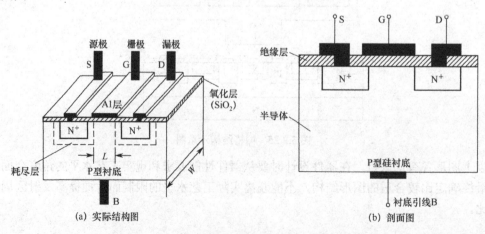

(a) 实际结构图　　　　　　　　　　　　　(b) 剖面图

图 3.3.2　N 沟道增强型 MOSFET 的结构示意图

N 沟道 MOSFET 和 P 沟道 MOSFET 的总结见表 3.3.1。

表 3.3.1　N 沟道 MOSFET 和 P 沟道 MOSFET

类型	N 沟道 MOSFET		P 沟道 MOSFET	
	耗尽型	增强型	耗尽型	增强型
衬底	P 型		N 型	
S、D 区	N^+ 区		P^+ 区	
沟道载流子	电子		空穴	
V_{DS}	大于零		小于零	
I_{DS} 方向	由 D 至 S		由 S 至 D	
阈值电压	$V_T<0$	$V_T>0$	$V_T>0$	$V_T<0$
电路符号				

3.3.2　N 沟道增强型 MOSFET 的能带图

金属-氧化物-半导体（MOS，Metal-Oxide-Semiconductor）结构可以视为一个电容器。对于工作在 P 型衬底上的 N 沟道 MOSFET，当其栅极不加偏压（即 $V_G=0$）时，其 MOS 电容能带图如图 3.3.3 所示。其中，$e\varphi_m$ 和 $e\varphi_S$ 分别为金属与半导体的功函数，$e\chi$ 为半导体电子亲和能，$e\varphi_B$ 为半导体费米能级与本征费米能级的差值。在理想情况下，有：

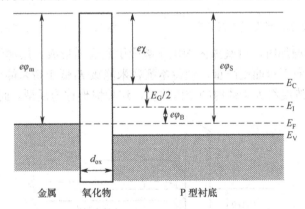

图 3.3.3　零偏压下理想 P 型衬底 MOS 电容能带图

① 金属与半导体功函数差为 0，即

$$e\varphi_{mS} = e\varphi_m - e\varphi_S = e\varphi_m - \left(e\chi + \frac{E_G}{2} + e\varphi_B\right) = 0 \tag{3.3.1}$$

② 氧化层电荷为零。在任何外加偏压下，电容内的电荷仅为半导体电荷，氧化层相邻金属表面上有等量但极性相反的感应电荷。

当外加偏压为负值（$V_G<0$）时，形成由半导体指向金属的电场，半导体中的空穴会沿着电场方向向 Si-SiO$_2$ 界面运动，由于氧化层的绝缘特性，空穴在 Si-SiO$_2$ 界面积累，浓度上升，而体内的载流子浓度不变，导致能带向上弯曲，如图 3.3.4 所示。

这种在 Si-SiO$_2$ 界面多子浓度增加的情形称为载流子积累。此时能带向上弯曲，表面势

$V_S<0$。当外加一个较小的正向偏压（$V_G>0$）时，如图 3.3.5 所示，形成由金属指向半导体的电场，半导体中的空穴会沿着电场方向向衬底运动，从而使得半导体表面的空穴减少。能带向下弯曲，由公式可知，能带弯曲使 E_I-E_F 项减小甚至接近本征半导体（$E_I=E_F$），这种情况称为耗尽。此时表面势 $V_S>0$，而在半导体表面出现耗尽区，表面耗尽区电荷 Q_{SC} 可表示为

$$Q_{SC}=-eN_AW_d \tag{3.3.2}$$

式中，N_A 为半导体掺杂浓度，W_d 为表面耗尽区宽度。

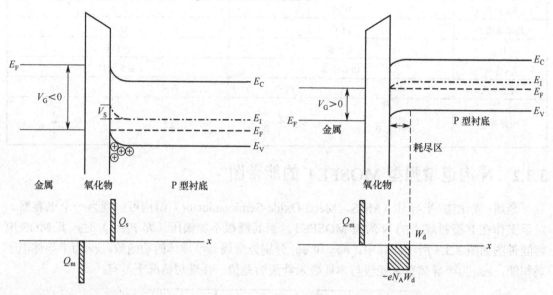

图 3.3.4　空穴积累时的能带图及电荷分布　　　　图 3.3.5　空穴耗尽时的能带图及电荷分布

当外加偏压继续增加时，衬底体内的电子被吸引到表面形成一层薄的电子层。表现在能带上是表面处的能带向下弯曲更严重，使得本征费米能级 E_I 低于费米能级 E_F，如图 3.3.6 所示。此时表面的电子浓度将大于体内的空穴浓度，这种情形称为反型。此时表面势 V_S 将大于

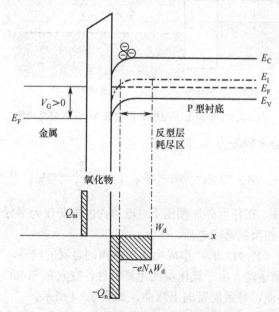

图 3.3.6　反型时的能带图及电荷分布

衬底半导体的费米势 φ_B，而半导体内的电荷除了有耗尽区电荷 Q_{SC} 之外，还有反型层电荷 Q_n。

当栅极电压 V_G 大到足够形成反型层且使表面电子浓度等于基底半导体空穴浓度时，定义为强反型。此时，由于表面能带严重向下弯曲，表面的导带能级 E_C 与本征费米能级 E_I 已相当接近。若栅极电压再增加，表面能带也只是轻微地再向下弯曲而已，不过反型层的电荷将呈指数式急速增加，而对应的耗尽层宽度 W_d 也只是轻微增加，几乎不再变大而达到最大值 W_M，此时电荷情形可表示为

$$Q_S=Q_m=Q_{SC}+Q_n \tag{3.3.3}$$

$$Q_{SC}=-qN_AW_M \tag{3.3.4}$$

式中，Q_S 为半导体单位面积的电荷（包括耗尽层电荷和反型层电荷），W_M 为表面耗尽区的最大宽度。

这里总结如下。

$V_S<0$：空穴积累（能带向上弯曲）。

$V_S=0$：平带情况。

$\varphi_B>V_S>0$：空穴耗尽（能带向下弯曲）。

$V_S=\varphi_B$：禁带中心。

$\varphi_B<V_S<2\varphi_B$：弱反型（能带向下弯曲超过费米能级）。

$V_S\geqslant2\varphi_B$：强反型。

3.3.3　阈值电压

阈值电压是 MOSFET 的一个非常重要的参数。阈值电压定义为在源和漏之间半导体表面感应出导电沟道而需要在栅极所加的电压 V_{GS}。其实，在不同情况下有不同的阈值电压的定义。比如，使漏和源之间的沟道电流达到某一给定值时的栅极电压。这种定义适合于用实验方法测定阈值电压。还有的定义为使半导体表面势等于两倍的衬底半导体材料的费米势时表面势的大小相当于为使表面强反型所需加的栅电压。

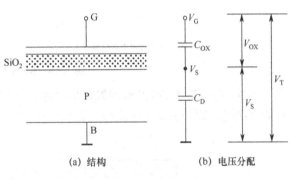

(a) 结构　　　　(b) 电压分配

图 3.3.7　阈值电压分配示意图

这种定义适合于解析表达式或者是计算机计算的模型，也是本书中采用的定义。

如上所述，阈值电压是栅下半导体表面出现强反型时所加的栅源电压，所谓强反型是指表面积累的少子浓度等于甚至超过衬底多数载流子浓度的状态，即能带弯曲至表面势等于或者大于两倍费米势的状态。

在此，定义发生强反型时的栅极电压为阈值电压 V_T。此时的栅极电压 V_G 为跨接于氧化层上的压降 V_{OX} 与半导体表面势 V_S 之和，如图 3.3.7 所示。

所以，

$$V_G=V_{OX}+V_S \tag{3.3.5}$$

而氧化层电压 V_{OX} 为

$$V_{OX} = -\frac{Q_B}{C_{OX}} \tag{3.3.6}$$

因此，阈值电压 V_T 为

$$V_T = V_{OX} + V_S = -\frac{Q_B}{C_{OX}} + 2\varphi_B \tag{3.3.7}$$

式中，Q_B 为加在栅电容上的电荷。

式（3.3.7）考虑的是理想 MOSFET 的情况，在实际器件中，半导体和栅导电层一般具有不同的功函数，会影响半导体表面的空间电荷区和能带状况，即未加偏压时，能带已经发生弯曲，如图 3.3.8（a）所示是未接触前的 MOS 电容能带图，图 3.3.8（b）是接触后形成的 MOS 电容能带图。

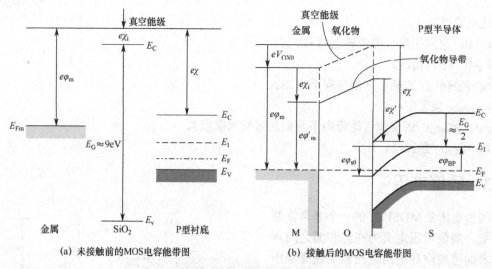

(a) 未接触前的MOS电容能带图　　　　(b) 接触后的MOS电容能带图

图 3.3.8　MOS 电容能带图

另外，在实际 MOS 结构的氧化层中往往存在电荷，这也会影响半导体表面的空间电荷区和能带状况，即未加偏压时能带也会发生弯曲。如图 3.3.9 所示是氧化层中的电荷。

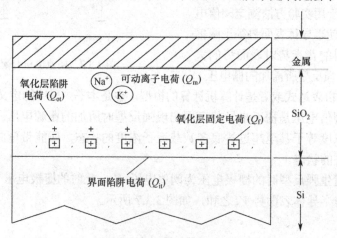

图 3.3.9　氧化层中的电荷

为此，引入平带电压 V_{FB} 来描述功函数差和绝缘层中电荷的影响：

$$V_{FB} = V_{ms} - \frac{Q_{OX}}{C_{OX}} \tag{3.3.8}$$

式中，第一项是为了消除功函数差不为零所带来的能带弯曲，第二项是为了消除由于氧化层电荷不为零而带来的能带弯曲。

因此，在实际 MOS 结构中，阈值电压的表达式不需要重新推导，为使管子开启，需要先加平带电压使能带回复到平直状态，然后按理想情况考虑即可。因此阈值电压可以修改为

$$V_T = V_{FB} - \frac{Q_B}{C_{OX}} + 2\varphi_B = V_{ms} - \frac{Q_{OX}}{C_{OX}} - \frac{Q_B}{C_{OX}} + 2\varphi_B \tag{3.3.9}$$

3.3.4　工作原理

对于 N 沟道增强型 MOS 管，当栅源电压为零（$V_{GS}=0$）时，源漏之间只存在背靠背的 PN 结。此时，即使在源漏之间加电压，MOSFET 也不会产生漏极电流（$I_{DS}=0$），如图 3.3.10（a）所示。

当 $V_{GS}>0$ 时，由于栅极氧化层不导电，因此栅和衬底之间没有电流，但形成自上而下的电场，P 型半导体衬底中的空穴受到排斥，留下不能移动的带负电的杂质中心，形成耗尽层，如图 3.3.10（b）所示。而当 V_{GS} 进一步增大时，耗尽层将进一步加宽，与此同时，衬底中的自由电子将被吸引到表面，形成一个很薄的导电沟道，称为反型层，如图 3.3.10（c）所示。

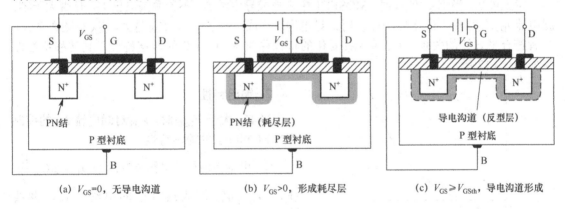

(a) $V_{GS}=0$，无导电沟道　　　　　(b) $V_{GS}>0$，形成耗尽层　　　　　(c) $V_{GS} \geqslant V_{GSth}$，导电沟道形成

图 3.3.10　V_{GS} 对沟道形成的影响

随着 V_{GS} 的增加，反型层（导电沟道）越来越厚，沟道中的阻抗将越来越小。这时加漏源电压就会输出漏源电流。当源漏电压一定时，V_{GS} 越大，I_{DS} 越大。MOSFET 的开启电压 V_{GSth}（也称 V_T）定义为使导电沟道刚刚形成的栅源电压。

考虑 V_{GS} 大于 V_{GSth} 并为定值时的情况，当 V_{DS} 从 0 开始增大时，栅源和栅漏之间的电压不相等，栅漏之间的电压下降，靠近漏端的沟道厚度变窄，但由于 V_{DS} 很小，沟道的变化量可以忽略不计，近似认为沟道阻抗不变，这时 V_{DS} 的增大将使 I_{DS} 呈线性增大，如图 3.3.11（a）所示；当 V_{DS} 进一步增大时，靠近漏端的沟道厚度进一步变窄，沟道的变化量增大，沟道阻抗增加，这时 V_{DS} 增大，I_{DS} 仍然随之增大，但增加的速度变缓。V_{DS} 进一步增大，在靠近漏端处，导电沟道将首先出现"夹断"现象，此时对应的源漏电压为 $V_{DS(sat)}$，如图 3.3.11（b）所示，此时的 $V_{DS}=V_{DS(sat)}$。如果 V_{DS} 继续增大，夹断点向源端移动，夹断区伸长，如图 3.3.11（c）所示。当 V_{DS} 增大至出现夹断点后，随着 V_{DS} 的增加，I_{DS} 基本不会发生变化。这是因为此时超过 $V_{DS(sat)}$ 的部分全部降落在高阻区上，沟道上面所加电压始终为 $V_{DS(sat)}$。同时随着 V_{DS}

的增加夹断点移动非常缓慢，可近似认为沟道阻抗不变。因此管子工作在恒流区（也叫饱和区），V_{DS} 对 I_{DS} 几乎无影响，I_{DS} 仅受 V_{GS} 控制。

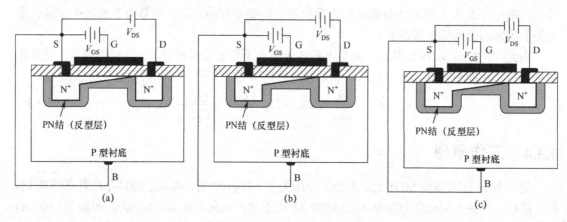

图 3.3.11　V_{DS} 对沟道夹断的影响

3.3.5　特性曲线

1. 转移特性

综上可知，当 $V_{GS} < V_{GSth}$ 时，MOSFET 中未形成导电沟道，不论源漏电压 V_{DS} 是否大于零，漏电流 I_{DS} 均为零；而当 $V_{GS} > V_{GSth}$ 时，导电沟道形成，V_{DS} 一定，V_{GS} 越大，I_{DS} 也随之越大。二者符合平方律的关系。I_{DS} 随 V_{GS} 变化的特性称为 MOSFET 的转移特性，其转移特性曲线如图 3.3.12 所示。

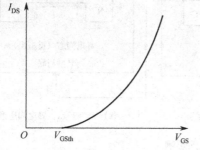

图 3.3.12　N 沟道增强型 MOSFET 转移特性曲线

2. 输出特性

当 V_{GS} 大于 V_{GSth} 时，V_{DS} 对漏电流 I_{DS} 的控制称为 MOSFET 的输出特性。

① 可变电阻区（也称线性区）：$I_D = \mu C_{ox} \dfrac{W}{L}$ $(V_{GS} - V_{GSth})V_{DS}$ 即为线性区的电流公式，曲线 $V_{DS} = V_{GS} - V_{GSth}$ 也称为预夹断轨迹，在该曲线左侧表示此时 $V_{DS} < V_{GS} - V_{GSth}$，当 V_{DS} 较小时，近似认为沟道阻抗不变，V_{DS} 的增大将使 I_{DS} 呈线性增大，输出特性曲线中称为线性区。当 V_{DS} 进一步增大时，沟道阻抗增加，I_{DS} 随 V_{DS} 的增大速度变缓。输出特性曲线中称为非线性区。V_{GS} 一定，漏电流 I_{DS} 与源漏电压的关系近似为不同斜率的直线，直线的斜率为源漏间等效电阻的倒数。此时，可根据 V_{GS} 的不同来控制源漏间等效电阻的阻值。因此，也称 MOSFET 工作在可变电阻区。

② 饱和区（也称恒流区）：$I_{DS} = \dfrac{1}{2}\mu C_{ox}\dfrac{W}{L}(V_{GS} - V_{GSth})^2$ 为饱和区的电流公式，曲线 $V_{DS} = V_{GS} - V_{GSth}$ 右侧的区域为饱和区。由上面的分析可知，当 V_{DS} 进一步增大时，在靠近漏端处，导电沟道出现"夹断"，随着 V_{DS} 的增加，I_{DS} 基本不会发生变化。此时管子工作在饱和区。

③ 击穿区：当 $V_{DS} > V_{GS} - V_{GSth}$ 时，器件工作在饱和区，若 V_{DS} 继续增加到一定程度时，晶体管将进入击穿区，随着 V_{DS} 的增加 I_{DS} 迅速增大，直至漏-衬底 PN 结击穿。

在不同 V_{GS} 下，N 沟道增强型 MOSFET 的输出特性曲线如图 3.3.13 所示。

实际上，工作在饱和区的 MOSFET 漏电流也会随着源漏电压的变化而变化，即随着 V_{DS} 的增大，实际的反型层导电沟道长度 L 将逐渐减小为 L'，沟道阻抗略微下降，实际表现出输出电流略微上升的现象。这一效应称为沟道长度调制效应，如图 3.3.14 所示。

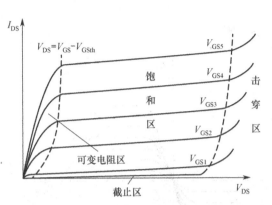

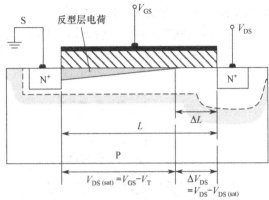

图 3.3.13　N 沟道增强型 MOSFET 输出特性曲线　　　　　图 3.3.14　沟道长度调制效应

假设 $(L-L')/L$ 与 V_{DS} 之间是线性关系，则有 $\lambda V_{DS} = \dfrac{L-L'}{L}$，其中，$\lambda$ 为沟道长度调制系数。在饱和区，有

$$I_{DS} = \frac{1}{2} \mu_n C_{OX} \frac{W}{L} (V_{GS} - V_{GSth})^2 (1 + \lambda V_{DS}) \qquad (3.3.10)$$

饱和区曲线越平坦，λ 越小，I_{DS} 受 V_{DS} 影响越小，MOSFET 受到沟道调制效应的影响越小。

3.3.6　N 沟道耗尽型 MOSFET

与增强型 MOSFET 不同，耗尽型 MOSFET 在栅源电压为零时就存在导电沟道。这是因为在制造 MOSFET 时，氧化层中掺入了大量正离子的原因。在正离子的作用下，P 型衬底表面在无正电压的情况下就存在反型层。只要存在源漏电压，就能产生漏电流。

在 N 沟道耗尽型 MOS 管中，当 $V_{GS}>0$ 时，随着 V_{GS} 增大，反型层加宽，漏电流增大；当 $V_{GS}<0$ 时，当 $|V_{GS}|$ 增大时，反型层变窄，漏电流减小。当 V_{GS} 从零开始减小到一定值时，反型层将消失，漏电流 $I_{DS}=0$。此时的 V_{GS} 称为夹断电压，记作 V_{GSoff}。图 3.3.15 所示为 N 沟道耗尽型 MOSFET 转移特性曲线和输出特性曲线。

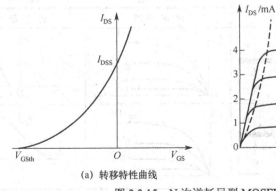

(a) 转移特性曲线　　　　　　　　　　　　(b) 输出特性曲线

图 3.3.15　N 沟道耗尽型 MOSFET 特性曲线

3.3.7　P 沟道 MOSFET 及不同类型 MOSFET 特性比较

与 N 沟道 MOSFET 相对应，P 沟道增强型 MOSFET 的开启电压 $V_{GSth}<0$，当栅源电压 $V_{GS}<V_{GSth}$ 时开启，$V_{GS}>V_{GSth}$ 时关闭；P 沟道耗尽型 MOSFET 的夹断电压 V_{GSoff} 大于零，当栅源电压 $V_{GS}>V_{GSoff}$ 时夹断，$V_{GS}<V_{GSoff}$ 时开启。

各类 MOSFET 的特性比较如图 3.3.16 和表 3.3.2 所示。

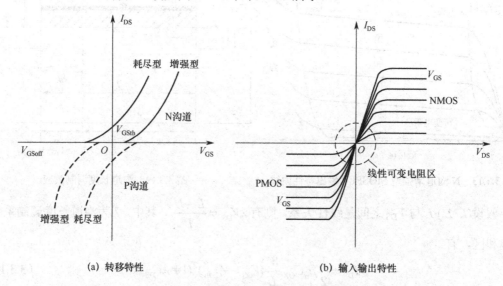

(a) 转移特性　　　　　　　　　　　　(b) 输入输出特性

图 3.3.16　不同类型 MOSFET 的特性比较

表 3.3.2　不同类型 MOSFET 的特性比较

管　　型	截　止　区	恒　流　区	可变电阻区
N 沟道增强型 MOSFET	$V_{GS}<V_{GSth}$	$V_{GS}>V_{GSth}$ $V_{GD}<V_{GSth}$	$V_{GS}>V_{GSth}$ $V_{GD}>V_{GSth}$
N 沟道耗尽型 MOSFET	$V_{GS}<V_{GSoff}$	$V_{GS}>V_{GSoff}$ $V_{GD}<V_{GSoff}$	$V_{GS}>V_{GSoff}$ $V_{GD}>V_{GSoff}$
P 沟道增强型 MOSFET	$V_{GS}>V_{GSth}$	$V_{GS}<V_{GSth}$ $V_{GD}>V_{GSth}$	$V_{GS}<V_{GSth}$ $V_{GD}<V_{GSth}$
P 沟道耗尽型 MOSFET	$V_{GS}>V_{GSoff}$	$V_{GS}<V_{GSoff}$ $V_{GD}>V_{GSoff}$	$V_{GS}<V_{GSoff}$ $V_{GD}<V_{GSoff}$
类　　型	剖　面　图	输出特性	转移特性
N 沟增强型（常闭）			
N 沟耗尽型（常开）			

（续表）

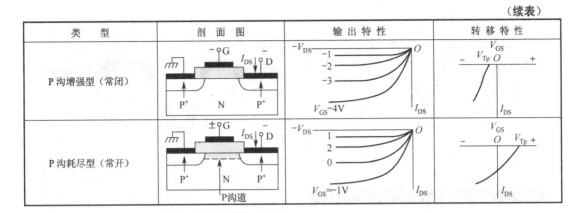

类　型	剖 面 图	输 出 特 性	转 移 特 性
P 沟增强型（常闭）			
P 沟耗尽型（常开）			

3.3.8　MOS 功率场效应晶体管

　　MOS 功率场效应晶体管能通过较大的电流和承受较高的电压，主要应用于功率放大器和功率开关电路。功率 MOS 晶体管比双极型晶体管更容易抑制失真，也更适合用作功率放大器。

　　MOSFET 用作功率放大器时必须避免发生穿通，因为穿通会使器件偏离正常特性，导致互调失真。为了得到较高的电流容量，器件应该有较大的沟道宽度。同时 MOS 晶体管中可能存在各种寄生电容，因此 MOS 晶体管放大器的频率越高，寄生栅源电容和漏源电容引起的增益下降就越重要。可以采用自对准多晶硅栅工艺使交叠的寄生电容最小。采用 N 沟道 MOSFET 用作功率放大器，在许多方面优于采用 P 沟道 MOSFET，因为 N 沟道 MOSFET 的载流子迁移率很高，频率响应好，跨导较大。

　　MOS 功率场效应管有两种基本结构：二维结构和三维结构。二维横向器件与常规的 MOS 晶体管基本相似，只是多一个延伸的高电阻漏区，这种结构特点有助于提高器件的高压性能，如图 3.3.17 所示。如图 3.3.18 所示为纵向 V 形槽 MOS（VVMOS）晶体管剖面图，它是一种非平面 MOS 器件。它的漏电极仍处于器件底部，源和栅电极位于上表面。图中虚线部分为沟道区。由于沟道长度取决于二次扩散深度之差，故可以使沟道长度做到较短。

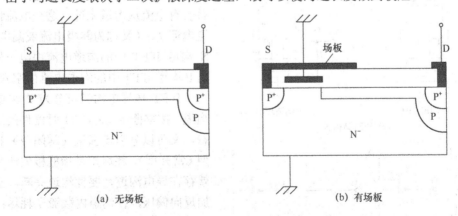

（a）无场板　　　　　　　　　　　　　　　（b）有场板

图 3.3.17　带有离子注入延伸漏区的补偿 P 沟 MOSFET

　　在三维器件中则有一个纵向的延伸漏区，通常称为漂移区，漏电极位于器件底部。如图 3.3.19 所示梯形的 U 形槽 MOS（VUMOS）晶体管，它的结构基本上与纵向 V 形槽 MOS 管相似。这种结构的主要优点是导通电阻较小，避免电场在尖角处集中。

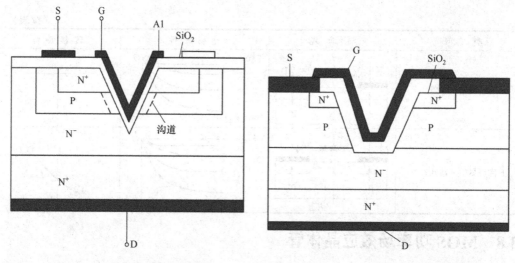

图 3.3.18　VVMOS 晶体管剖面图　　　　　图 3.3.19　VUMOS 晶体管剖面图

3.4　JFET

结型场效应晶体管（JFET，Junction Field Effect Transistor）是一个由电压控制的沟道电阻，利用 PN 结耗尽区的扩展去控制沟道，从而实现源漏间的电流控制。

3.4.1　JFET 的基本结构

结型场效应晶体管分为 N 沟道 JFET 和 P 沟道 JFET，以 N 沟道 JFET 为例，其结构如图 3.4.1（a）所示，在均匀掺杂的 N 型半导体上，两边对称掺杂形成重掺杂的 P⁺区，P⁺区和N 型衬底之间形成 PN 结，PN 结之间的 N 型半导体形成导电沟道，将两个 P⁺区连接并引出的电极称为栅极，引出沟道两端的欧姆接触称为源极和漏极。在源漏极之间加上电压就会有电流从沟道流过，这个电流称为沟道电流 I_{DS}（又称为漏极电流或漏电流）。N 沟道 JFET 中的沟道电流由电子传输，而 P 沟道 JFET 中的沟道电流由空穴传输。

JFET 按导电沟道可分为 P 沟道和 N 沟道。按零栅压（V_{GS}=0）时器件的工作状态，又可以分为增强型（常闭型）和耗尽型（常开型）。耗尽型是指栅极偏压为零时就存在导电沟道，要使沟道夹断，必须施加反向偏压，使沟道内载流子耗尽；增强型是指栅极偏压为零时，沟道是夹断的，只有外加正偏压时才能开始导电。因此JFET 可分为 4 种类型：N 沟道耗尽型、N沟道增强型、P 沟道耗尽型和 P 沟道增强

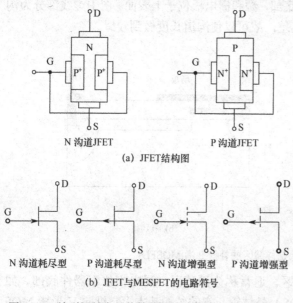

(a) JFET结构图

N 沟道耗尽型　P 沟道耗尽型　N 沟道增强型　P 沟道增强型

(b) JFET与MESFET的电路符号

图 3.4.1　结型场效应晶体管的结构示意图及其电路符号

型。4 种类型的 JFET 和 MESFET（金属–半导体场效应晶体管，Metal-Semiconductor Field Effect Transistor）的电路符号如图 3.4.1（b）所示。

3.4.2　JFET 的工作原理

在正常工作条件下，反向加压于栅极 PN 结的两侧，使耗尽区不断向沟道内部扩展，使得沟道的截面积减小，从而沟道电阻增大，因此源漏极之间流过的电流就受到栅极电压的调制，这种通过表面电场调制半导体电阻的效应称为场效应，这就是 JFET 的基本工作原理。

下面以 N 沟道 JFET 为例讨论结型场效应晶体管的工作原理。N 沟道 JFET 正常工作时，栅极和源极之间所加电压为 V_{GS}，漏极和源极之间所加电压为 V_{DS}，下面我们讨论这两个电压对场效应晶体管的作用。

当 V_{GS} 和 V_{DS} 都为 0 时，两个 PN 结零偏。当 G、S 间加负偏压时，两个 PN 结反偏，耗尽区变宽，且耗尽区的宽度主要向轻掺杂的 N 沟道扩展，如图 3.4.2 所示。当增大负偏压 V_{GS} 时，耗尽区进一步加宽导致导电沟道进一步变窄，沟道电阻增大。当 V_{GS} 的大小增大到一定程度时，沟道被全部夹断，此时的栅源电压 V_{GS} 称为夹断电压，记作 V_{GSoff}。由此可见，JFET 的沟道电阻受其栅源电压的控制，可以看成一个电压控制的可变电阻器。此时由于 V_{DS} 为 0，所以栅极电流 $I_{GS} \approx 0$。

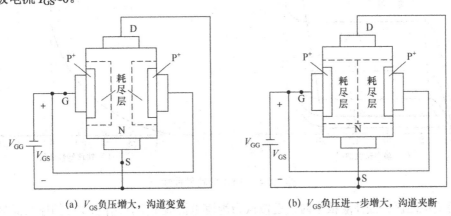

(a) V_{GS} 负压增大，沟道变宽　　　　　　　(b) V_{GS} 负压进一步增大，沟道夹断

图 3.4.2　栅源电压 V_{GS} 对沟道的控制作用

下面讨论 V_{DS} 的影响。设 V_{GS} 为一定值，且 $V_{GS} < V_{GSoff}$。此时，在漏源之间加正偏压 V_{DS}，就会产生漏电流 I_{DS}。当 V_{DS} 从零开始增大且数值较小时，漏电流 I_{DS} 从零开始增大。V_{DS} 大于零，造成了从源到漏的电位不同，因此 PN 结从源到漏的反偏电压不同，靠近漏端的反偏电压大，因此漏端处的耗尽区扩展得宽，沟道窄，沟道阻抗大。但 V_{DS} 较小时，沟道区变化不大，可近似认为沟道阻抗不变，输出电流和输出电压呈线性关系。随着 V_{DS} 增大，则漏极与栅极之间的反偏电压不断增大，因此靠近漏极的耗尽层逐渐变宽，而源极与栅极之间的电压 V_{GS} 始终不变，则靠近源极的耗尽层宽度不变，导致导电沟道上窄下宽，沟道阻抗值明显增加，如图 3.4.3（a）所示。当 V_{DS} 增大到使栅极与漏极之间的电压 V_{GD} 等于夹断电压 V_{GSoff} 时，沟道在靠近漏极一端被夹断，这时对应的源漏电压为 $V_{DS(sat)}$，如图 3.4.3（b）所示。随着 V_{DS} 进一步增加，沟道夹断的部分向源极方向移动，夹断区不断扩大，但是夹断点电位保持不变，因此沟道两端的压降不变，由于夹断点移动速度很缓慢，所以可以近似认为沟道没变化，沟道阻抗不变，即漏电流 I_{DS} 保持不变，称此时的漏电流为饱和电流，用 $I_{DS(sat)}$ 表示，如图 3.4.3（c）所示。

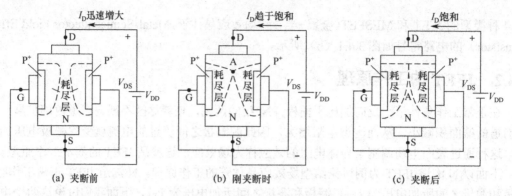

图 3.4.3　V_{DS} 对导电沟道的影响

3.4.3　JFET 的输出特性曲线

JFET 的输出特性曲线如图 3.4.4（a）所示，可分为 3 个区间：可变电阻区、恒流区和击穿区。

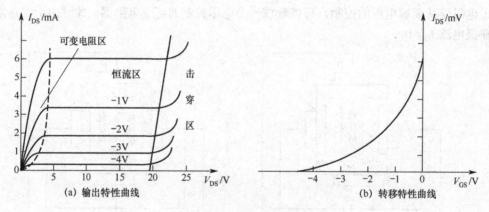

图 3.4.4　JFET 的特性曲线

在可变电阻区，当 V_{DS} 很小时，近似认为沟道阻抗值不变，I_{DS} 随 V_{DS} 的增大而呈线性增大。当 V_{DS} 进一步增大时，沟道阻抗值的变化不可忽略，沟道阻抗值增大，因此 I_{DS} 随 V_{DS} 的增大而增大的速度变缓。

当 V_{DS} 增大到 $V_{DS(sat)}$ 时，沟道夹断，$V_{DS(sat)}$ 几乎不随 V_{DS} 变化，呈现电流饱和特性，这个区域称为饱和区。而实际的器件输出特性中，沟道夹断点的缓慢移动使得沟道阻抗略有下降，因此实际上漏电流随着源漏电压的增大而略有增加。表现在输出曲线上略微上翘，这种现象称为沟道长度调制效应。

在给定的 V_{DS} 之下，I_{DS} 的大小直接取决于沟道电阻，而沟道电阻则同其形状和沟道区掺杂浓度 N_D 密切相关，同时与外电路的 V_{DS} 和 V_{GS} 有关。由图 3.4.4 可以看出：不同的 V_{GS} 对应不同特性曲线的不同漏电流 I_{DS}。

当 V_{DS} 增加到一定数值时，会引起 I_{DS} 的急剧上升，这个区域称为击穿区。这主要是由于 V_{DS} 高于栅结的击穿电压，雪崩击穿电流急剧上升所致。结型场效应管的漏源击穿电压用 V_{DS} 表示，代表 I_{DS} 开始急剧增大时对应的 V_{DS}。漏端 PN 结承受的反偏电压最大，所以一般是漏端最先击穿。

测量发现，长沟道 JFET 的共源输出特性并不是完全饱和的，I_{DS} 随 V_{DS} 的增加而缓慢增加，虽然增加的速率明显低于非饱和区，但也不是保持不变的。这一现象可以用沟道长度调制效应加以解释。

长沟道器件漏极电流饱和的原因是沟道漏端夹断。V_{DS} 超过 $V_{DS(sat)}$ 时，漏端附近将会出现夹断区，其长度随 V_{DS} 的增加而不断扩大。这时沟道阻抗略微下降，I_{DS} 略有上升。未耗尽区又称有效沟道，其长度用 L_{eff} 表示。夹断区长度通常用 ΔL 表示，如图 3.4.5 所示。

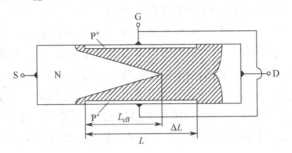

图 3.4.5 JFET 的有效沟道和夹断区

λ 称为沟道调制系数，其定义为：$\lambda = \dfrac{\Delta L}{L V_{DS}}$。

3.5 MESFET 的基本结构和工作原理

图 3.5.1 为制作在 GaAs 衬底上的 N 沟道 GaAs MESFET 的基本结构示意图。与 JFET 类似的是 MESFET 也有源极、栅极和漏极。不同的是栅结不同：JFET 的栅结为 PN 结，而 MESFET 的栅结为金属-半导体接触形成的肖特基势垒，或称肖特基结。通过控制 MESFET 栅源电压可改变肖特基势垒厚度，从而实现对沟道电阻及漏极电流的控制。无论 JFET 还是 MESFET，按导电沟道可分为 P 沟道和 N 沟道；按零栅压（$V_{GS}=0$）时器件的工作状态，又可以分为增强型（常闭型）和耗尽型（常开型）。因此 MESFET 也分为 4 种类型：N 沟道耗尽型、N 沟道增强型、P 沟道耗尽型和 P 沟道增强型。MESFET 与 JFET 的工作原理相同，前几节对 JFET 给出的理论公式都适合于 MESFET，这里不再复述。

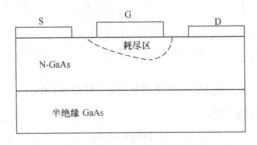

图 3.5.1 MESFET 的结构图

3.6 本 章 小 结

本章主要介绍了通过 PN 结以一定方式的组合可以形成双极型晶体管、MOSFET、JFET 等，介绍了它们的工作原理和电学特性。

首先重点介绍了 PN 结的形成，以及在零偏、正偏和反偏下，PN 结的偏置状态、能带图及载流子的运动规律，并给出了 PN 结二极管的电流–电压方程，解释了 PN 结的伏安特性及为何 PN 结会具有整流特性。由于 PN 结的结构和工作原理，使得 PN 结中存在势垒电容和扩散电容两种电容机理，存在雪崩击穿、齐纳击穿和热击穿 3 种击穿机制。

双极型晶体管也可以根据两个 PN 结的掺杂浓度的分布特性而分为缓变基区晶体管和均匀基区晶体管。载流子在晶体管内部的运动过程中具有两次损失，由此讨论了晶体管在放大状态和截止状态下的电压偏置图、能带图和载流子的分布图。给出了共基极组态和共射极组态的伏安特性曲线，并比较了它们之间的不同。探讨了哪些因素决定晶体管的频率特性，以及如何提高晶体管的频率特性。在大电流场合下会发生大注入效应和基区扩展效应，为了提高晶体管的大电流特性，我们要从器件结构和版图布局等多个方面加以考虑。

此外本节重点讨论了 MOSFET 在积累、耗尽和反型 3 种工作模式下的能带图和电荷分布图，并由此给出阈值电压的定义和表达式。讨论了 MOSFET 的工作原理并给出了特性曲线，以及 P 沟道 MOSFET 和 N 沟道 MOSFET 的对比。类似地，给出了结型场效应管晶体管的工作原理和输出特性曲线。

3.7 扩展阅读内容——雪崩击穿条件的推导

一般可以通过电离率来计算雪崩击穿电压。电离率是指在电场的作用下，载流子做漂移运动，在单位距离下产生的电子–空穴对的数目。因此电离率的值和电场强度的大小有关。电场强度越大，电离率越大，就越容易引起载流子的倍增效应，发生雪崩击穿。电离率一般用 α 表示，电子与空穴的电离率分别为 α_n 与 α_p。下面我们给出具体的发生雪崩击穿的条件。

如图 3.7.1 所示，若在 $x=0$ 处，反偏电流 I_{n0} 进入耗尽区，若此时发生雪崩效应，电流 I_n 会随距离的增大而增大。

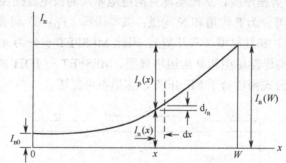

图 3.7.1 发生雪崩击穿条件的示意图

在 $x=W$ 处，电子电流增大为

$$I_n(W) = M_n I_{n0} \tag{3.7.1}$$

式中，M_n 为倍增因子。

因此在某一点 x 处，电流表达式可写为

$$dI_n(x) = I_n(x)\alpha_n dx + I_p(x)\alpha_p dx \tag{3.7.2}$$

因此，

$$\frac{dI_n(x)}{dx} = I_n(x)\alpha_n + I_p(x)\alpha_p \tag{3.7.3}$$

而总电流 I 为常数，可以写为

$$I = I_n(x) + I_p(x) \tag{3.7.4}$$

将 $I_p(x)$ 的表达式代入式（3.7.3），可得

$$\frac{dI_n(x)}{dx} + (\alpha_p - \alpha_n)I_n(x) = \alpha_p I \tag{3.7.5}$$

假设电子与空穴的电离率相同，即

$$\alpha_p = \alpha_n = \alpha \tag{3.7.6}$$

化简式（3.7.5）并在整个空间电荷区积分后，得

$$I_n(W) - I_n(0) = I \int_0^W \alpha dx \tag{3.7.7}$$

代入式（3.7.1）得

$$\frac{MI_{n0} - I_n(0)}{I} = \int_0^W \alpha dx \tag{3.7.8}$$

式中，$MI_{n0} \approx I$ 且 $I_n(0) = I_{n0}$，因此式（3.7.8）可以写为

$$1 - \frac{1}{M_n} = \int_0^W \alpha dx \tag{3.7.9}$$

当倍增因子 M_n 趋向于无穷大时，对应的电压定义为雪崩击穿电压。因此发生雪崩击穿的条件为

$$\int_0^W \alpha dx = 1 \tag{3.7.10}$$

临界电场 E 决定之后则可以计算击穿电压。耗尽区的电压由泊松方程的解来决定：

对单边突变结

$$V_B = \frac{EW}{2} = \frac{\varepsilon_s E^2}{2e} N_B^{-1} \tag{3.7.11}$$

对线性缓变结

$$V_B = \frac{2EW}{3} = \frac{4E^{3/2}}{3}\left(\frac{2\varepsilon_s}{e}\right)^{1/2} a^{-1/2} \tag{3.7.12}$$

式中，N_B 是轻掺杂侧的浓度，ε_s 是半导体介电常数，a 为浓度梯度。因为临界电场对于 N_B 或 a 为一个缓慢变化的函数，以一阶近似来说，突变结的击穿电压随着 N_B^{-1} 而变化，而线性缓变结的击穿电压则随着 $a^{-1/2}$ 而变化。对于给定的 N_B 或 a，砷化镓比硅具有较高的击穿电压，主要是因为其有较大的禁带宽度。禁带宽度越大，临界电场就必须越大，这样才能在碰撞间获得足够的动能。临界电场越大，击穿电压就越大。

思　考　题

1. 简述空间电荷区的形成，并说明空间电荷区宽度和哪些因素有关。

2. 一个硅 PN 结的掺杂浓度为 $N_A = 3 \times 10^{15} \text{cm}^{-3}$，$N_D = 5 \times 10^{15} \text{cm}^{-3}$。①若平衡时 P 型硅一侧的耗尽区宽度为 0.9μm，求此时总的耗尽区宽度。②若给此 PN 结施加偏压后总耗尽区宽度变为 1.6 μm，求 P 侧和 N 侧的耗尽区宽度，并判断此时 PN 结处于正偏还是反偏。

3. 阐述 PN 结空间电荷区的电场分布有什么特点。

4. 一个硅 PN 结二极管，室温（300K）下饱和电流为 1.48×10^{-13}A，正向电流已知为 0.442A，

求此时的正向电压。

5. PN 结中哪个区的电势高？哪个区的电势能高？

6. PN 结在正向偏置和反向偏置下势垒区如何变化？载流子如何运动？

7. PN 结的扩散电容的概念是什么？它和势垒电容的不同点在哪里？

8. PN 结的温度特性是怎样的？正向电流随着温度的上升会增大吗？反向电流也具有同样的变化规律吗？

9. 试说明雪崩击穿、隧道击穿和热击穿的机理。

10. 温度分别对雪崩击穿和齐纳击穿具有什么样的影响？

11. 掺杂浓度的升高对雪崩击穿和齐纳击穿具有什么样的影响？

12. 列举 5 种生活中见到的二极管的应用实例。

13. 在制作双极型晶体管的过程中，合金法和双扩散法的主要区别是什么？

14. 简述双极型晶体管的放大机理。

15. 定义通过基区流入集电区的电流和发射极注入电流之比为共基电流增益 α，说明如何提高 α。

16. 共发射极接法晶体管中，基极电流 $I_B=20\mu A$，电流传输率 $\alpha=0.996$，试求此时的发射极电流 I_E。

17. 试给出饱和状态下，晶体管的电压偏置图、能带图和少数载流子的浓度分布图。

18. 试给出倒置状态下，晶体管的电压偏置图、能带图和少数载流子的浓度分布图。

19. 试画出共射组态的晶体管的输出特性曲线，标出和共基组态的晶体管的输出特性曲线的不同之处并解释之。

20. 请说明晶体管的基区宽度对频率特性会有什么样的影响。

21. 当晶体管的工作频率达到特征频率值时，晶体管是否还具有放大作用？为什么？

22. 用自己的语言阐述如何提高晶体管的频率特性。

23. 什么是基区电导调制效应？它能够解释在大电流特性下电流放大倍数下降的现象吗？

24. 对于大功率晶体管来说，电流密度是取决于发射区周长还是面积？为什么？

25. 试根据自己的理解，给出晶体管的一种版图结构图以提高晶体管的电流承受能力。

26. MOSFET 夹断，电子是如何通过高阻区的？

27. 画出 P 沟道 MOSFET 在积累、耗尽和反型下的能带图及电荷分布图。

28. MOSFET 为什么没有输入特性曲线而只有转移特性曲线？

29. 沟道长度调制效应和哪些因素有关？

30. 试证明当 N 沟道 MOSFET 工作在深线性区时（$V_{DS}<<V_{GS}-V_T$），I_{DS} 和 V_{DS} 近似满足如下关系：

$$I_{DS} \propto (V_{GS} - V_{GSth})V_{DS}$$

提示：利用 $x+x^2 \approx x$（$|x|<<1$）。

31. 试分析 P 沟道 MOSFET 的工作机理。

32. 设 $I_{DS} = K(V_{GS} - V_{GSth} - 0.5V_{DS})V_{DS}$。你认为 K 会受到下面哪些因素的影响？怎样影响？

沟道长度；沟道宽度；沟道浓度；沟道多子迁移率；沟道少子迁移率。

33. 请总结 MOSFET 和 JFET 的相同点和不同点。

34. 试推导 MESFET 的电流-电压方程。

第 4 章　半导体集成电路制造工艺

关键词

- 光刻
- 掺杂技术
- 制膜技术
- 互连、隔离、封装

前几章重点讨论了晶体结构、能带理论和各种半导体器件，本章主要介绍集成电路的制造工艺。完整的集成电路制造过程需要经过原材料制造、芯片加工、封装、测试等工序，其中还穿插着器件电路设计、掩模版的制造、计算机仿真等。电路设计、计算机仿真等将在第 5 章和第 6 章讨论，本章重点讨论集成电路芯片的加工工艺，其中先对加工过程中的关键工艺进行介绍，之后给出完整例子以便使读者有一个全局的概念。

芯片的整个制造流程要分好几个步骤，首先是晶圆的生长。晶圆多指单晶硅圆片，由普通硅砂提炼拉制而成，是最常用的半导体材料。晶圆按其直径分为 4 英寸、5 英寸、6 英寸、8 英寸等规格，近来发展出 12 英寸甚至更大的规格。晶圆越大，同一圆片上可生产的 IC 就越多，可以降低成本，但要求材料技术和生产技术更高。晶圆的生产是通过拉单晶的方法得到硅锭，再经切片抛光生成硅片。随后经氧化、光刻、扩散等 20～30 道工艺步骤形成带芯片的硅片。经检测并划片后，形成独立芯片并封装，然后将经过产品测试合格的产品提供给客户。下面详细介绍各主要工艺步骤。

4.1　单晶生长及衬底制备

4.1.1　单晶生长

自然界中硅的含量极为丰富，但不能直接拿来用。因为硅在自然界中都是以化合物形式存在的。一般生长单晶硅的技术称为柴克拉斯基法（Czochralski technique，简称 CZ 法），即从熔融的硅材料中生长单晶硅。半导体工业中所用的单晶硅大部分都是用此法制造的，用于硅、锗、锑化铟等半导体材料，以及氧化物和其他绝缘类型的大晶体的制备。图 4.1.1 给出了元素周期表中用作半导体的元素。

	Ⅱ族	Ⅲ族	Ⅳ族	Ⅴ族	Ⅵ族
第2周期		B	C	N	
第3周期		Al	Si	P	S
第4周期	Zn	Ga	Ge	As	Se
第5周期	Cd	In	Sn	Sb	Te
第6周期	Hg		Pb		

图 4.1.1　元素周期表中用作半导体的元素

　　早在 1918 年，Czochralski 从熔融金属中拉制细灯丝，后来用于研究晶体的生长。柴克拉斯基法使用的拉晶仪结构示意图如图 4.1.2 所示，主要有 3 部分：

　　① 炉子中包含了一个石英坩埚，用于盛熔融的硅液（SiO₂）；一个石墨基座，用于支承和加热石英坩埚；一个旋转的机械装置，顺时针方向旋转；一个加热装置，主要是用射频线圈加热。

　　② 拉晶装置中包含籽晶夹持器，用于夹持籽晶（单晶）；一个旋转提拉装置，逆时针旋转。

　　③ 环境控制系统包括真空系统、气路系统（提供惰性气体）和排气系统。除此之外，还有电子控制及电源系统，主要是用微机来控制温度、晶体直径、拉晶速度和旋转速度等参数，并允许用程序来控制工艺步骤。此外还有各种传感器和反馈回路，使整个控制系统能自动地反应以降低操作失误概率。

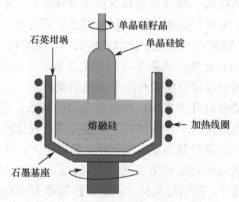

图 4.1.2　拉晶仪结构示意图

　　制造硅的原始材料是一种称为石英岩的高纯度硅砂，将其和不同形式的碳放入炉管中，则会在炉管中进行一些化学反应，其具体的反应方程式如下：

$$SiC（固体）+SiO_2（固体）\rightarrow Si（固体）+SiO（气体）+CO（气体）\tag{4.1.1}$$

此步骤可以形成冶金级的硅，纯度约为 98%。然后将冶金级的硅粉碎，和氯化氢反应，生成三氯硅烷 SiHCl₃：

$$Si（固体）+3HCl（气体）\rightarrow SiHCl_3（气体）+H_2（气体）\tag{4.1.2}$$

三氯硅烷在室温下为液态，可利用分馏法将液体中不要的杂质去除，提纯后的三氯硅烷再和氢气进行还原反应产生"电子级硅"：

$$SiHCl_3（气体）+H_2（气体）\rightarrow Si（固体）+3HCl（气体）\tag{4.1.3}$$

电子级硅为高纯度的多晶硅材料，可以作为制备器件级单晶硅的基本原料，通常纯的电子级硅所含的杂质浓度约为十亿分之一。

　　下面以硅单晶的制备为例说明拉单晶的过程（见图 4.1.3）。在一个可抽真空的腔室内置放一个由熔融石英制成的坩埚，多晶就装填在此坩埚中，调节好坩埚的位置，腔室回充保护性气体，将坩埚加热至 1500°C 左右。注意熔硅时间不易长。接着，先预热一块小的用化学方法蚀刻的籽晶（直径约 0.5cm，长约 10cm），为了避免对热场的扰动太大，将此块籽晶置于熔硅上方，然后降下来与多晶熔料相接触。与熔硅接触要控制好合适的温度以保证籽晶与熔硅可长时间接触，既不会进一步熔化也不会生长。否则温度太高籽晶会熔断，温度太低籽晶不熔或不生长。籽晶必须是严格定向的，因为它是一个复制样本，在其基础上将要生长出大块的称为晶锭（boule）的晶体。下一步是收颈，目的是抑制位错从籽晶向晶体延伸。颈部直径为 2～3mm，长度大于 20mm。然后放肩，温度降低，拉速放缓。当肩部直径比所需直径小 3～5mm 时，提高拉速，进入等径生长，拉速恒定，熔硅液面的温度相对固定。当熔硅料为 1.5kg 时收尾，停止坩埚跟踪检测。目前的硅晶锭直径可达 300mm 以上，长度有 1～2m。

图 4.1.3　拉晶法生产硅棒的过程

直拉法的优点是：在生产过程中可以方便地观察晶体的生长状态。晶体在熔体表面处生长而不与坩埚相接触，从而能显著地减小晶体的应力。可以方便地使用定向籽晶和"缩颈"工艺。缩颈后面的籽晶，其位错可大大减少，这样可使生长出来的晶体的位错密度降低。直拉法生长的晶体，其完整性很高，而生长率和晶体尺寸也是令人满意的。

直拉法的缺点是：高温下，石英容器会污染熔体，造成晶体的纯度降低。得到的单晶中杂质大体上沿纵向变化，对分凝系数小于 1 的杂质，在晶体中浓度不断增加，因而也就使电阻率沿整根晶棒变化，以致不能生产出电阻率均匀的单晶体。

另外一种单晶生长方法是悬浮区熔法，也称 FZ（Float-Zone）法，其特点是可重复生长、提纯单晶。无需坩埚、石墨托，污染少，纯度较 CZ 法高。FZ 法制得的单晶高纯、高阻、低氧、低碳。但缺点是单晶直径不及 CZ 法。

4.1.2　衬底制备

衬底制备包括整形、晶体定向、晶面标识、晶面加工。

把生长好的硅棒截掉头尾，直接研磨，加工出定位边或者是定位槽，如图 4.1.4 所示。

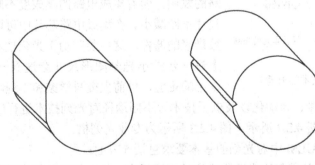

(a) 定位边（参考面）150mm 或更小直径　　　(b) 定位槽 200mm 或更大直径

图 4.1.4　定位边和定位槽

将已整形、定向的单晶用切割的方法加工成符合一定要求的单晶薄片。切片基本决定了晶片的晶向、平行度、翘度，切片示意图如图 4.1.5 所示。

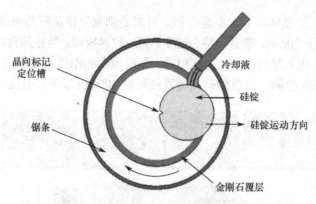

图 4.1.5　切片示意图

切片后的硅片还不能直接拿来用，因为表面非常粗糙，对器件制造的影响非常大。因此接下来还要磨片，目的是改善平整度，使各片厚度一致，每个硅片各处的厚度均匀。

磨片后再进行抛光，进一步消除表面缺陷，获得高度平整、光洁及无损的表面。通常抛光的方法有机械抛光、化学抛光和化学机械抛光。其中机械抛光与磨片工艺原理相同，磨料更细，但仍有表面损伤。化学抛光是用化学腐蚀的方法进行表面处理，表面无损伤，适用于大直径硅片。而化学机械抛光兼有机械抛光与化学抛光两者的优点。

4.2　光　　刻

光刻是集成电路工艺中的关键性技术，在衬底表面淀积材料层后，通常需要将部分区域的材料层保留下来，而将部分区域的材料层去掉，这个通过图形转移在衬底表层上定义不同区域的过程叫作光刻。在光刻之前，需要将图形事先实现在掩模版上，经过光刻之后，可以将掩模版上的图形定义在衬底上，再经过选择性刻蚀等步骤，就可以将掩模版上设计好的图形转移到硅片表面的材料层上了，如图 4.2.1 所示。

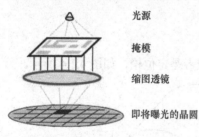

图 4.2.1　光刻技术的原理

光刻在半导体器件制造中的应用可以追溯到 1958 年，其构想源自于印刷技术中的照相制版技术。在采用了光刻技术之后，人们研制成功了平面型晶体管，推动了集成电路的发明。随着集成电路的集成度不断提高，器件的特征尺寸不断减小。在集成电路芯片中可以包含百万甚至千万数量级的器件，这主要归功于光刻技术的进步。在此基础上进一步缩小光刻图形尺寸会遇到一系列技术上甚至理论上的难题，目前大批科学家和工程师正在从光学、物理学、化学、精密机械、自动化以及电子技术等不同途径对光刻技术进行广泛的研究和探索。光刻工艺流程图如图 4.2.2 所示，图 4.2.3 所示为专业光刻机。

一般来说，在 ULSI 中对光刻的基本要求包括 5 方面：

① 高分辨率。随着集成电路集成度的不断提高，加工的线条越来越精细，要求光刻的图形具有高分辨率。一般可以用加工图形线宽的能力来代表集成电路工艺水平。

② 高灵敏度的光刻胶。集成电路工艺中为了提高产品的产量，希望曝光时间越短越好。为了缩短曝光所需的时间，需要使用高灵敏度的光刻胶。

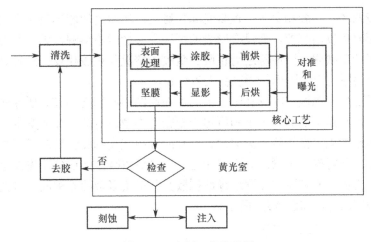

图 4.2.2　光刻工艺流程图

图 4.2.3　ASML-XT1950i-EUV 光刻机

③ 低缺陷。在集成电路芯片的加工过程中，如果在器件上产生一个缺陷，即使缺陷的尺寸小于图形的线宽，也可能会使整个芯片失效。所以缺陷直接关系到成品率。

④ 套刻精度。集成电路芯片的制造需要经过多次光刻，因此对套刻的要求非常高。单纯依靠高精度的机械加工和人工手动操作已很难实现，通常要采用自动套刻对准技术。

⑤ 对大尺寸硅片的加工。为了提高经济效益和硅片利用率，一般在一个硅片上一次同时制作很多个完全相同的芯片。但采用大尺寸的硅片会带来一系列技术问题，对于光刻的要求难度更大。

1. 表面处理

晶圆在存储、装载和卸载到片匣的过程中，可能会吸附到一些颗粒状污染物，而这些污染物必须要清除掉。而且晶圆表面容易吸附潮气，光刻胶黏附要求硅片表面严格干燥。所以在涂胶之前要进行清洗和脱水烘焙。除了脱水烘焙外，晶圆还可以通过涂底胶步骤来保证它能和光刻胶粘贴得很好。

2. 涂光刻胶

涂胶工艺的目的就是在晶圆表面涂覆薄的、均匀的且没有缺陷的光刻胶膜。光刻胶通常分为正胶和负胶两类。正胶和负胶经过曝光和显影之后所得到的图形是完全相反的。正胶的感光区域在显影时可以溶解掉，而没有感光的区域在显影时不溶解，因此所形成的光刻胶图形是掩模版图形的正映像，因而称之为正胶。负胶的情况与正胶相反，经过显影后在光刻胶层上形成的是掩模版的负性图形，所以称之为负胶。

把涂完底胶之后的晶圆放在针孔吸盘上面，在晶圆中心滴光刻胶。所涂光刻胶总量的大小是非常关键的，它是由晶圆的大小和所用光刻胶的类型决定的。如果量少了会导致晶圆表面涂胶不均，如果量大了会导致晶圆边缘光刻胶的堆积或光刻胶流到晶圆背面。然后在吸盘下面用泵抽真空，使得硅片牢固地吸附在托盘上。之后将吸盘加速到预先设定的速度。在加速过程中，离心力会使光刻胶向晶圆边缘部扩散并且甩走多余的光刻胶，只把平整均匀的光刻胶薄膜留在晶圆表面，如图 4.2.4 所示。

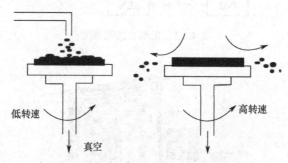

图 4.2.4　动态旋转喷洒光刻胶示意图

3. 前烘

前烘是将光刻胶中的一部分溶剂蒸发掉。通常采用干燥循环热风、红外线辐射以及热平板传导等热处理方式。将涂好胶的硅片放置于 70℃ 左右温度下烘 10min 左右，使光刻胶中的溶剂缓慢、充分地挥发，保持光刻胶干燥。

4. 对准和曝光

对准和曝光是把掩模版上的图形转移到光刻胶上的关键步骤。首先是将掩模版和硅片精准定位或对准。对准系统的对准机必须具有将图形准确定位的能力，这一性能参数叫作对准机的套准能力。然后通过曝光将图形转移到光刻胶涂层上。图形的准确对准，以及光刻胶上精确图形尺寸的形成是器件和电路正常工作的决定性因素，对准和曝光则是该工艺的核心步骤。

直到 20 世纪 70 年代中期，可供选择的光刻和曝光设备只有接触式光刻机和接近式光刻机。而今，光刻机已发展为光学和非光学两种类型。光学光刻机采用紫外光作为光源，分为接触式光刻、接近式光刻、投影式光刻和步进式光刻 4 种光刻技术。而非光学光刻机的光源则来自电磁光谱的其他部分，包括 X 射线光刻和电子束光刻。为满足减小特征图形尺寸、增加电路密度及 ULSI 时代对产品缺陷的要求，光刻设备不断得到发展。

图 4.2.5 给出了光学光刻的主要光刻技术示意图。

① 在接触式光刻技术中，涂有光刻胶的硅片与掩模版直接接触，因此可以得到比较高的分辨率。但主要问题是容易损伤掩模版和光刻胶膜。如果硅片上带入的灰尘在掩模版上造成损伤，那么后面所有利用这块掩模版进行曝光的硅片上都会出现这个缺陷。

② 接近式光刻是在曝光时硅片和掩模版之间保留有很小的间隙，这个间隙一般在 10～25μm 之间，此间隙可以大大减少对掩模版的损伤。但由于掩模版和光刻胶之间存在一定的间

隙，光线经过掩模版之后会发生衍射，衍射会使光刻的分辨率降低。

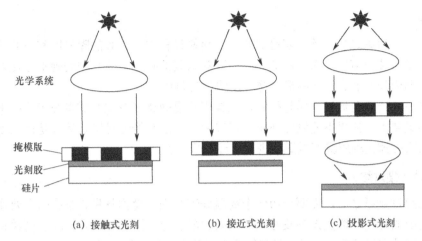

(a) 接触式光刻　　　　　　(b) 接近式光刻　　　　　　(c) 投影式光刻

图 4.2.5　光刻技术示意图

③ 投影式光刻是利用透镜或反射镜将掩模版上的图形投影到衬底上的曝光方法。由于掩模版与硅片之间的距离较远，可以完全避免对掩模版的损伤。为了提高分辨率，在投影式曝光中每次只曝光硅片的一小部分，然后利用扫描和分步重复的方法完成整个硅片的曝光。

套准精度（也称作套准）是测量对准系统把版图套准到硅片上图形的能力。在初级的实验室阶段，这种套准通常是实验室操作人员通过版图上的对准标记来完成的，如图 4.2.6 所示。对准标记是置于投影掩模版和硅片上用来确定其位置和方向的可见图形。

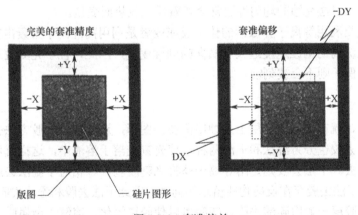

图 4.2.6　套准偏差

而现在的自动化式的步进光刻机和步进扫描光刻机都有一个精密复杂的自动对准系统，它在曝光前测定硅片和投影掩模版的位置和方向，把硅片和投影掩模版对准。设备程序控制中的对准软件用来计算偏差量和承片台需要移动的方向，以便把硅片送到设备规定的地方。

除了套准，光刻中还可能出现掩模版上的图形与复印在硅片上的图形有差别的情况。比如，图形在曝光腐蚀的过程中会出现圆形的角。要解决这个问题可以在版图结构上加上小突角或衬线，从而保证出现尖角的形状。

5. 后烘

曝光后需要进行烘焙，称为曝光后烘焙（PEB）。非曝光区的感光剂会向曝光区扩散，从而在曝光区与非曝光区的边界形成了平均的曝光效果。

6. 显影

经过曝光和后烘之后，下一步是显影。在显影过程中，正胶的曝光区和负胶的非曝光区的光刻胶在显影液中溶解，而正胶的非曝光区和负胶的曝光区的光刻胶则不会在显影液中溶解，因此在光刻胶上形成三维图形，这一步骤称为显影。

显影之后，一般要通过光学显微镜、扫描电子显微镜（SFM）或者激光系统来检查图形尺寸是否满足要求。如果不能满足要求，可以返工。因为经过显影之后只是在光刻胶上形成了图形，只需去掉光刻胶就可以重新进行上述各步工艺。

7. 坚膜（硬烘焙）

硅片在经过显影之后，需要经历一个高温处理过程，简称坚膜。坚膜的主要作用是除去光刻胶中剩余的溶剂，增强光刻胶对硅片表面的附着力，同时提高光刻胶在刻蚀和离子注入过程中的抗蚀性和保护能力。通常坚膜的温度要高于前烘和曝光后烘烤温度。在这个温度下，光刻胶将软化，成为类似玻璃体在高温下的熔融状态，并可借此修正光刻胶图形的边缘轮廓。

8. 腐蚀

对坚膜的硅片进行腐蚀处理。由于二氧化硅层上方留下的胶膜具有抗腐蚀性能，所以腐蚀时只有将没有胶膜保护的二氧化硅部分腐蚀掉，才能将掩模版上的图形转移到二氧化硅层上。目前采用的腐蚀方法有湿法腐蚀和干法刻蚀两种。

所谓湿法腐蚀，即将需要腐蚀的材料浸泡到腐蚀溶液中，进而除去没有被光刻胶覆盖区域的薄膜的过程。湿法腐蚀的均匀性通常会随着反应放热而变差。

干法刻蚀是指利用等离子体激活的化学反应或者是利用高能离子束轰击完成去除物质的方法。这种方法纵向的刻蚀速度远大于横向的刻蚀速度，因此，位于光刻胶边缘下面的材料由于受光刻胶的保护则不会被刻蚀。

9. 去胶

腐蚀完成后，就在二氧化硅层上刻蚀出需要的图形，这时再用去胶方法去除留在二氧化硅层上的胶层，去胶也分为湿法和干法两种。使光刻胶溶于溶液中，这样就可以把光刻胶从硅片的表面上除去。干法去胶则是用等离子体将光刻胶剥除。相对于湿法去胶，干法去胶的效果更好，但是干法去胶存在反应物残留玷污问题，因此干法去胶和湿法去胶经常搭配进行。对非金属膜上的胶层一般用硫酸去胶。硫酸可以使胶层氧化、溶解。金属膜上的胶层一般采用专用的有机去胶剂，对金属铝等无腐蚀作用。

10. 制版工艺

在集成电路生产过程中需要进行多次光刻，制版工艺就是提供光刻所需的多块光刻掩模版。掩模版上的图形是由设计人员根据集成电路功能和特性要求而设计的版图图形。设计人员将描述版图设计结果的数据文件送交集成电路生产厂，生成供光刻工艺使用的光刻版。

制版工艺与照相制版非常相似。版图数据处理生产厂收到设计人员采用版图设计软件设计好的版图数据文件后进行分层处理，分出每次光刻用的版图图形，生成满足格式的数据带。按照分层图形数据，控制专门用于制版的设备图形发生器直接在玻璃底版上曝光，形成所要的掩模初缩版。然后进行分步重复。一个大圆片硅片上包含成百上千个管芯，所用的光刻版上当然就应重复排列成百上千个相同的图形，因此需要将初缩版图形进行分步重复，得到可用于光刻的正式掩模版。直接由分步重复得到的光刻叫作母版。生成的母版可以作为光刻掩模版使用，但是在集成电路生产的光刻过程中，掩模版会由于磨损产生伤痕，使用一定次数后就要更换新的掩模版，所以同一种工作掩模版的需要数量很大。在得到母版后一般采用复印技术复制多块工作掩模版供光刻用。制版工艺流程如图 4.2.7 所示。

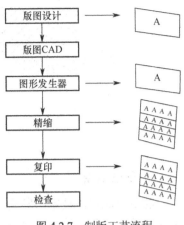

图 4.2.7　制版工艺流程

集成电路管芯成品率与多种因素有关，但首要因素是每次光刻后图形的成品率，这与光刻掩模版的质量密切相关。如果每块掩模版上图形成品率为 90%，那么整个工艺过程中若采用多块光刻版，图形的成品率就会大大下降，集成电路管芯成品率有可能比图形成品率还要低。所以光刻掩模版质量将直接影响集成电路生产的成品率。为保证器件特性，要求掩模版图形缺陷少，图形准确，各个掩模版之间能互相套准的误差应小于最小线宽的 1/10。

为了保证光刻质量，通常要检查掩模版的质量状态。用光学测量方法检查图形尺寸是否符合设计要求，检查套刻精度是否小于最小线宽的 1/10。检查图形是否有畸变，透明部分是否有小岛，不透明的部分是否有针孔，等等。

4.3　刻　　蚀

在经过光刻步骤后，掩模版的图形被固定在光刻胶膜上，从而暴露出了需要刻蚀的硅片表面。而经过刻蚀之后，就会将光刻掩模版上的图形精确地转移到晶圆的表面。刻蚀还可以用于对硅基底等其他材料的去除。对晶圆的刻蚀工艺也主要有两大类：湿法腐蚀和干法刻蚀。

1. 湿法腐蚀

在集成电路发展的早期阶段基本都是采用湿法腐蚀，将硅片放在专门配置的腐蚀液中进行腐蚀。根据被腐蚀膜材料的不同（如二氧化硅、金属、单晶硅等），应采用不同配方的腐蚀液。此法所用设备简单，操作方便，生产效率高，是一般集成电路生产中常用的腐蚀方法。湿法腐蚀的优点是可以控制腐蚀液的化学成分，使得腐蚀液对特定薄膜材料的腐蚀速度远远大于对其他材料的腐蚀速，从而提高腐蚀的选择性，工艺简单，成本低。但缺点是会使位于光刻胶边缘下面的薄膜材料也被腐蚀，这也会使腐蚀后的线条宽度难以控制。在进行湿法腐蚀的过程中，溶液里反应剂与被腐蚀薄膜的表面分子发生化学反应，生成各种反应产物。这些反应产物应该是能够溶于腐蚀液中的物质，这样才不会沉积到被腐蚀的薄膜上。再者，湿法腐蚀的反应通常会伴有放热和放气。反应放热会造成局部反应区域的温度升高，使反应速度加快；或者当前腐蚀面由于反应的发生使腐蚀液浓度下降和腐蚀速度下降，这些都会使得腐蚀均匀性变差。

由于被腐蚀的材料大多数都是非晶或者多晶薄膜，而湿法化学腐蚀一般都是各向同性的，即横向和纵向的腐蚀速度基本相同，因此湿法腐蚀得到的图形的横向钻蚀比较严重，如图 4.3.1 所示。在采用各向同性的刻蚀技术进行图形转移时，薄膜的厚度不能大于所要求的分辨率的 1/3，如果不能满足这个条件，则必须采用各向异性腐蚀。

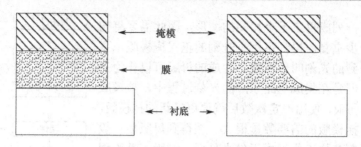

图 4.3.1 湿法腐蚀中的横向钻蚀

2. 干法刻蚀

随着集成电路技术的发展，为了克服湿法腐蚀存在的问题，发展了多种干法刻蚀技术。干法刻蚀是指利用等离子体激活的化学反应或者是利用高能离子束轰击去除物质的方法。在等离子体中存在离子、电子和游离基（游离态的原子、分子或原子团）等。这些游离态的原子、分子或原子团等活性离子具有很强的化学活性，如果在等离子体中放入硅片，位于硅片表面的薄膜材料原子就会与等离子体中的激发态游离基发生化学反应，生成挥发性的物质，从而使薄膜材料受到刻蚀。因为在刻蚀中并不使用溶液，所以称之为干法刻蚀。由于其具有分辨率高、优越的各向异性腐蚀性能、均匀性好、易于实现自动连续操作等优点，而且不存在横向钻蚀，因此当线条宽度在 1μm 以下时，基本采用干法刻蚀。目前干法刻蚀已经成为制造集成电路的标准刻蚀技术。

常用的干法刻蚀方法有如下 3 种。

① 等离子体刻蚀：这是一种化学性刻蚀，其刻蚀原理是依靠高频辉光放电形成的化学活性游离基与被腐蚀材料发生化学反应实现刻蚀。对不同的被腐蚀物质需要采用不同的气体腐蚀剂形成活性游离基，如对多晶硅、二氧化硅、氮化硅等采用氯化物。腐蚀后可以立即在同一台设备内用氧等离子体实现去胶。

由于一种活性游离基对不同材料的化学反应速度相差较大，因此这种方法具有优越的选择性刻蚀特性。但是由于属于化学性刻蚀，因此各向异性刻蚀性能不够令人满意。

② 溅射刻蚀：这是一种纯粹的物理性刻蚀，其刻蚀原理是通过形成的高能量等离子轰击被刻蚀的材料，使被撞原子飞溅出来，实现刻蚀。

溅射刻蚀的特点刚好和等离子体刻蚀相反，通过轰击的方式实现刻蚀，因此具有优越的各项异性刻蚀特性，但是选择性刻蚀特性差。

③ 反应离子刻蚀：同时采用溅射刻蚀和等离子体刻蚀机制，即利用活性离子对衬底晶圆的物理轰击与化学反应的双重作用实现刻蚀，因此兼有刻蚀的各向异性和选择性好这两个重特性。目前反应离子刻蚀已经成为应用最普遍和最为广泛的主流刻蚀技术。

综上所述，光刻工艺流程总结（光刻十步法工艺）如表 4.3.1 所示。

表 4.3.1 光刻十步法工艺

工艺步骤	目的	示意图
1. 表面准备	清洁和干燥晶圆表面	晶圆
2. 涂光刻胶	在晶圆表面均匀涂抹一薄层光刻胶	晶圆

（续表）

工艺步骤	目　的	示　意　图
3．软烘焙	加热，部分蒸发光刻胶溶剂	晶圆
4．对准和曝光	掩模版和图形在晶圆上的精确对准和光刻胶的曝光。负胶是聚合物	晶圆
5．显影	非聚合光刻胶的去除	晶圆
6．硬烘焙	继续蒸发溶剂	晶圆
7．显影目检	检查表面的对准情况和缺陷情况	晶圆
8．刻蚀	将晶圆顶层通过光刻胶的开口去除	晶圆
9．光刻胶去除	将晶圆上的光刻胶层去除	晶圆
10．最终目检	表面检查以发现刻蚀的不规则和其他问题	晶圆

4.4　掺　杂　技　术

硅的导电性对特性杂质极为敏感，在高纯度硅中掺入磷、砷等元素后将变为电子导电型的硅，掺入硼等元素后将变成空穴导电型的硅。半导体中杂质的浓度和分布对器件的击穿电压、电流增益、泄漏电流等都具有决定性的作用，因此在集成电路工艺中必须严格控制杂质的浓度和分布。芯片制作过程中，在经过光刻之后，除了进行刻蚀之外，还可能需要对特定的半导体区域掺入杂质来改变半导体的导电性能，这一步骤称为掺杂。

集成电路工艺中经常采用的掺杂技术主要有扩散和离子注入两种方法。扩散方法适合用于结较深、图形线条较粗的器件；离子注入方法则适合用于浅结与细线条图形的器件。二者在功能上具有一定的互补性，有时候需要联合使用。

4.4.1　扩散

粒子通过无规则的热运动，克服阻力进入半导体并在其中缓慢运动，从浓度高的地方向浓度低的地方移动，从而形成一定的分布，这一过程称为扩散。粒子运动的快慢与温度、浓度、杂质的扩散系数有关。

1．扩散方式

扩散的方式主要有两种，一种是替位式扩散，另一种是填隙式扩散，见图 4.4.1。替位式扩散指杂质原子或离子大小与硅原子大小差不多，杂质原子扩散时占据晶格格点的正常位置，不改变原来硅材料的晶体结构。替位式扩散一般在高温下实现，硼、磷、砷等杂质属于此种方式。填隙式扩散是指杂质原子大小与硅原子大小差别较大，杂质原子进入硅晶体后，不占据晶格格点的正常位置，而是位于硅原子间隙中。填隙式扩散速度大于替位式扩散速度，镍、铁等重金属等元素属于此种方式。当然，也会存在第三种替位-填隙式方式，多数杂质既可以替位式也可以填隙式扩散于晶体中。

杂质扩散总是从浓度高的地方向浓度低的地方运动，它运动的快慢与温度、浓度梯度等因素有关，这种运动规律可以用扩散方程描述。F 为单位时间内通过单位面积的掺杂原子数量，即扩散流密度：

$$F = -D\frac{\partial C}{\partial x} \tag{4.4.1}$$

式中，C 为单位体积掺杂浓度，$\frac{\partial C}{\partial x}$ 为 x 方向上的浓度梯度；比例常数 D 为扩散系数，它是描述杂质在半导体中运动快慢的物理量，与扩散温度、杂质类型、衬底材料等因素有关；x 为扩散深度。

如果硅片表面的杂质浓度 C_S 在整个扩散过程中始终不变，这种方式称为恒定表面源扩散。

由图 4.4.2 可知，在表面浓度 C_S 一定的情况下，扩散时间越长，杂质扩散得越深，扩散到硅内的杂质数量越多。图中各条曲线下所围面积即为扩散到硅内的杂质数量。C_B 为硅衬底原有杂质浓度。

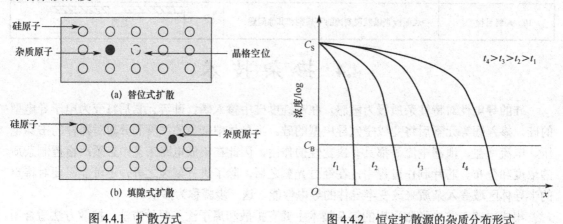

图 4.4.1　扩散方式　　　　　　　　图 4.4.2　恒定扩散源的杂质分布形式

在硅片表面先淀积一层杂质，在整个扩散过程中这层杂质作为杂质的扩散源，不再有新源补充，这种方式称为有限表面源扩散。由图 4.4.3 可知，扩散时间越长，杂质扩散得就越深，表面浓度就越低。当扩散时间相同时，扩散温度越高，杂质扩散得就越深，表面浓度下降得就越多。

2. 扩散工艺

如果按杂质源在室温下的存在状态来分，可以分为固态源扩散、液态源扩散和气态源扩散。3 种扩散工艺的装置会略有不同。

在固态源扩散中，固态源大多数是杂质的氧化物或化合物，其装置如图 4.4.4（a）所示，由于每种杂质源的性质不同，扩散系统也有所不同，比较常用的是开管扩散，杂质源和硅片一起放入石英管内，或者相隔一定距离，或者制作成片状，尺寸与硅片相等或者略大，与硅片交替均匀放置。通过载气将杂质源蒸气输运到硅片表面，高温下，杂质源与硅发生化学反应，生成单质的杂质原子扩散进入硅中。

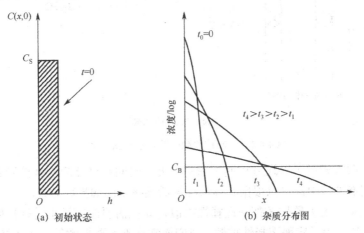

(a) 初始状态　　　　　　　　　　　　　(b) 杂质分布图

图 4.4.3　有限表面源扩散的杂质分布形式

　　液态源扩散装置如图 4.4.4（b）所示，载气通过含有杂质的液体进入高温扩散炉，这时携带进去的杂质源与硅发生反应生成的杂质原子扩散进入硅中。通过控制扩散的温度、时间、和气体流量可以控制掺入的杂质量。

　　气态源扩散装置如图 4.4.4（c）所示。气态源扩散比液态源扩散更方便，将掺杂剂气体通入高温扩散炉，气体中的杂质源与硅发生反应生成的杂质原子扩散进入硅中。气态杂质源一般先在硅表面进行化学反应生成掺杂氧化物，杂质再由氧化层向硅片中扩散。气态杂质源多为杂质的氢化物或者卤化物。

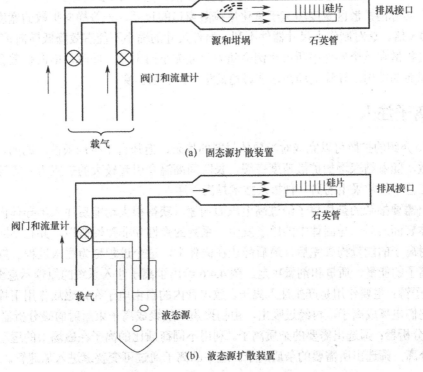

(a) 固态源扩散装置

(b) 液态源扩散装置

图 4.4.4　不同扩散源的装置示意图

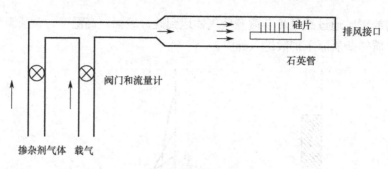

(c)　气态源扩散装置

图 4.4.4　不同扩散源的装置示意图（续）

　　以上各种扩散方式都可以通过控制扩散的温度、时间和气体流量来控制掺入的杂质量。因此，在实际制造过程中，可以根据具体情况灵活选择不同的扩散方式。

　　在工艺过程中，大多数扩散都是选择性扩散，即在需要的区域里进行扩散，而在不需要的区域不进行扩散。为了实现选择性扩散，我们通常将不需要扩散的区域用掩蔽层保护起来。硅衬底常用的掩蔽层是二氧化硅。这并不是说杂质原子在二氧化硅中不扩散，而是我们需要采用杂质扩散选择比高的材料，即杂质在二氧化硅层中的扩散系数要远远小于在硅衬底中的扩散系数。在各种工艺方法或半导体材料中，也可以采用其他材料作为掩蔽层。对于杂质扩散，其机理是基于杂质原子的无规则热运动的，因此其运动方向是四面八方的，除了沿垂直硅表面方向扩散（纵向扩散）之外，在掩蔽层窗口的边缘处还会向侧面扩散，即横向扩散，如图 4.4.5 所示。

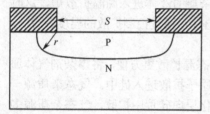

图 4.4.5　横向扩散示意图

　　这样，实际的扩散区宽度将大于氧化层掩蔽窗口的尺寸，一般横向扩散的宽度是纵向扩散深度的 0.8 倍。这对制作小尺寸器件不利，器件尺寸的缩小不能有效降低横向扩散的比例，相反，横向扩散在整个器件中所占比例会随着尺寸缩小而上升。同时，横向扩散会形成边角处柱面、球面的结构，导致电场在这些边角处集中，容易击穿。

4.4.2　离子注入

　　4.4.1 节介绍的扩散可以完成对半导体材料的掺杂，但却有不少局限性。比如，不可避免的横向扩散，随着结深增加扩散速度变缓，长时间高温会引起较大的热应力，等等。因此，集成电路工艺中经常采用的另一种掺杂技术是离子注入。

　　选择出需要掺杂的杂质离子经过高电压而加速，获得很大动能后注入半导体内。入射离子进入固体表面层后，与固体中的原子发生一系列的弹性和非弹性碰撞，并且不断地损失能量。当入射离子的能量损失完后，最后静止在固体中。这个过程称为注入过程。掺杂深度由注入杂质离子的能量、质量和剂量决定。图 4.4.6 给出了离子注入系统的原理示意图。

　　① 离子源：主要作用是产生注入离子。放电管内的自由电子在定磁场作用下撞击分子或原子，使它们电离成离子，再经过吸出，由初聚焦系统聚成离子束后射向磁分析器。

　　② 磁分析器：筛选出需要的杂质离子。利用不同荷质比的离子在磁场中的运动轨迹不同进行离子分离，筛选出所需要的杂质离子。选中的离子通过可变狭缝进入加速管。

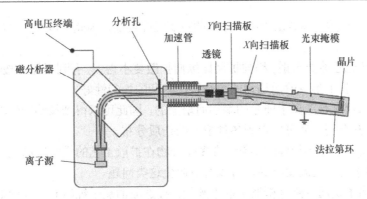

图 4.4.6　离子注入系统的原理示意图

③ 加速管：加速管一端接高压，一端接地，形成一个静电场。离子在电场的作用下被加速，得到所需的能量。

④ 聚焦和扫描系统：离子束进入该区以后，首先由静电场聚焦透镜聚焦，之后依次经过偏转系统、X 向扫描板、Y 向扫描板，离子束被注射到靶上。偏转的目的是为了阻止离子束流传输过程中产生的中性粒子射到靶上。

⑤ 靶室和后台处理系统：主要用来安装需要注入的材料和测量离子流量的法拉第环、自动装片/卸片机构以及控制计算机等。

高能离子射入靶后，不断与衬底中的原子核以及核外电子碰撞，能量逐步损失，最后停止下来。每个离子停下来的位置是随机的，大部分将不在晶格上。离子在运动过程中的能量损失主要来自于原子核以及核外电子的碰撞。当与电子碰撞时，由于杂质离子的质量比电子大得多，每次碰撞损失的能量很少，且都是角度散射，即使经过多次散射，离子的运动也基本不变。当离子与原子核发生碰撞时，由于两者的质量差不多，在每次碰撞中离子损失的能量较多，有可能使原子核离开原来的晶格位置。离开晶格的原子核还可以碰撞其他原子核。在这些碰撞的作用下，会使得一系列原子核离开原来的晶格位置，从而造成晶格损伤。理论计算表明，离子注入到无定形靶的杂质分布为高斯分布，如图 4.4.7 所示。

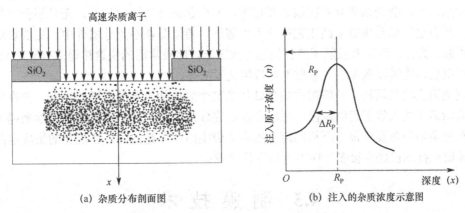

(a) 杂质分布剖面图　　　　　　　　(b) 注入的杂质浓度示意图

图 4.4.7　离子注入的高斯分布示意图

离子注入的优点如下：

① 离子注入时，衬底一般保持在室温或低于 400℃，因此二氧化硅、氮化硅、铝、光刻胶等都可以作为离子注入掺杂的掩蔽膜，从而使集成电路工艺具有更大的灵活性，这是利用

扩散工艺时无法做到的。同时由于离子注入的衬底温度较低，因此可以避免高温扩散引起的热缺陷。

② 注入杂质几乎垂直入射，横向扩展比纵向扩散要小得多，有利于器件按特征尺寸缩小。而且可以在较大面积上形成薄而均匀的掺杂层，掺杂的均匀性好。

③ 离子注入深度是随离子能量的增加而增加的，因此可以得到精确的结深。这对于制造浅结或深结都非常有利，并可以得到各种形式的杂质分布。

④ 容易实现化合物半导体的掺杂。许多化合物在扩散工艺的长时间高温下，化学组分会发生变化，而离子注入的温度不高，可以有效避免这类问题。

⑤ 注入的离子是通过磁分析器选取出来的，被选取的离子纯度高、能量单一，保证了掺杂纯度不受杂质源纯度的影响。另外，注入过程是在干燥、清洁的真空条件下进行的，因此各种污染水平都降到最低。

⑥ 在热扩散的工艺中，扩散速度会受到深度和材料固溶度的影响。而离子注入不受杂质在衬底材料中的固溶度的限制，灵活性高、适应性强。

但需要注意的是，在离子注入过程中，进入晶体内的离子通过碰撞把能量传递给原子核及其电子，因此不断地损失能量，最后静止在某一位置。在碰撞过程中，如果杂质原子的能量足够大，就会撞击原子离开晶格位置，进入间隙，形成缺陷。能量足够大时，被碰撞出来的原子再去碰撞其他原子，这样就会在入射离子运动轨迹的周围产生大量的缺陷，晶格就会受到损伤。使得半导体的迁移率和寿命等参数受到严重损伤，对材料的电学性质将产生重要的影响。例如，由于散射中心的增加，使载流子迁移率下降；缺陷中心的增加，会使非平衡少数载流子的寿命减少，PN 结的漏电流增大。离子注入还会使被射入的杂质离子大多数处于晶格间隙位置，起不到施主和受主的作用。为了消除材料中的应力或者改变材料的组织结构，集成电路工艺中所有的在氮气等不活泼气氛中进行的热处理过程都叫退火。退火的作用是改善机械强度或硬度。

退火是热处理的一种，用于激活注入到衬底中的杂质离子并消除半导体衬底中的损伤。退火的方法有很多，最早采用的是炉退火。在炉退火时，整个硅片不但要经受较高温度过程，而且时间也较长，会使杂质分布区域显著展宽，并引起杂质的横向扩散，而且还会产生二次缺陷等，所有这些都是集成电路工艺中所不希望的。特别是在小尺寸器件中，更要设法避免杂质的扩散。为此，近年来发展了多种快速退火工艺，比较常用的快速热退火有脉冲激光法、扫描电子束法、连续波激光法、非相干宽带频光源法等。

快速热退火的共同特点是瞬时内能使硅片的某个区域加热到所需要的温度，并在较短的时间内消除离子注入等引起的缺陷，激活杂质，完成退火。快速热退火的作用越来越重要，特别是在对杂质分布要求极为严格的超大规模集成电路中更是如此。在现在的集成电路工艺中，快速退火技术已经在很多工序中逐步取代炉退火。

4.5 制 膜 技 术

我们平常使用的芯片都是封装好的集成电路模块，这些集成电路模块内部装的是芯片。在当代微电子制造工艺中，通常需要经历几十道工序才能形成可用的芯片。在硅片上通常都是化学材料膜，下面介绍几种制膜技术。

4.5.1　氧化

氧化是指在硅表面形成氧化层的能力，氧化是硅集成电路制造技术的基础及关键因素之一。

硅可以形成多种氧化物，其中最重要的一种是二氧化硅（SiO_2）。二氧化硅具有许多良好的特性，相比其他半导体材料，硅更容易形成性能良好的氧化物，因此硅被作为最普遍应用的半导体衬底材料。二氧化硅是很好的电绝缘体，在硅加工工艺中可作为金属导体绝缘层、形成电容及 MOS 晶体管的介电层使用。

1. 二氧化硅的结构、性质和用途

（1）二氧化硅的结构

当硅表面暴露在空气中时，硅和大气中的氧反应会形成几埃厚的二氧化硅氧化层。二氧化硅又名硅石，主要存在形式有结晶型（如石英、水晶）和无定型（如硅石、石英砂）。

图 4.5.1（a）所示是二氧化硅的原子结构。二氧化硅是由一个硅原子被四个氧原子包围着的四面体单元组成的。在这个 Si-O 四面体中，硅原子位于四面体中心，四个氧原子分别位于四面体的四个顶角上。

结晶型二氧化硅是由 Si-O 四面体单元在三维空间中规则排列构成的，即该四面体单元在原子水平上具有长程有序的晶格周期，其结构如图 4.5.1（b）所示。典型的结晶型二氧化硅有方石英、水晶等。当硅直接暴露在氧气中时，在其上生长的二氧化硅是非晶体，即它在原子水平上没有长程有序的晶格周期。构成二氧化硅的基本单元在晶体内没有以规则的三维形式排列，因此又称为无定型的二氧化硅，其形态被称为熔融石英，其结构如图 4.5.1（c）所示。

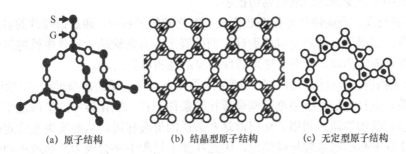

(a) 原子结构　　　　(b) 结晶型原子结构　　　　(c) 无定型原子结构

图 4.5.1　二氧化硅原子结构示意图

（2）二氧化硅的性质

二氧化硅的密度表征了其结构的致密程度，密度越大，致密程度越高。其密度约为 $2.2g/cm^3$，小于硅的密度，采用不同方法制备的二氧化硅的密度有所不同，但大部分都接近这个值。二氧化硅的密度可以用称量法测量，分别称出氧化前后硅的重量，氧化后再测出二氧化硅层的厚度和样品的面积，就可以计算出密度了。

折射率表征了二氧化硅薄膜的光学性质，与密度有关，约为 1.46。采用不同方法制备的二氧化硅折射率有所不同，但差别不大，一般来说密度大的二氧化硅薄膜具有较大的折射率。

电阻率是表征电学性质的物理量，当二氧化硅的温度升高时，其电阻率将下降，而且电阻率的高低与制备方法以及所含杂质数量等因素也有着密切的关系。热生长的二氧化硅在室温下的电阻率约为 $10^{16}\Omega \cdot cm$。

介电强度是衡量材料耐压能力的物理量，表征作为绝缘介质时单位厚度所能承受的最大击穿电压。当二氧化硅薄膜被用来作为绝缘介质时，常用介电强度也就是击穿电压参数来表示薄膜的耐压能力。介电强度是表示单位厚度的二氧化硅薄膜所能承受的最小击穿电压。二氧化硅薄膜的介电强度与致密程度、均匀性、杂质含量等因素有关。热生长的 SiO_2 的介电强度为 $10^6 \sim 10^7 V/cm$。

介电常数是表征电容性能的一个重要参数。对于 MOS 电容器来说，其电容量与结构参数的关系可用下式表示：

$$C = \varepsilon_0 \varepsilon_{SiO_2} \frac{S}{d} \tag{4.5.1}$$

式中，S 为金属电极的面积，d 为 SiO_2 层的厚度，ε_0 为真空介电常数，ε_{SiO_2} 为 SiO_2 的相对介电常数，其值为 3.9。

二氧化硅是硅的最稳定的化合物，化学稳定性较强，不溶于水，能抵抗大部分普通溶剂，极易与氢氟酸发生反应。

（3）二氧化硅的用途

在半导体加工工艺中，氧化物的主要作用有以下几类：

① 器件介质层。二氧化硅可作为 MOS 器件硅栅下的氧化层，作为栅和源、漏间的介质材料，形成栅氧结构。栅氧结构中的氧化层起绝缘电介质的作用，使氧化层下面的半导体表面产生感应电荷，从而控制器件的工作。

② 电学隔离层。二氧化硅常用作金属互连层之间的绝缘层，足够厚的氧化层可以避免金属层感应导致的晶圆表面的电荷累积效应。

③ 器件和栅氧的保护层。二氧化硅具有很高的物理密度和硬度，因此可以保护晶圆在环境及后续过程中不会受到玷污或被划伤损害。

④ 表面钝化层。表面钝化是指在热生长二氧化硅的过程中，通过束缚硅的悬挂键来降低其表面态密度。二氧化硅薄膜可以禁锢硅表面的脏污，有效地防止器件电性能退化，同时减弱环境对器件表面的影响，有助于提高器件的稳定性和可靠性。

⑤ 掺杂阻挡层。二氧化硅的一个重要用途是作为某些杂质的掺杂过程中的阻挡层，从而实现选择扩散。选择扩散是指根据某些杂质相同条件下在二氧化硅中的扩散速度远远小于其在硅中的扩散速度的性质，利用氧化层对这些杂质的屏蔽作用，从而实现在特定区域里的掺杂。而二氧化硅的热膨胀系数与硅接近，因此在加工过程中不会因为加热或冷却使得晶圆表面发生弯曲。氧化物掩蔽技术是一种在特定生长的氧化层上通过刻印图形和刻蚀达到对硅衬底进行扩散掺杂的工艺技术，它是半导体集成电路技术最主要的发展之一，也是大规模集成电路发展的关键因素。

2. 热氧化方法

氧化和沉积都可以在硅片上形成硅的氧化物，在众多方法中，以热氧化法生成的二氧化硅薄膜质量最好。热氧化法是指在氧化气氛中加热硅晶圆，在硅片表面得到有一定厚度的氧化层的工艺。用热氧化法生成的氧化层，其体内或界面的缺陷都最少。热氧化法具有很高的重复性和化学稳定性，其物理性质和化学性质不太受湿度和中等热处理温度的影响；能降低硅表面悬挂键从而使表面态密度减小；能很好地控制界面陷阱和固定电荷。由不同方法制备的二氧化硅薄膜的密度、折射率、电阻率等物理性质都不相同。根据不同的氧化气氛，热氧化可分为干氧氧化、水汽氧化和湿氧氧化。

（1）干氧氧化

当采用纯净的干燥氧气进行热氧化时，得到的氧化物薄膜称为干氧化物。氧化开始时，氧分子与硅片表面的硅原子进行化学反应，形成初始氧化层，如图 4.5.2 所示。

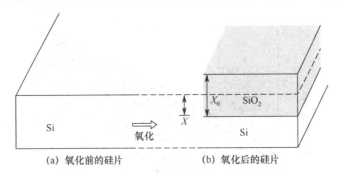

图 4.5.2　SiO_2 生长过程中的界面位置随热氧化而移动

其反应方程式为：Si（固态）$+ O_2$（气态）$\rightarrow SiO_2$（固态）　　　　　　（4.5.2）

之后的继续氧化是氧原子扩散穿过氧化层到达氧化物-硅界面进行反应。

干氧氧化反应的氧化层的质量随时间的不同而不同，并受硅片表面氧气纯度和反应温度的影响，且反应的速度也随温度的升高而加快。图 4.5.3 展示了干氧氧化的氧化层生长厚度与温度和时间的关系。

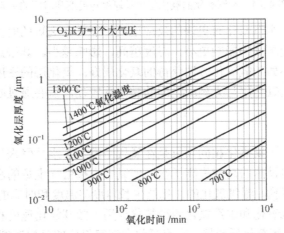

图 4.5.3　干氧氧化的氧化层生长厚度与温度和时间的关系

干氧氧化获得的氧化层薄膜结构致密，氧化物-硅界面处缺陷较少，具有特别低的表面态电荷，氧化物质量很高，可以为 MOSFET 提供理想的节电特性；其缺点在于氧化速度较慢。

（2）水汽氧化

水汽氧化指硅与水蒸气在高温下反应生成二氧化硅的方法。

化学反应方程式为：Si（固态）$+ 2H_2O$（气态）$\rightarrow SiO_2$（固态）$+ 2H_2$（气态）　（4.5.3）

水汽氧化的氧化剂通常由高纯度去离子水汽化或是直接燃烧氢气与氧气使之发生化合反应而获得。水汽氧化开始在高温下与硅片表面的硅原子作用，生成 SiO_2 起始层，其后水分子与表面的 SiO_2 反应形成硅烷醇（Si—OH）结构，生成的硅烷醇再扩散穿过氧化层抵达氧化物-硅界面处，与硅原子反应，生成硅氧烷（Si—O—Si）结构，同时产生氢气。氢气将迅速离开氧化物-硅界面，但在逸出的过程中也可能与氧结合，形成氢氧基。水汽氧化反应的氧化层质量受氧化时间和反应温度的影响，其反应速度随温度的升高而加快。水汽氧化的氧化层生长厚度与温度和时间的关系如图 4.5.4 所示。

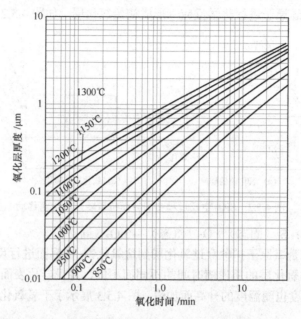

图 4.5.4　水汽氧化的氧化层生长厚度与温度和时间的关系

相比于干氧氧化，水汽氧化有更快的反应速度，能够在更短的时间内获得所需厚度的氧化层，而且反应过程受温度的影响更小，温度越高，影响越小。其缺点是水汽氧化形成的氧化层结构疏松，质量不如干氧氧化方法获得的氧化层好；氧化层的密度也较小，可通过惰性气体热氧化进行改善；氧化层与光刻胶之间的黏附性较差，需要通过吹干氧（或干氮）进行热处理来改善。

（3）湿氧氧化

湿氧氧化的方式与干氧氧化相同，只是在氧气中混入了水蒸气来加快氧化的速度。在氧气通入反应室前，先通过热的高纯去离子水，使氧气中携带一定量的水汽，然后再与硅片发生反应生成二氧化硅薄膜。湿氧氧化的氧化层生长厚度与温度和时间的关系如图 4.5.5 所示。

湿氧氧化兼具干氧氧化和水汽氧化两种氧化作用，故其氧化速度和氧化层质量皆介于二者之间。总的说来，干氧氧化质量好，水汽氧化和湿氧氧化的氧化速度高得多，如图 4.5.6 所示。图中所示实线是指湿氧的氧化曲线，虚线是干氧的氧化曲线。可以看出在同一温度下，随着氧化时间的增长，湿氧的氧化速度要比干氧氧化速度快。因而，湿氧氧化的典型应用是需要厚氧化层而且不承受大应力的时候。

除了上述几种方法，还有分压氧化和高压氧化等方法。前者主要用于制备薄氧化层，通常是在氧气中加入一定比例的不活泼气体，降低氧气的分压，进而起到降低氧化速度的作用。采用分压氧化技术可以得到均匀性和重复性好的高质量薄栅氧化层。高压氧化则主要用来制备厚的氧化层，如场氧化层等。

表 4.5.1 给出了干氧、湿氧和水汽氧化的对比。综合各种氧化方法的优缺点，在实际加工中对用于不同目的的氧化膜，根据其厚度及性能要求也将使用不同的氧化方法。对于用作掩蔽层的氧化薄膜，通常采用多种热氧化法交替使用的方式：先用含氯的干氧清洗石英管，然

后再采用干氧氧化（或含氯），接着用湿氧氧化或水汽氧化加快氧化速度，最后再进行干氧氧化。而对于较薄的氧化层，如栅氧，因为对其性能要求较高，所以采用掺氯的干氧氧化方法，在生成均匀薄膜的同时去除钠离子的污染。对于较厚的氧化层，如场氧，则使用不掺氯的湿氧氧化方法，同时增大反应压强来提高反应速度，在较短时间内生成需要厚度的氧化层。无论是干氧、水汽还是湿氧氧化，氧化层的生长都要消耗硅，如图 4.5.7 所示。

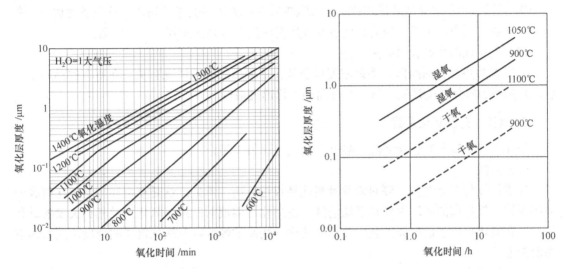

图 4.5.5 湿氧氧化的氧化层生长厚度与温度和时间的关系　　图 4.5.6 湿氧和干氧氧化的速度

表 4.5.1 干氧氧化、湿氧氧化、水汽氧化的对比

	成膜速度	均匀重复性	结构	掩蔽性	水温
干氧氧化	慢	好	致密	好	—
湿氧氧化	快	较好	中	基本满足	95℃
水汽氧化	最快	差	疏松	较差	102℃

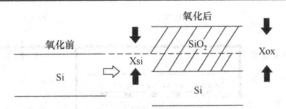

图 4.5.7 氧化反应消耗硅示意图

影响硅表面氧化速度的 3 个关键因素为：温度、氧化剂的有效性、硅层的表面势。下面逐一进行分析。

（1）温度

温度越高，化学反应越快，这主要是由于参加化学反应物质的能量提高造成的。

（2）氧化剂的有效性

既然氧化反应发生在硅表面，因此氧化剂必须穿过原有的氧化层或者新形成的氧化层到达氧化层/硅界面后才能发生反应，没有到达是无效的。影响氧化剂有效性的因素主要有氧化剂在氧化层中的扩散系数、溶解度和氧化气体的压强等。

① 扩散系数：氧气和水能通过扩散穿过二氧化硅层，但是水在二氧化硅层的扩散系数远

大于氧气在二氧化硅的扩散系数，因此湿氧氧化速度远大于干氧氧化速度。另外，在氧化刚刚开始时，硅层表面没有或者只有很薄的氧化层，氧化速度较高，随着厚度的增加，氧化速度将逐渐下降。

② 溶解度：在二氧化硅层中，水的溶解度几乎比氧气高 600 倍，因此，在二氧化硅-硅界面处的水分子浓度要比氧分子浓度大很多。

③ 压强：增加氧化气体的压强，反应区中氧化剂的浓度会相应增加，反应速度加快，在合理的压强范围内，生长相同的氧化层厚度所需时间与压强的乘积是一个常数。

（3）硅层表面势或表面能量

硅层表面势与硅的晶向、掺杂浓度以及氧化前表面的处理情况有关。在所有的晶向中，（111）晶面的氧化速度最高，（100）晶面的氧化速度最低。

3. 氧化工艺及氧化系统

氧化工艺步骤主要包含清洗、热氧化及氧化评估 3 部分。

（1）清洗

在进行氧化工艺之前，要对硅片及氧化环境进行清洗维护，这是获得高质量氧化薄膜的前提保证。氧化前的清洗主要是湿法清洗，使用化学溶液对硅片、氧化炉及其相关设备进行清洗。在氧化反应之前保证工艺中使用到的化学物品的纯度以及氧化气氛的纯度，尤其是氧源的纯度。

（2）热氧化

高温炉是氧化工艺的基本设备，主要分为 3 种：卧式炉（水平炉管反应炉）、立式炉（垂直炉管反应炉）和快速热处理器（快速升温反应炉）。其中，卧式炉和立式炉是最常规的热壁反应炉体，可以对硅片和炉壁同时加热，且可同时处理大量的硅片。

一个典型的水平炉管氧化反应设备包括 5 个主要组成部分：反应腔、硅片传输系统、气体分配系统、尾气系统、温控系统。如图 4.5.8 所示，硅片通过传输系统被放置在一个熔凝硅石架中，该石架称为石英舟。

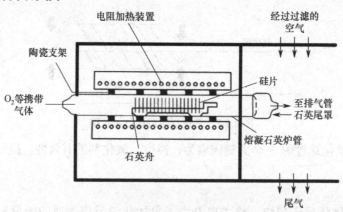

图 4.5.8　水平炉管氧化反应设备

将石英舟缓缓送入裹有电阻加热装置的熔凝硅石反应腔中。反应腔由石英钟罩、多区加热电阻丝和加热管套组成。越向反应腔的中心加热区移动，温度越高。反应腔炉管的温度是由温控系统精确控制的。氧气吹入反应腔中，并且均匀地流过每个硅片的表面，在高温下与硅表面发生反应。随着时间的延长，氧化层将逐渐变厚。当薄膜生长达到所需厚度后，硅片将从反应炉中被缓缓取出。而反应中产生的尾气副产物则由尾气处理系统进行处理。

（3）氧化评估

当氧化反应结束后，将硅片从石英舟卸下，要对该次氧化进行检测评估。氧化评估是通过一定数量的测试硅片来进行的，检测评估硅片的数量由氧化层和特定电路对精确度及洁净度的要求决定。

测试硅片是指根据一定的目的放入石英舟中特定位置的硅片。当一批硅片进入氧化炉时，会将一定数量的表面裸露的检测片（又称为无图形片）放置在炉管的关键位置上，这就是测试片。测试片用于氧化步骤之后的各种评估，从而确保氧化物具有可接受的质量。

在实际集成电路工艺中，具体采用哪种方法制备氧化层主要取决于它在器件中的用途。通常，如果作为器件的组成部分，如栅氧化层、场氧化层等，一般采用热生长方法，如果作为局域互连和多层布线则采用 CVD 方法生长。

4.5.2　化学气相淀积

化学气相淀积（CVD，Chemical Vapor Deposition）是集成电路工艺中用来制备薄膜的一种方法，是利用气态物质通过化学反应在基片表面形成固态薄膜的一种成膜技术。这种方法把含有构成薄膜元素的气态反应剂或者液态反应剂的蒸气，以合理的流速引入反应室，在衬底表面发生化学反应并在衬底上淀积薄膜。在超大规模集成电路的制造工艺中，多种材料的薄膜都是利用 CVD 法制备的。它有很多优点：既可制作金属、非金属薄膜，又可制作多组分合金薄膜；成膜速度高，薄膜纯度高，致密性好，表面平滑；反应可在常压或低真空中进行，辐射损伤小、绕射性能好。

CVD 法应用于材料精制、装饰涂层、耐氧化涂层、耐腐蚀涂层等方面。表面保护膜一开始只限于氧化膜、氮化膜等，之后添加了由Ⅲ、Ⅴ族元素构成的新的氧化膜，最近还开发了金属膜、硅化物膜等。CVD 法制备的多晶硅膜在器件上得到了广泛应用，这是 CVD 法最有效的应用场所。

1. 化学气相淀积的过程

CVD 法制备薄膜主要分为 4 个过程：①反应气体向基片表面扩散；②反应气体吸附于基片表面；③在基片表面发生化学反应；④在基片表面产生的气相副产物脱离表面，向空间扩散或被抽气系统抽走，基片表面留下不挥发的固相反应产物——薄膜。

几种常见的 CVD 反应类型有：热分解反应、化学合成反应、化学输运反应等。

热分解反应（吸热反应）：一般在简单的单温区炉中，于真空或惰性气体下加热衬底至所需温度后，导入反应剂气体使之发生热分解，最后在衬底上淀积出固体材料层。这种方法的主要问题是源物质的选择（固态产物与薄膜材料相同）和确定分解温度。

化学合成反应：指两种或两种以上的气态反应物在热基片上发生的相互反应。最常用的是用氢气还原卤化物来制备各种金属或半导体薄膜，选用合适的氢化物、卤化物或金属有机化合物来制备各种介质薄膜。

化学输运反应：将薄膜物质作为源物质（无挥发性物质），借助适当的气体介质与之反应而形成气态化合物，这种气态化合物经过化学迁移或物理输运到与源区温度不同的沉积区，在基片上再通过逆反应使源物质重新分解出来，这种反应过程称为化学输运反应。

掌握 CVD 反应室中的流体动力学是相当重要的，因为它关系到反应物输运到衬底表面的速度，也关系到反应室中气体的温度分布，温度分布对于薄膜淀积速度以及薄膜的均匀性都有重要的影响。由于气体本身的黏滞性，当气体流过一个静止的固体表面时，比如 CVD 反应室中基座上的硅片表面或者是反应室的侧壁，硅片表面或侧壁与气流之间就存在摩擦力，这个摩擦力使紧贴硅片表面或者侧壁的气流速度为零。在离表面或侧壁一定距离处气流速度过渡到最大气流速度。于是，在靠近硅片表面附近就存在一个气流速度受到扰动的薄层，在此薄层内气流速度变化很大，在垂直气流方向存在很大的速度梯度，这就是著名的泊松流。见图 4.5.9～图 4.5.11。

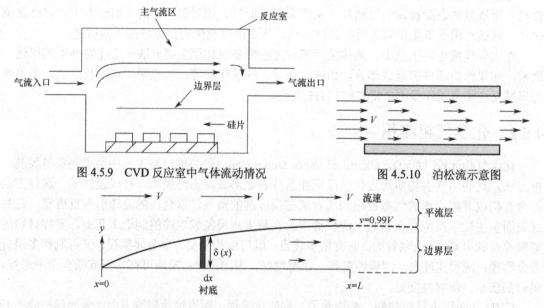

图 4.5.9　CVD 反应室中气体流动情况　　　　　图 4.5.10　泊松流示意图

图 4.5.11　进入管型反应室中的气流展开为抛物线型的情况

2. 化学气相淀积的系统

CVD 系统通常包含如下子系统：①气态源或液态源；②气体输入管道；③气体流量控制系统；④反应室；⑤基座加热及控制系统（有些系统的反应激活能通过其他方法引入）；⑥温度控制及测量系统等。另外，低压化学气相淀积（LPCVD）和等离子增强化学气相淀积（PECVD）系统还包含减压系统。

早期的 CVD 主要采用气态源，但目前气态源正在被液态源所取代，这是由于液态源有如下好处：液态源比气态源更加安全；液体的气压比气体的气压小得多、危险性小；液体的溢出只是在有限的区域，大多数情况下没有有毒气体产生。除了考虑安全因素之外，许多薄膜采用液态源淀积时具有较好的特性。图 4.5.12 所示为化学气相淀积示意图。

CVD 系统要求进入反应室的气流速度是精确可控的。可以通过控制反应室的气压来控制气体流量，也可以由质量流量控制系统直接控制气体流量。质量流量控制系统主要包括质量流量计和阀门，它们位于气体源和反应室之间，而质量流量计是质量控制系统中最核心的部件。

有多种加热方法使淀积系统达到所需要的温度：第一类是电阻加热法，利用缠绕在反应管外侧的电阻丝加热，反应室侧壁与硅片温度相等，形成一个热壁系统；第二类是采用电感加热或者采用高能辐射灯加热，这两种方法是直接加热基座和硅片，是一种冷壁系统。在电感加热方式中，缠绕在反应管外围的射频线圈在淀积室内的基座上产生涡流，导致基座和硅片的温度升高。

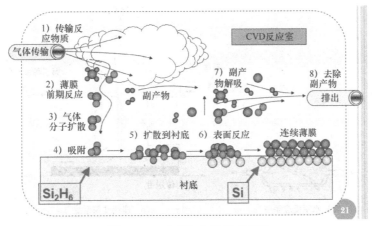

图 4.5.12 化学气相淀积示意图

3. 化学气相淀积的方法

常用的 CVD 方法主要有 3 种：常压化学气相淀积（APCVD）、低压化学气相淀积（LPCVD）和等离子增强化学气相淀积（PECVD）。

（1）APCVD 系统

APCVD 是微电子工业中最早使用的 CVD 系统，用来淀积氧化层和生长硅外延层。该系统中的压强约为一个大气压，因此被称为常压 CVD。气相外延单晶硅所采用的方法主要是 APCVD。APCVD 是在大气压下进行淀积的系统，操作简单，淀积速度高，适于较厚的介质薄膜的淀积。但 APCVD 易于发生气相反应，产生微粒污染，台阶覆盖性和均匀性比较差。

APCVD 一般是由质量输运控制淀积速度的，因此精确控制在单位时间内到达每个硅片表面及同一表面不同位置的反应剂数量，对所淀积薄膜的均匀性起着重要的作用，这就给反应室结构和气流模式提出了更高的要求。

图 4.5.13 给出了连续式 CVD 系统示意图，图 4.5.14 所示为两种 APCVD 系统的原理图。第一个是水平反应系统（见图 4.5.14（a）），这个系统采用水平的石英管，硅片放在一个固定的倾斜基座上。缠绕在反应管外侧的热电阻丝给基座提供热能，从而使系统可以淀积不同的薄膜。

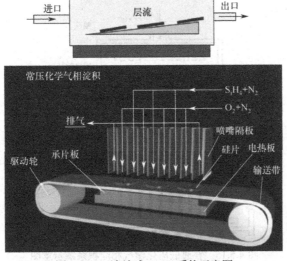

图 4.5.13 连续式 CVD 系统示意图

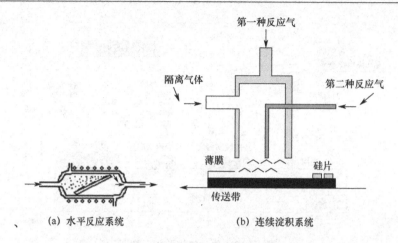

(a) 水平反应系统　　　　　　　(b) 连续淀积系统

图 4.5.14　两种 APCVD 系统的原理图

　　第二种是连续淀积的 APCVD 系统。在连续淀积的系统中，有非淀积区和淀积区，通过流动的惰性气体实现隔离。连续工作的淀积区始终保持稳定的状态。反应气体从硅片上方的喷头被持续稳定地喷入淀积区。放在受热移动盘上或传输带上的硅片不断地被送入、导出淀积区。这是目前常用的 APCVD 系统。

　　（2）LPCVD 系统

　　低压化学气相淀积（LPCVD）系统淀积的某些薄膜在均匀性和台阶覆盖等方面比 APCVD系统要好，而且污染也少。LPCVD 可以用来淀积多种薄膜，包括多晶硅、氮化硅、二氧化硅等。在真空及中等温度条件下，其淀积速度主要受表面反应控制。由于淀积速度不再受质量输运控制，从而降低了对反应室结构的要求。虽然表面反应速度对温度非常敏感，但是精确控制温度相对比较容易。对于只有一个入气口的反应室来说，沿气流方向因反应剂不断消耗，靠近入气口的地方淀积的膜比较厚，而远离入气口的地方淀积的膜比较薄，这种现象称为气缺现象。

　　LPCVD 系统得到的薄膜厚度的均匀性好、装片量大，一炉可以加工几百片，但淀积速度较慢、工作温度比较高。增加反应剂分压来提高淀积速度则容易产生气相反应，降低淀积温度将导致淀积速度下降。图 4.5.15 所示为普通低压化学气相淀积系统示意图。

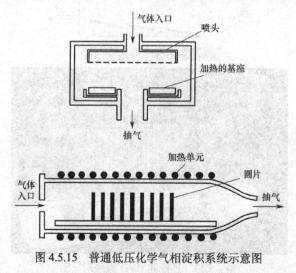

图 4.5.15　普通低压化学气相淀积系统示意图

（3）PECVD 系统

等离子体增强化学气相淀积（PECVD）是目前最主要的化学气相淀积系统，如图 4.5.16 所示。PECVD 通过射频等离子体来激活和维持化学反应，低温淀积是它的一个突出优点，因此可以在铝上淀积二氧化硅或者氮化硅。PECVD 淀积的薄膜具有良好的附着性、低针孔密度、良好的台阶覆盖及电学特性。可以与精细图形转移工艺兼容等优点使得这种方法在 ULSI 工艺中得到广泛应用。

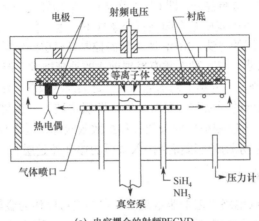

(a) 电容耦合的射频PECVD

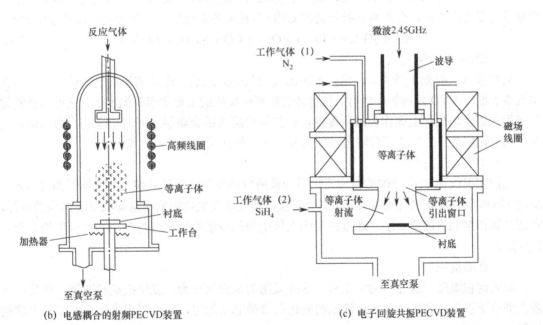

(b) 电感耦合的射频PECVD装置　　　　　　(c) 电子回旋共振PECVD装置

图 4.5.16　PECVD 系统的原理图

等离子体中的电子从电场中获得足够高的能量，当与反应气体的分子碰撞时，这些分子将分解成多种成分并不断吸附在基片表面上。吸附在表面上的成分之间的化学反应生成薄膜层。这个特性保证了淀积的薄膜具有良好的均匀性以及填充小尺寸结构的能力。但在操作过程中除了对 LPCVD 有气流速度、温度和气压等参数要求外，淀积过程还依赖于射频功率密度、频率等参数。另外，PECVD 法是典型的表面反应速度控制型方法，要想保证薄膜的均匀性，就要准确控制衬底温度。

4. 单晶硅的化学气相淀积

在单晶衬底上生长单晶材料层的工艺也称为外延,生长有外延层的衬底片叫作外延片。新生长单晶层的晶向通常与衬底的晶向相同,在进行外延时可以根据需要控制其导电类型、电阻率以及厚度等。

外延工艺已经广泛用于集成电路中,常用的外延技术主要包括气相、液相和分子束外延(Molecular beam epitaxy,MBE)等。其中气相外延是利用硅的气态化合物或者液态化合物的蒸气在衬底表面进行化学反应生成单晶硅,即 CVD 单晶硅;液相外延则是由液相直接在衬底表面生长外延层的方法;而分子束外延则是在超高真空条件下,由一种或者几种原子或者分子束蒸发到衬底表面上而形成外延层的方法。MBE 既能精确控制外延层的化学配比,又能精确控制杂质分布,还具有温度低的特点,是一种非常有发展前途的外延技术。但是目前集成电路工艺中应用最广泛的仍然是 CVD 外延。外延工艺示意图及外延的反应设备如图 4.5.17 所示。

用于 CVD 生长硅外延层的反应剂主要有 4 钟:四氯化硅、三氯化硅、二氯化硅和硅烷。由于硅烷的外延温度较低,可以减小自掺杂效应和扩散效应等,近年来得到较多应用。同时,通过在反应气体中增加氢化物杂质可以得到掺入杂质的掺杂外延层。

5. 二氧化硅的化学气相淀积

CVD 氧化硅薄膜在集成电路工艺中非常重要,它不仅可以作为金属化时的介质层,而且还可以作为离子注入或者扩散的掩蔽膜,甚至还可以将掺磷、硼或砷的氧化物用作扩散源。根据反应温度的不同,分别有几种不同的 CVD 方法制备氧化层。主要的化学反应方程式为

$$Si(OC_2H_5)_4 + 9\,O_3 \rightarrow SiO_2 + 5\,CO + 3\,CO_2 + 10\,H_2O \tag{4.5.4}$$

（1）低温 CVD 氧化层

淀积温度一般低于 500℃,这时采用的反应气体为硅烷、掺杂剂和氧气。该反应可以在常温或者低压 CVD 反应炉中进行。利用硅烷和氧化反应的主要优点是温度低,它可以将氧化层淀积在铝金属化层上面作为最后覆盖器件的钝化层与铝金属层之间的绝缘层,利用该方法制备的氧化层的主要缺点是台阶覆盖能力差,而且氧化层中有颗粒状氧化硅。

（2）中等温度淀积

当淀积温度在 500～800℃时通常采用的反应气体为四乙氧基硅烷,英文缩写为 TEOS。采用 TEOS 气体淀积氧化物的均匀性、台阶覆盖特性以及氧化层的质量均比低温淀积的要好,它适合制作接触孔的介质层。通过在反应气体中增加少量的氢化合物掺杂剂可以生长掺杂的氧化层。

（3）高温淀积

高温淀积温度一般在 900℃左右,这时采用的反应气体为二氯甲硅烷和亚氮,该反应一般在低压下进行。利用这种方法淀积的氧化层薄膜非常均匀,它有时用来淀积多晶硅上的绝缘膜。

6. 多晶硅的化学气相淀积

芯片制造中引入的多晶硅主要用来作为 MOS 器件的栅极。多晶硅栅极相比金属铝栅极来说可以使 MOS 器件性能得到很大提高,而且可以实现源漏区自对准的离子注入,使 MOS 集成电路的集成度得到很大提高。

一般用 LPCVD 设备在 600～650℃范围内分解硅烷淀积多晶硅。利用该方法可以得到均匀性很好的多晶硅薄膜,淀积速度为 10～20nm/min。如图 4.5.18 所示。

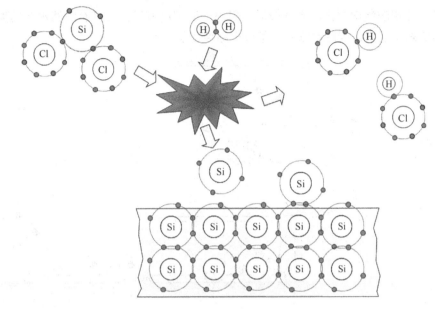

单晶硅的化学气相淀积示意图

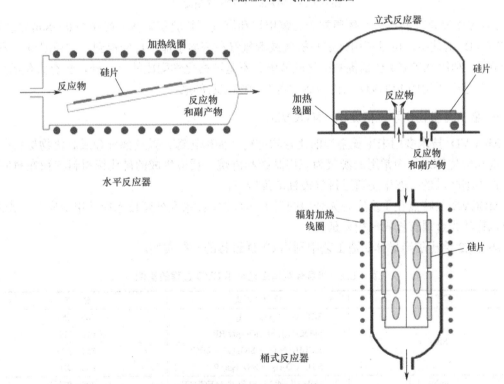

图 4.5.17 外延工艺示意图及外延的反应设备

7. 氮化硅的化学气相淀积

氮化硅薄膜可以采用在中等温度（780℃～820℃）下的 LPCVD 法或者在低温（300℃）下的 PECVD 法淀积。利用 LPCVD 法淀积的氮化硅薄膜具有理想的化学配比，密度较高，由于它的氧化速度很慢，因此可以作为局域氧化的掩蔽阻挡层。利用 PECVD 法淀积的氮化硅薄膜不具有理想的化学配比，密度较低。但由于淀积温度低，又具有阻挡水和钠离子扩散以及很强的抗划伤能力，因此通常用作集成电路钝化层。

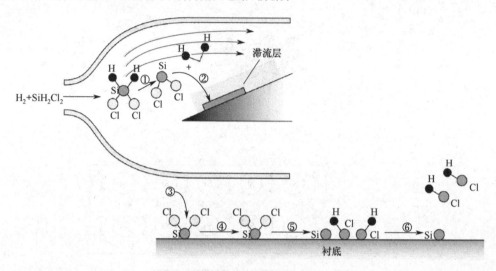

图 4.5.18 多晶硅的化学气相淀积

LPCVD 氮化硅的反应气体通常为二氯甲烷和氨气，其淀积温度一般在 700～800℃之间。在 PECVD 工艺中，可以利用硅烷与氨气或者氮气在等离子体中反应得到，淀积温度一般低于 300℃。利用 PECVD 法制备的氮化硅薄膜并不是严格化学配比的氮化硅，含有大量的氢，半导体工艺中采用的 PECVD 氮化硅通常含有 20%左右的氢。

8. 金属有机物化学气相淀积（MOCVD）

MOCVD 技术多用来生长金属的化合物材料（如砷化镓）以及部分金属氧化物材料。例如，淀积砷化镓过程中常用的源气为三甲基镓和砷烷。反应生成的砷化镓材料淀积在衬底表面，作为副产品的气态甲烷通过排气被抽离反应室。

MOCVD 的特点在于反应源为金属的有机化合物，如果在外延技术中使用金属有机物源，也可以称其为金属有机物气相外延。

表 4.5.2 给出了半导体制造工艺中利用 CVD 过程的一些实例。

表 4.5.2 半导体制造工艺利用 CVD 过程的实例

薄膜层	反应方程式	温度/℃
SiO$_2$	SiH$_4$+O$_2$ → SiO$_2$+2H$_2$	400～450
	Si(OC$_2$H$_5$)$_4$ → SiO$_2$+gas.RP	650～700
	SiCl$_2$H$_2$+N$_2$O → SiO$_2$+2N$_2$+2HCl	850～900
	SiH$_4$+CO$_2$H$_2$ → SiO$_2$+gas.RP	850～950
Si$_3$N$_4$	3SiH$_2$Cl$_2$+4NH$_3$ → Si$_3$N$_4$+6HCl+6H$_2$	700～900
多晶硅	SiH$_4$ → Si+2H$_2$	600～650
钨	2WF$_6$+3Si → 2W+3SiF$_4$	300
	WF$_6$+SiH$_4$ → W+SiF$_4$+2HF+H$_2$	400～450

4.5.3 物理气相淀积

物理气相淀积（PVD）完全不同于化学气相淀积（CVD），它是一种没有化学反应的制膜技术，二者的比较如表 4.5.3 所示。在集成电路工艺中，淀积金属薄膜最常用的方法是蒸发和溅射，这两种方法都属于物理气相淀积技术，少数金属也可以采用 CVD 方法淀积，如 W、Mo 等。

表 4.5.3　PVD 法与 CVD 法的比较

	PVD	CVD
物质源	生成膜物质的蒸气、反应气体	含有生成膜元素的化合物蒸气、反应气体等
激活方法	消耗蒸发热，电离等	提供激活能，高温，化学自由能
制作温度	250～2000℃（蒸发源） 25℃～合适温度（基片）	150～2000℃（基片）
成膜速度	25～250μm/h	25～1500μm/h
用途	装饰，电子材料，光学	材料精制，装饰，表面保护，电子材料
可制作薄膜的材料	所有固体（C、Ta、W 困难）、卤化物和热稳定化合物	碱及碱类以外的金属（Ag、Au 困难），碳化物，氮化物，硼化物，氧化物，硫化物，硒化物，碲化物，金属化合物，合金

1. 蒸发

在真空系统中，金属原子获得足够的能量后便可以脱离金属表面的束缚成为蒸气原子，其在运动过程中遇到晶片就会在晶片上淀积，形成金属薄膜。图 4.5.19 给出了蒸发所用的各种装置示意图。按照能量来源的不同，有灯丝加热蒸发和电子束蒸发两种。

① 电阻加热器。它用难熔金属丝绕制，把铝片悬挂在线圈上，当电流通过钨丝时会发热，使铝获得能量并蒸发。这种方法的优点是设备简单、经济、没有电离辐射，缺点是装载铝片较少。

② 利用射频感应加热。这种方法的淀积速度较高而且也没有电离辐射。但以上两种方法均存在污染问题。

③ 电子束蒸发。热反射灯丝发射的电子束流通过电场加

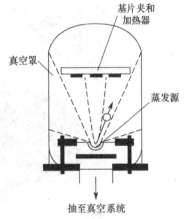

图 4.5.19　蒸发装置示意图

速、磁场偏转轰击到铝料的表面，使表面的铝料熔融蒸发并淀积到硅片上。电子束经偏转后再轰击铝料是为了防止灯丝中的杂质反射到铝料中。采用这种方法淀积的金属膜具有纯度高、钠离子玷污少、淀积速度高、一次装料等优点，而且通过在真空室中设置多个蒸发源，可以淀积不同的薄膜。

2. 溅射

溅射是在真空系统中充入一定的惰性气体，在高压电场的作用下，由于气体放电形成离子，这些离子在强电场作用下被加速，然后轰击靶材料，使其原子逸出并溅射到晶片上，形成金属膜。

采用这种方法可以淀积各种合金和难溶金属薄层。利用磁控溅射所需要的电压比电子束蒸发要小一个数量级，产生的辐射较小。磁场溅射是目前集成电路工艺中广泛采用的形成金属膜的方法。

4.6　接触与互连

所谓接触与互连就是将器件连接成特定的电路结构，其中金属线以及介质的制作可以使得金属线在电学和物理学上均被介质隔离开来。图 4.6.1 为接触与互连在工艺上的实现，其中接触是金属和硅的结合部分，而金属互连是连接不同层的金属连线，在工艺上通过通孔来实现。图 4.6.2 是 IBM 公司开发的芯片铜互连技术的 SEM 照片。

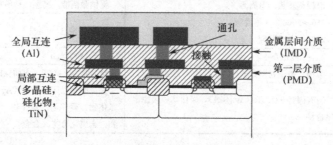

图 4.6.1　接触与互连在工艺上的实现

图 4.6.2　1997 年，IBM 公司开发的芯片铜互连技术的 SEM 照片

欧姆接触是指金属与半导体的接触，而其接触面的电阻值远小于半导体本身的电阻值。器件在工作时，大部分的电压是在活动区，而不是在接触面上。欧姆接触不会产生明显的附加阻抗，而且不会使半导体内部的平衡载流子浓度发生显著改变。

在接触工艺中，最常用的材料是金属铝，即通常所说的铝互连技术，采用的工艺技术是溅射淀积。接触（孔）的形成主要经钛的淀积、退火以及接触孔光刻、刻蚀金属钛形成。可以用来形成互连的导电材料有金属、多晶硅和硅化物，其中金属具有较低的电阻率，多晶硅的电阻率比金属要高，而硅化物的电阻率则介于两者之间。铝互连在信号延时上已经受到限制，人们寻找到了新的材料来满足对电阻的要求，这种材料就是铜。简单地说，铜工艺就是指以铜作为金属互连材料的一系列半导体制造工艺。将铜工艺融入集成电路制造工艺可以提高芯片的集成度，提高器件密度，提高时钟频率，以及降低消耗的能量。现有的铝材料（通常选用掺入少量铜的 AlCu 合金材料）在器件密度进一步提高的情况下还会出现由电子迁移引发的可靠性问题，而在这方面铜比铝有更强的优越性。

4.7　隔　离　技　术

任何一种 IC 工艺集成技术都可以分解为 3 个基本组成部分：器件制作、器件互连以及器件隔离。在决定采用何种工艺之前，必须要保证其可以完成这 3 个方面的全部任务。在 IC 制作过程中，如果两个晶体管或其他器件互相毗邻，它们会因短路而不工作，故必须开发出某种隔离工艺模块，使得每个器件都具有独立于其他器件状态的工作能力。要把晶体管和其他器件合并起来形成电路，则需要采用器件隔离技术和低电阻率的器件互连技术，它们是 IC 技术的两个最基本功能。

IC 中的器件隔离技术主要包括：PN 结隔离、氧化物隔离、局部氧化（LOCOS）隔离、浅槽沟道隔离（STI）以及硅片绝缘体隔离（SOI）。

我们知道，MOSFET 的源、漏是由同种导电类型的半导体材料构成的，且和衬底材料的导电类型不同，所以器件本身就是被 PN 结隔离开的，这种隔离又称自隔离（Self-isolated）。因此我们只要维持源–衬底和漏–衬底之间的 PN 结的反偏，MOSFET 就能维持自隔离。而相邻的晶体管之间只要不存在导电沟道，那么它们之间便不会产生显著电流，因此，MOS IC 中的晶体管之间一般不需要 PN 结隔离，这样可大大提高电路的集成度。MOS IC 中的隔离主要是防止形成寄生的导电沟道，即防止寄生场效应晶体管的开启，为了解决这个问题，一是增加场区氧化层厚度；二是增大氧化层下沟道的掺杂浓度（沟道阻断注入）。因此，MOS IC 中同时使用两种方法进行器件的隔离：一方面使场氧化层厚度为栅氧化层厚度的 7～10 倍，同时用离子注入方法提高场氧化层下硅表面区的杂质浓度。

硅的局部氧化（隔离）技术（LOCOS，Local Oxidation of Silicon）从根本上说是 PN 结隔离技术的副产物，它同时解决了器件隔离和寄生器件的形成两个问题，是亚微米以前的硅 IC 制造的标准工艺。

LOCOS 主要采用选择氧化的方法来制备厚的场氧化层，且工艺上形成厚的场氧化层和高浓度的杂质注入是利用同一次光刻完成的。标准的 LOCOS 工艺的主要步骤为：首先生长一层薄氧化层（垫氧，pad oxide），用 LPCVD 法淀积氮化硅（nitride）；然后进行一次掩模，光刻/刻蚀形成氮化硅图形，去胶；离子注入（场注，boron）；紧接着，采用湿法氧化形成局部氧化层；最后，去除氮化硅和二氧化硅衬底。工艺实现如图 4.7.1 所示。

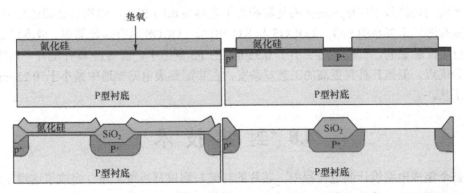

图 4.7.1　LOCOS 工艺主要步骤

　　LOCOS 采用选择氧化方法来制备厚的场氧化层，形成的厚氧化层是半埋入方式（部分凹入）的，因此可减小在材料表面上形成的台阶高度，进而达到减缓表面台阶的作用，同时 LOCOS 还具有提高场区阈值电压和减小表面漏电流的作用。

　　直到 20 世纪 80 年代，人们发现，无论是哪种 LOCOS 技术，都不适合于晶体管密度远超过 $10^7 cm^{-2}$ 的集成电路。也就是说，由于器件特征尺寸的缩小，限制隔离距离的最终因素不再是表面反型或简单的穿通现象，而是一种称为漏感应势垒降低的穿通效应（即最小隔离距离的值是由一个 N^+P 结边缘到另一个 N^+P 结边缘的距离）。于是，为了解决这个问题，浅槽沟道隔离（STI）技术应运而生。

　　所谓浅槽沟道隔离是指刻蚀掉部分衬底形成沟槽（槽刻蚀），再在其中回填上介电质（回填）作为相邻器件之间的绝缘体的一种器件隔离方法。该方法又分为浅槽隔离和深槽隔离。在这种结构中，元器件之间用刻蚀的浅沟槽隔开，再在浅沟槽中填入介电质。在侧壁氧化和填入介电质后，用化学机械抛光（Chemical mechanical polishing，CMP）方法使晶圆表面平坦化。图 4.7.2 所示是浅槽沟道隔离（STI）的主要工艺步骤，首先是淀积氮化物、氧化物，刻蚀氮化物、氧化物和硅，去光刻胶；然后用 HDP CVD 进行氧化物填充；最后用 CMP 法进行沟槽氧化物抛光，去除氮化硅。

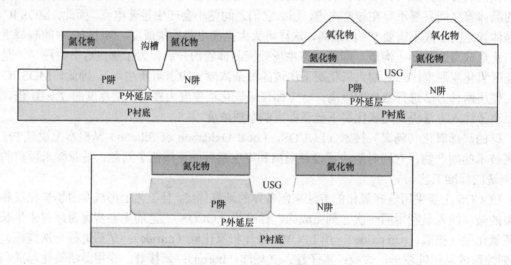

图 4.7.2　STI 主要工艺步骤

　　浅槽沟道隔离技术中填入场区的是淀积而不是热生长的 SiO_2。淀积后必须进行平坦化工艺来去除有源区上多余的 SiO_2。LOCOS 与 STI 相比，LOCOS 具有实现简单、成本低等特点，且是经过生产验证的，一般多用于小于 0.35mm 的 IC 制造中。而 STI 具有没有"鸟嘴"、表面光滑等优点，但是其具有更高的工艺复杂度，在实际集成电路制造中是小于 0.25mm 的标准隔离工艺。

4.8　封 装 技 术

　　在整个集成电路设计制造流程中，芯片的封装与测试是后道工序，完成了这道工序后，集成电路就可以进入系统应用了。集成电路的封装技术就是采用一定的材料以一定的形式将集成电路芯片封装起来。该技术主要包括晶片减薄、划片、芯片粘接、键合、封装等工艺。

而封装的主体（即管壳）最常用的材料是陶瓷和高分子聚合物（塑料）。

封装对 IC 的工作和性能起着极为重要的作用：一是提供信号及电源线进出硅芯片的界面；二是为芯片提供机械支持，并可散去由电路产生的热能；三是保护芯片免受如潮湿等外界环境条件的影响。对芯片封装要求引线应当具有较低的电阻、电容和电感。同时，我们希望其散热率应当越高越好，并且其机械特性，即机械可靠性和长期可靠性也是封装时必须要考虑的因素，当然我们希望其可靠性越强、越持久越好。

芯片的封装种类很多，按封装材料可以分为金属封装、陶瓷封装和塑料封装。金属封装主要用于军工或航天技术，一般无商业化产品。陶瓷封装优于金属封装，也多用于军事产品，只占有少量商业化市场。而塑料封装因为其成本低、工艺简单、可靠性高而用于消费电子产品，占有绝大部分的市场份额。按和 PCB 的连接方式划分又可分为 PTH（Pin Through Hole，通孔式）封装和 SMT（Surface Mount Technology，表面贴装式）封装，如图 4.8.1 所示，目前市面上大部分 IC 都是采用 SMT 封装的。而按封装外型又可分为 SOT、QFN、SOIC、TSSOP、QFP、BGA 以及 CSP 封装等。

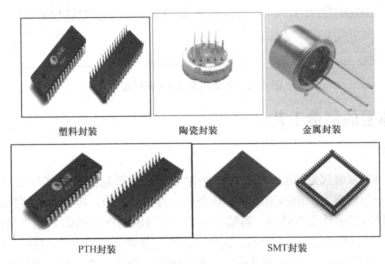

图 4.8.1　芯片的封装种类

为解决单一芯片集成度低和功能不够完善的问题，把多个高集成度、高性能、高可靠性的芯片在高密度多层互连基板上用 SMT 组成多种多样的电子模块系统，从而出现 MCM（Multi Chip Model）多芯片模块系统。MCM 具有以下特点：①封装延迟时间缩短，模块易于实现；②延时短，传输速度提高；③体积小，重量轻；④可靠性高；⑤高性能和多功能化。因此成为一种主要的封装技术。

4.9　主要器件和工艺流程示例

4.9.1　PN 结

合金法是将材料铟放在 N 型的锗单晶片上，加热到一定的温度形成铟锗共熔体，然后在降温的过程中，锗便从共熔体中析出并沿着锗的晶向再结晶。在再结晶的锗区中含有大量的 P 型杂质铟形成 P 区，如图 4.9.1 所示。合金法形成的 PN 结的特点是：在 P 区和 N 区杂质浓度都是均匀分布的。在交界面处，杂质浓度是突变的，通常称为突变结。如果突变结一侧的杂质浓度远大于另一侧，则这种结称为单边突变结。

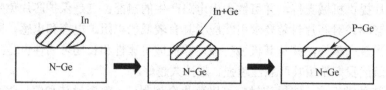

图 4.9.1　合金法制造 PN 结的过程

扩散法是用扩散工艺形成 PN 结，如图 4.9.2 所示。由于扩散工艺的特点决定了形成的 PN 结两侧的杂质浓度是逐渐变化的，通常称为缓变结。如果缓变结的杂质浓度呈线性分布，即杂质浓度梯度为常数，则这种结称为线性缓变结。如果交界处的浓度梯度很大，这时扩散结可以用突变结来近似。

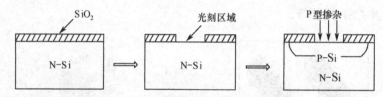

图 4.9.2　扩散法制造 PN 结的过程

4.9.2　晶体管的制造工艺

1. 合金管

合金管是早期发展起来的晶体管。如锗 PNP 合金晶体管是在 N 型锗片上，一边放受主杂质铟镓球，另一边放铟球，加热形成液态合金后，再慢慢冷却。冷却时，锗在铟中的溶解度降低，析出的锗将在晶片上再结晶。再结晶区中含大量的铟镓而形成 P 型半导体，从而形成 PNP 结构，其管芯结构如图 4.9.3 所示。这种合金管的杂质分布特点是：各区杂质浓度均匀分布，两个 PN 结是突变结，基区浓度最低且宽度较宽。因此决定了合金管的缺点是直流特性和频率特性较差。

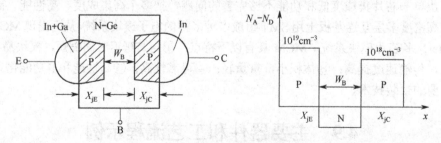

图 4.9.3　PNP 合金管管芯结构

2. 扩散管

采用平面工艺制造的平面晶体管是在台面晶体管基础上发展起来的，其主要过程是：在 N 型硅片上生长一层二氧化硅，光刻出基区，进行硼扩散，形成 P 型基区；然后在 P 区上光刻发射区，进行高浓度的磷扩散，形成 N 型发射区，并用铝蒸发工艺制出基极与发射极的引出电极，从 N 型基片引出集电极，其管芯结构如图 4.9.4 所示。这种扩散管的杂质分布特点是：发射区和基区的杂质浓度非均匀分布，两个 PN 结是缓变结，发射区浓度最高，集电区浓度最低，基区宽度较窄。因此也决定了平面管相对于合金管具有一些优点，即直流特性和频率特性较好。

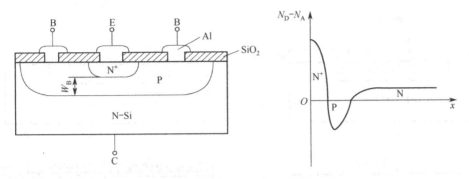

图 4.9.4　平面晶体管管芯结构图

综上所述，合金管和平面管主要是工艺方法不同，造成了基区的杂质浓度分布不同。合金管的基区杂质均匀分布，不存在自建电场，载流子只做扩散运动，因此合金管也叫扩散管。平面管的基区杂质是缓变分布，存在自建电场，载流子除了做扩散运动外还做漂移运动，因此平面管也叫漂移管。

4.9.3　双极型集成电路的工艺流程

由于双极型集成电路中的基本单元是 NPN 晶体管。双极型集成电路工艺主要是围绕 NPN 晶体管结构而设计的。双极型集成电路中的其他元器件，如 PNP 晶体管、二极管、电阻等基本是在制造 NPN 晶体管的过程中同时形成的。因此本节首先以单个分立器件 NPN 晶体管为例，介绍平面工艺的基本原理。在此基础上，就很容易理解双极型集成电路了。

图 4.9.5 所示是采用场氧化层隔离技术制作的 NPN 晶体管的截面图。

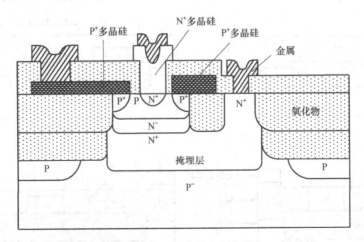

图 4.9.5　采用场氧化层隔离技术制作的 NPN 晶体管

典型场氧化隔离工艺和主要流程如图 4.9.6 所示。

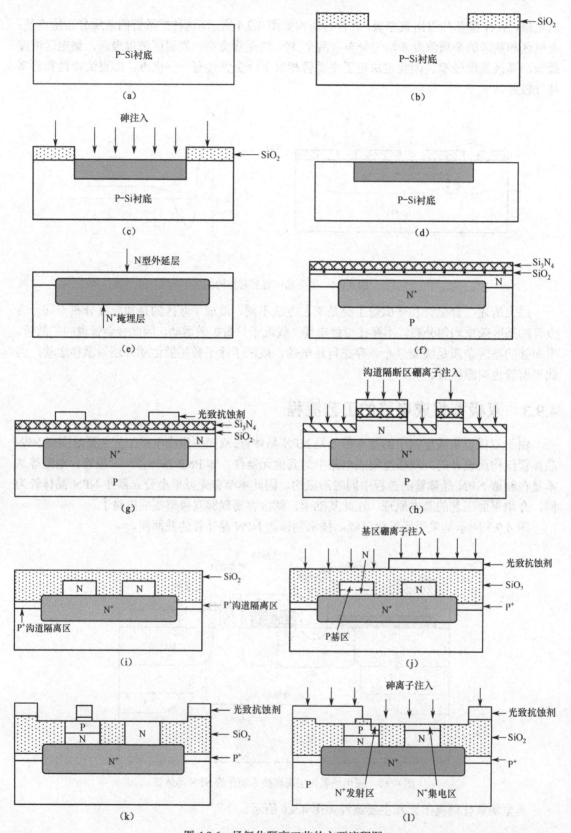

图 4.9.6　场氧化隔离工艺的主要流程图

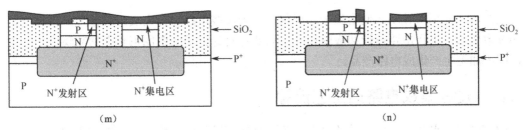

图 4.9.6　场氧化隔离工艺的主要流程图（续）

① 材料选取：通常选用 P 型轻掺杂硅片。见图 4.9.6（a）。

② 初始氧化。

③ 光刻出埋层区域：利用反应离子刻蚀技术将光刻窗口中的氧化层刻蚀掉，并去掉光刻胶。见图 4.9.6（b）。

④ 进行大量砷离子注入并退火，形成 N 埋层。主要作用是减小集电极的电阻。见图 4.9.6（c）。

⑤ 利用氢氟酸腐蚀掉硅片表面的氧化层。见图 4.9.6（d）。

⑥ 将硅片放入外延炉中生长 N 型外延层，外延层的厚度与掺杂浓度一般由器件的具体用途决定。见图 4.9.6（e）。

⑦ 生长一层薄氧化层，淀积一层氮化硅。见图 4.9.6（f）。

⑧ 光刻（场区隔离）：利用反应离子技术将光刻窗口中的氮化硅层和氧化层以及一般的外延层刻蚀掉，去掉一半的硅层是为了使场氧化层的表面和外延硅层表面基本保持水平。见图 4.9.6（g）。

⑨ 注入硼离子。见图 4.9.6（h）。

⑩ 去掉光刻胶并放入氧化炉中氧化，形成场氧化层隔离区，去掉氮化硅层。见图 4.9.6（i）。

⑪ 光刻（基区）：利用光刻胶将收集区遮挡住，暴露出基区。

⑫ 基区硼离子注入。见图 4.9.6（j）。

⑬ 光刻出接触孔。

⑭ 大剂量硼离子注入。

⑮ 刻蚀掉接触孔中的氧化层，形成接触孔。见图 4.9.6（k）。

⑯ 光刻（反射区）：利用光刻胶将基区接触孔保护起来，暴露出发射极和集电极接触孔。

⑰ 进行低能量高剂量的砷离子注入，形成发射区和集电区。见图 4.9.6（l）。

⑱ 金属化：淀积金属，一般是铝和硅合金等。见图 4.9.6（m）。

⑲ 光刻（连线）：形成金属互连线。见图 4.9.6（n）。

⑳ 合金：使铝和接触孔中的硅形成良好的欧姆接触。一般在 450℃的氮气和氢气气氛下处理 20～30min。

㉑ 淀积：在低温条件下淀积氮化硅。

㉒ 光刻：光刻钝化层。

㉓ 刻蚀：刻蚀氮化硅，形成钝化图形。

㉔ 成品测试：按产品出厂要求对器件进行全面测试，将合格产品按特性分类、打印、包装、入库。

上面介绍的是最基本的典型 PN 结隔离双极型集成电路平面工艺流程。有的集成电路生产中还要增加光刻次数及其他附加工序步骤。作为集成电路设计人员，其任务是根据电路功能和参数要求，进行电路设计和版图设计。只要将设计好的版图图形数据送交集成电路生产线，即可加工生产集成电路产品。

4.9.4　MOS 集成电路的工艺流程

CMOS 是当前集成电路工艺的主导工艺，目前可以采用多种技术制作 CMOS 集成电路。CMOS 工艺的基本流程包括的主要步骤中，每一步均包括多道程序。例如，生成 N 阱包括氧化、光刻和掺杂 3 道主要工序。此外每道工序涉及多个操作，如光刻涉及涂胶、前烘、曝光、坚膜、腐蚀和去胶等操作。本节以 N 阱硅栅 CMOS 集成电路为例介绍 CMOS 工艺流程，如图 4.9.7 所示。

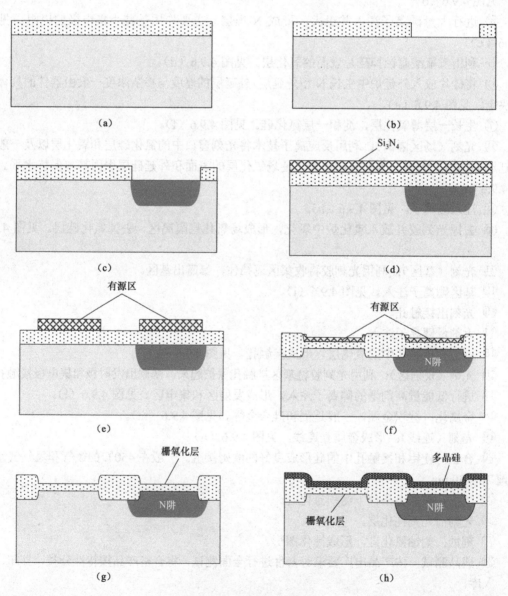

图 4.9.7　CMOS 工艺流程

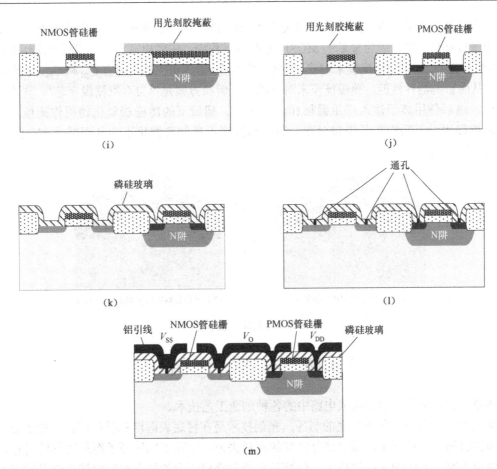

图 4.9.7 CMOS 工艺流程（续）

① 选择硅衬底，清洗并初始氧化。见图 4.9.7（a）。

② 一次光刻，刻出 N 阱区域。见图 4.9.7（b）。

③ 一次扩散或离子注入，形成 N 阱。见图 4.9.7（c）。

④ 去除 SiO_2，长薄氧，并淀积一层 Si_3N_4。见图 4.9.7（d）。

⑤ 二次光刻，刻出有源区。见图 4.9.7（e）。

⑥ 场区进行离子注入，随后进行氧化，形成较厚氧化层作为掩蔽层。见图 4.9.7（f）。

⑦ 栅氧化，场区注入，调整开启电压。见图 4.9.7（g）。

⑧ 多晶硅淀积。见图 4.9.7（h）。

⑨ 三次光刻，刻出 N 沟道 MOSFET 硅栅，并用磷离子注入形成 N 沟道 MOSFET 的源、漏区。见图 4.9.7（i）。

⑩ 四次光刻，刻出 P 沟道 MOSFET 硅栅，并用硼离子注入及推进，形成 P 沟道 MOSFET 的源、漏区。见图 4.9.7（j）。

⑪ 淀积磷硅玻璃。见图 4.9.7（k）。

⑫ 五次光刻，刻出引线孔，磷硅玻璃淀积回流。见图 4.9.7（l）。

⑬ 蒸铝，六次光刻，反刻出铝引线。见图 4.9.7（m）。

⑭ 七次光刻，刻出钝化孔，形成钝化图形。

⑮ 测试，封装，完成集成电路的制造。

在半导体工业的早期，金属铝通常被用作 MOSFET 的首选栅极材料，但是后来，多晶硅被选为栅极材料。这是因为早期的 MOSFET 制造过程中，先做出源漏区，然后形成铝金属栅极，这种工艺中，如果栅极掩模未对准，则会产生重叠，造成寄生输入电容 C_{gd} 和 C_{gs}，如图 4.9.8 所示，从而影响器件性能。栅极掩模未对准的一个解决方案是"自对准栅极工艺"。先产生栅极区域，然后使用离子注入产生漏极和源极区域。栅极下的薄栅极氧化物用作掩模，该过程使得栅极相对于源极和漏极自对准，源极和漏极不延伸到栅极下，从而减小 C_{gd} 和 C_{gs}，如图 4.9.8 所示。

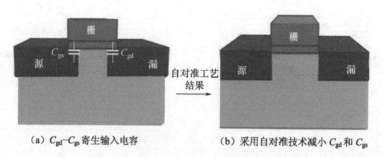

（a）C_{gd}–C_{gs} 寄生输入电容　　　　　　（b）采用自对准技术减小 C_{gd} 和 C_{gs}

图 4.9.8　自对准工艺示意图

4.10　本章小结

本章主要介绍了半导体集成电路中的各种制造工艺技术。

单晶生长技术用于各种衬底的制备。光刻技术是在衬底表面淀积材料层后，把需要的部分区域的材料层保留下来，而将部分区域的材料去掉，实现不同区域的图形转移的过程，光刻是集成电路工艺中的关键性技术。刻蚀是把光刻掩模版上的图形精确地转移到晶圆表面，用于对硅基底等其他材料的去除，主要有湿法和干法两种刻蚀技术。半导体材料对掺杂十分敏感，因此扩散和离子注入就是两种常用的掺杂技术，可以严格控制杂质的浓度和分布，因此，对器件的击穿电压、电流增益、漏电流等电学参数都具有决定性的作用。而氧化、化学气相淀积和物理气相淀积都属于制膜技术，可以制作金属与非金属薄膜、多组分的合金薄膜等，应用场合非常广泛。

本章最后给出了各种实例，用于说明各种工艺技术在集成电路制造过程中的应用。

思　考　题

1. 简述生产硅单晶的两种工艺方法。
2. 拉晶法生产硅棒的过程中有哪些注意事项？
3. 切片后的硅片为什么要进行抛光？
4. 研磨和抛光的主要区别是什么？抛光有哪两种方法？各有什么特点？
5. 影响光刻精度的主要因素有哪些？
6. 光刻过程中，为什么要进行前烘和后烘？
7. 结合自己的理解，说明你会如何选择光刻工艺中的曝光光源。
8. 在掺杂和离子注入这两种扩散工艺中，哪一种扩散方式更适合形成深结？
9. 相对于掺杂工艺，离子注入法更适用于哪些场合？

10. 离子注入工艺技术有哪些优点？需要注意的因素是什么？如何消除这些不利因素？

11. 干法氧化和湿法氧化分别适用于哪些场合？

12. 热氧化的工艺方法中，哪种热氧化法可以较快地形成二氧化硅薄膜？哪种热氧化法可以形成质量较好的二氧化硅薄膜？

13. 在化学气相淀积中，影响淀积薄膜质量的因素有哪些？

14. 全面总结隔离的主要作用。

15. 总结 N^+ 埋层双极工艺和 N 阱 CMOS 工艺的工艺流程，并总结各自掩模版的作用。

16. 设计制备 NMOSFET 的工艺，并画出流程图。

第 5 章　集成电路基础

关键词
- 集成电路（IC）
- 数字集成电路
- 双极型和 BiCMOS 集成电路
- 模拟集成电路
- 集成电路版图
- EDA 工具
- 按比例缩小理论
- 集成电路设计方法学

5.1　集成电路概述

集成电路（IC，Integrated Circuit），或称微电路（microcircuit）、微芯片（microchip）、芯片（chip），是指通过一系列特定的加工工艺，将晶体管、二极管等有源器件和电阻、电容等无源器件，按照一定的电路互连，"集成"在一块半导体单晶片上，封装在一个外壳内，执行特定电路或系统功能。

自世界上第一块集成电路问世以来，微电子技术便以异常迅猛的速度向前发展。小规模、中规模到大规模集成电路的发展用了不到 10 年，而大规模到超大规模集成电路的发展也用了不到 10 年，现在已发展到巨型规模的集成电路。

目前集成电路技术的发展已日臻完善，集成电路芯片的应用也渗透到国民经济的各个部门和科学技术的各个领域中，因而对当代经济发展和科技进步产生了不可估量的作用，特别是对计算机科学的发展起到了更加重要的作用。集成电路技术发展的一个显著特点是集成度不断提高，因而给电子系统带来了功能多、可靠性高、速度快、功耗低、寿命长和成本低等诸多优点，从而极大地推进了整个电子技术的革新和普及，并使它渗透到国民经济的各个部门、科学技术的各个领域以及家用电器和日常生活的各个方面。

5.1.1　集成电路的性能指标

集成电路主要有以下 4 项性能指标。

（1）集成度

单个芯片所集成的逻辑门（或晶体管）的数量。

（2）功耗延迟积

电路的延迟时间与功耗的乘积，是衡量集成电路性能的重要参数之一。其值越小，电路性能越好。

（3）特征尺寸

通常指集成电路中半导体器件的最小尺寸，MOSFET 的最小沟道长度、双极型晶体管的最小基区宽度等。它是衡量集成电路加工和设计水平的重要参数，其值越小，集成度往往越高。

（4）可靠性

所谓可靠性是指半导体集成电路在一定的工作条件下（指一定的温度、湿度、机械振动、电压等）在一定时间内能完成规定作用的概率，通常用失效率来量度。失效率的单位是菲特（Fit），1 Fit 表示 10 亿个产品在 1 小时内只允许有一个产品失效，或者说在 1 千小时内只允许有百万分之一的失效率。

5.1.2　集成电路的组成要素

（1）有源器件

如果电子元器件工作时其内部有电源存在，则这种器件叫作有源器件。这是一种电子元件，需要能量的来源而实现其特定的功能。有源器件自身消耗电能，除了输入信号外，还必须要有外加电源才可以正常工作。常见的有源器件有电子管、晶体管和集成电路等。

（2）无源器件

无源器件主要包括电阻、电容、电感、转换器、渐变器、匹配网络、谐振器、混频器和开关等。在不需要外加电源的条件下，就可以显示其特性的电子元件。无源元件主要是电阻类、电感类和电容类器件，它们的共同特点是在电路中无须加电源即可在有信号时工作。

（3）隔离区

集成电路是由许多元器件组成的，并且是制作在同一块硅片上的，所以在有些元器件之间必须隔离开来，才能保证电路正常工作。隔离要完全，即不能有大的漏电流。一般采取的隔离技术有 PN 结隔离、介质隔离、刻槽隔离等。集成电路中采用隔离技术的原因是：集成电路中的元件都是在一块硅衬底上做的，而且距离非常近，只有几微米，如果不隔离，就会造成元件之间性能的相互干扰。隔离的原理主要是利用了反向 PN 结的势垒来阻碍电荷的运动。

（4）互连线

随着集成度的增加，互连线所占面积已经成为决定芯片面积的主要因素，互连线导致的延迟已经能够和器件门延迟相比较。互连系统已经成为限制集成电路技术发展的重要因素，单层金属互连已经无法满足需要，必须使用多层金属互连技术。首先，使用多层金属互连技术可以使集成密度增加，提高集成度；其次，使用多层金属互连可以降低互连线导致的延迟时间。

（5）钝化保护层

表面钝化工艺就是在半导体器件表面覆盖保护介质膜，以防止表面污染的工艺。1959 年，美国人 M. M. 阿塔拉研究了硅器件表面暴露在大气中的不稳定性问题，提出热生长二氧化硅（SiO_2）膜具有良好的表面钝化效果。此后，二氧化硅膜得到广泛应用。20 世纪 60 年代中期，人们发现二氧化硅膜不能完全阻挡有害杂质（如钠离子）向硅（Si）表面的扩散，严重影响 MOS 器件的稳定性。以后人们研究出多种表面钝化膜生长工艺，其中以磷硅玻璃 （PSG）、低温淀积二氧化硅、化学气相淀积氮化硅（Si_3N_4）、三氧化二铝（Al_2O_3）和聚酰亚胺等最为适用。

（6）寄生效应

理想状态下，导线是没有电阻、电容和电感的。而在实际中，导线用到了金属铜，它有一定的电阻率。两条平行的导线，如果互相之间有电压差异，就相当于形成了一个平行板电容器。通电的导线周围会形成磁场（特别是电流变化时），磁场会产生感生电场，会对电子的移动产生影响，可以说每条实际的导线（包括元器件的管脚）都会产生感生电动势，这也就是寄生电感。在交流特别是高频交流条件下，寄生效应的影响就非常巨大了。

5.1.3　集成电路的分类

集成电路应用范围广泛，门类繁多，其分类方法也多种多样。如果按器件的结构分类，可分为双极型（Bipolar）集成电路、MOS 集成电路和 BiMOS 集成电路。

双极型集成电路是半导体集成电路中最早出现的电路形式。1958 年诞生的世界上第一块集成电路就是双极型的。双极型集成电路的优点是速度快，驱动能力强；缺点是功耗较大，集成度相对较低。MOS 集成电路中采用场效应管作为有源器件。与双极型集成电路相比，MOS 集成电路的主要优点是功耗小、集成度高、输入阻抗高、抗干扰能力强。因此，进入超大规模集成电路时代后，MOS 集成电路，特别是 CMOS 集成电路成为集成电路的主流。芯片上同时包含双极型晶体管和 MOS 晶体管两种有源器件。BiMOS 集成电路综合了双极型和MOS 集成电路的优点，但其制造工艺比较复杂，成本较高。

集成电路如果按电路功能分类，可分为数字集成电路、模拟集成电路和数模混合集成电路。如果按电路规模分类，可分为小规模集成（SSI，Small-Scale Integration）电路、中规模集成（MSI，Medium-Scale Integration）电路、大规模集成（LSI，Large-Scale Integration）电路、超大规模集成（VLSI，Very Large-Scale Integration）电路、特大规模集成（ULSI，Ultra Large-Scale Integration）电路和巨大规模集成（GSI，Giga-Scale Integration）电路。各阶段的集成度见表 5.1.1。

表 5.1.1　集成度级别

集 成 规 模	元件/芯片	集 成 规 模	元件/芯片
小规模	$10\sim10^2$	超大规模	$10^6\sim10^7$
中规模	$10^2\sim10^3$	特大规模	$10^7\sim10^9$
大规模	$10^3\sim10^5$	巨大规模	$>10^9$

数字集成电路是处理数字信号的集成电路，即采用二进制方式进行数字计算和逻辑函数运算的一类集成电路。由于这些电路都具有某种特定的逻辑功能，因此也称为逻辑电路。例如，各种门电路、触发器、计数器、存储器等。模拟集成电路是指对模拟信号（即连续变化的信号）进行放大、转换、调制运算等处理的一类集成电路。由于早期的模拟集成电路主要是用于线性放大的电路，因此当时又称为线性集成电路。但目前许多模拟集成电路已用于非线性情况。常见的模拟集成电路有各种运算放大器、集成稳压电源、各种模数（A/D）和数模（D/A）转换电路等。数模混合集成电路是指在一个芯片上同时包含数字电路和模拟电路的集成电路。

5.1.4　集成电路的发展

集成电路产业的发展是市场牵引和技术推动的结果。集成电路根本的生命力在于它可以大批量、低成本和高可靠地生产。

为了不断提高集成电路和集成系统的性能及性能价格比，人们不断缩小半导体器件的特征尺寸。这是由于随着器件结构尺寸的缩小，会使工作速度提高、功耗降低；同时，可以把更多的元器件做在同一个芯片上，从而提高集成度，降低单元功能的平均价格。目前，集成电路特征尺寸在 10nm 以下。此外，随着集成电路规模的扩大，硅晶圆片的尺寸会越来越大。目前直径为 12 英寸的晶圆已经用于巨大规模集成电路的生产。

5.2　数字集成电路

本节将讨论数字 CMOS 逻辑电路，CMOS 是最流行的数字系统的实现技术，其体积小、易于制作以及 MOSFET 功耗小的特点使得它能够被制成集成度极高的逻辑和存储芯片。

在目前的几种主流制造工艺（CMOS、双极型、BiCMOS、GaAs）中，CMOS 是数字逻辑设计中占主导地位的集成电路工艺。如前所述，CMOS 已经取代了早期的 VLSI 电路设计使用的 NMOS 工艺（20 世纪 70 年代），其最主要的原因是 CMOS 电路的功耗极低。CMOS 取代双极型工艺从而成为数字系统的必然选择，它所能达到的集成度（集成电路封装密度）以及一些应用是双极型工艺无法实现的。此外，CMOS 还在继续发展，而双极型数字电路工艺已经没有多少创新了。

下面列出了在数字系统中用 CMOS 取代双极型工艺的几个原因：

① CMOS 逻辑电路比双极型逻辑电路消耗的能量要少得多，因此与双极型工艺相比，能够在一个芯片里集成更多的 CMOS 电路。

② MOS 晶体管的高输入阻抗使得设计者能够在逻辑和存储电路中利用存储电荷的方法存放临时信息，而在双极型工艺中不能使用这种技术。

③ MOS 晶体管的特征尺寸（即最小沟道长度）近年来大大减小，这就允许采用非常紧凑的电路封装，同时也意味着具有非常高的集成度。

5.2.1　数字逻辑简介

1. 基本逻辑量

数字逻辑中的基本逻辑量包括逻辑常量与逻辑变量。逻辑常量只有两个，即 0 和 1。此处的 0 和 1 不代表大小，只用来表示两个对立的逻辑状态。逻辑变量与普通代数一样，也可以用字母、符号、数字及其组合来表示，但它们之间有着本质区别，因为逻辑常量的取值只有两个，即 0 和 1，而没有其他值。

2. 基本逻辑运算

逻辑代数是研究逻辑函数运算和化简的一种数学系统，其中逻辑函数是由逻辑变量和逻辑常量通过运算符连接起来的代数式。与一般的数学函数类似，逻辑函数也可以用表格和图形的形式表示。逻辑函数的运算和化简是数字电路课程的基础，也是数字电路分析和设计的关键。在逻辑代数中，有与、或和非 3 种基本逻辑运算，而表示逻辑运算的方法有多种，如语句描述、逻辑代数式、真值表和卡诺图等。

（1）非运算

发生某事件的条件是该事件成立的反，即该条件成立时，事件不发生；而条件不成立时，该事件反而发生。这样的逻辑关系称为非逻辑，非逻辑运算简称非运算。

逻辑表达式：

$$F = \overline{A} \tag{5.2.1}$$

其真值表如表 5.2.1 所示。

（2）与运算

如果决定某一事件的所有条件都成立，这个事件就会发生，否则就不会发生。这样的逻辑关系称为与逻辑，与逻辑运算简称与运算。

表 5.2.1　非运算真值表

A	$\overline{A}$
0	1
1	0

逻辑表达式：

$$F=AB \tag{5.2.2}$$

其真值表如表 5.2.2 所示。

（3）或运算

如果决定某一事件的条件中有一个或一个以上成立，这个事件就会发生，否则就不会发生。这样的逻辑关系称为或逻辑，或逻辑运算简称或运算。

或运算逻辑表达式：

$$F=A+B \tag{5.2.3}$$

其真值表如表 5.2.2 所示。

表 5.2.2　与运算和或运算的真值表

A	B	AB	$A+B$	A	B	AB	$A+B$
0	0	0	0	1	0	0	1
0	1	0	1	1	1	1	1

（4）复合逻辑运算

与非运算是与运算和非运算组成的复合运算，即先进行与运算，再把与运算的结果进行非运算。

其逻辑表达式为：

$$F=\overline{AB} \tag{5.2.4}$$

或非运算是或运算和非运算组成的复合运算，即先进行或运算，再把或运算的结果进行非运算。

其逻辑表达式为：

$$F=\overline{A+B} \tag{5.2.5}$$

异或逻辑是只有两个输入逻辑变量的函数。当两个输入逻辑变量取值相异时，输出逻辑函数值为 1；当两个输入逻辑变量取值相同时，输出逻辑函数值为 0。这种逻辑关系称为异或逻辑，异或逻辑运算简称异或运算。

其逻辑表达式为：

$$F=A \oplus B=A\overline{B}+\overline{A}B \tag{5.2.6}$$

同或逻辑也是只有两个输入逻辑变量的函数。与异或逻辑相反，当两个输入逻辑变量取值相同时，输出逻辑函数值为 1；当两个输入逻辑变量取值相异时，输出逻辑函数值为 0。这种逻辑关系称为同或逻辑，同或逻辑运算简称同或运算。

其逻辑表达式为：

$$F=A \odot B=AB+\overline{A}\,\overline{B} \tag{5.2.7}$$

复合逻辑运算的真值表如表 5.2.3 所示。

表 5.2.3　复合逻辑运算的真值表

A	B	$\overline{AB}$	$\overline{A+B}$	$A \oplus B$	$A \odot B$
0	0	1	1	0	1
0	1	1	0	1	0
1	0	1	0	1	0
1	1	0	0	0	1

5.2.2　CMOS 反相器性能指标

反相器电路是数字电路中最简单且最常用的电路。在数字电路中，反相器电路主要包括电阻负载反相器、NMOS 负载反相器、伪 NMOS 负载反相器和 CMOS 反相器。在这些反相器中，CMOS 反相器的静态功耗最小，噪声容限最大，使用最多，因此本节主要介绍 CMOS 反相器。

CMOS 反相器的电路符号和电路图如图 5.2.1 所示，其中 V_{DD} 是 CMOS 晶体管的电源电压。CMOS 反相器由一个 NMOS 晶体管和一个 PMOS 晶体管组成。两个管子的栅极连在一起作为输入端，接输入信号 V_{in}；两个管子的漏极连在一起作为输出端，接输出信号 V_{out}。

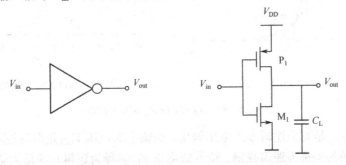

图 5.2.1　CMOS 反相器的电路符号和电路图

当反相器的输入为高电平时（即 $V_{in}=V_{DD}$），NMOS 晶体管导通，PMOS 晶体管截止，PMOS 晶体管相当于一个断开的开关，NMOS 晶体管相当于一个电阻，使得输出为低电平，即 $V_{out}=0\ V$，如图 5.2.2（a）所示。当输入为低电平时，即 $V_{in}=0\ V$，PMOS 晶体管导通，NMOS 晶体管截止，NMOS 晶体管相当于一个断开的开关，PMOS 晶体管相当于一个电阻，使得输出为高电平 V_{DD}，如图 5.2.2（b）所示。CMOS 反相器的逻辑表达式为

$$V_{out} = \overline{V}_{in} \tag{5.2.8}$$

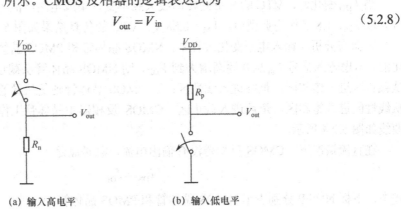

（a）输入高电平　　　　（b）输入低电平

图 5.2.2　CMOS 反相器的开关特性

从以上分析可看出，不论输出电平是高还是低，CMOS 反相器中始终只有一个 MOS 晶体管导通，因此电流很小，静态功耗很低，这是 CMOS 电路的最大优点。

1.电压传输特性

CMOS 反相器的电 523 压传输特性（VTC，Voltage Transfer Curve）描述了其稳态输出电压与输入电压的关系。一般可通过 5 个关键电压 V_{OL}、V_{OH}、V_{IL}、V_{IH} 和 V_M 反映 CMOS 反相器的电压传输特性，如图 5.2.3（a）所示。

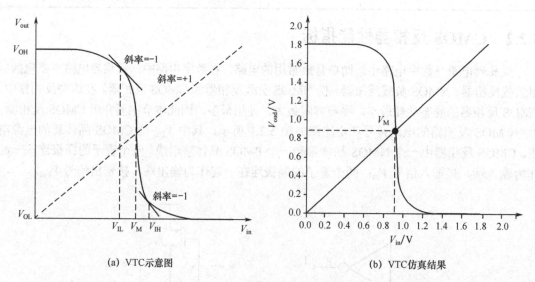

(a) VTC示意图　　　　　　　　　　　(b) VTC仿真结果

图 5.2.3　CMOS 反相器的电压传输特性

输出低电压 V_{OL} 是对应逻辑 0 的电压输出，而输出高电压 V_{OH} 是对应逻辑 1 的电压输出，两个输出电平之间的差称为逻辑摆幅。输入低电压 V_{IL} 解释为逻辑 0 的最大输入电压，而输入高电压 V_{IH} 解释为逻辑 1 的最小输入电压。当输入电压处于 V_{IL} 和 V_{IH} 之间时会引入较大的导通电流，因此输入电压值应尽量避免落在 V_{IL} 和 V_{IH} 之间。根据定义，V_{IL} 和 V_{IH} 代表 VTC 增益（$A_V = dV_{out}/dV_{in}$）等于 −1 的输入电压。VTC 上另一个重要的特征点是门阈值电压或开关阈值电压 V_M（注意，不要把它与晶体管的阈值电压混淆），它的定义是 $V_{in}=V_{out}$ 的直线与 VTC 曲线相交处的输入电压。

当 V_{DD} 变化时，VTC 的 S 形翻转曲线大致不变，集成电路产品的 V_{DD} 从 0.8 V 到 5 V 不等。取 $V_{DD}=1.8$ V 作为典型值，$V_M \approx 0.88$ V，VTC 的仿真结果如图 5.2.3（b）所示。

下面来分析在输入电平变化过程中，NMOS 晶体管和 PMOS 晶体管的工作状态是如何变化的。考虑输入信号 V_{in} 从 0 逐渐增大到 V_{DD}，则 NMOS 晶体管从截止态变到导通态，首先它从截止区进入饱和区，最终进入线性区；而 PMOS 晶体管则是从导通态变到截止态，首先它从线性区进入饱和区，最后进入截止区。CMOS 反相器中晶体管工作状态随输入电平的变化曲线如图 5.2.4 所示。

在直流情况下，CMOS 反相器没有输出电流，总是满足

$$I_{DN} = I_{DP} \qquad\qquad (5.2.9)$$

式中，下标 N 和 P 分别表示 NMOS 晶体管和 PMOS 晶体管。

（1）$V_{in} - V_{TN} \leqslant 0$

如图 5.2.4 所示的 AB 区域，NMOS 晶体管截止，PMOS 晶体管工作在线性区，因此有

$$I_{DN} = I_{DP} = 0 \tag{5.2.10}$$

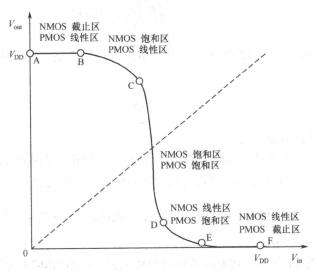

图 5.2.4 CMOS 反相器中器件工作状态随输入电平的变化曲线

即

$$K_p \left[\left(V_{in} - V_{TP} - V_{DD} \right)^2 - \left(V_{in} - V_{TP} - V_{out} \right)^2 \right] = 0 \tag{5.2.11}$$

式中，V_{TN}、V_{TP} 分别表示 NMOS 晶体管和 PMOS 晶体管的阈值电压，$K_p = \mu_p C_{OX} \dfrac{W}{L}$，由式（5.2.11）可得

$$V_{out} = V_{DD} \tag{5.2.12}$$

因此是输出高电平区，故 CMOS 反相器的输出高电平等于电源电压 V_{DD}，即

$$V_{OH} = V_{DD} \tag{5.2.13}$$

（2）$V_{TN} \leqslant V_{in} \leqslant V_{out} + V_{TP}$

如图 5.2.4 所示的 BC 区域，NMOS 晶体管导通，工作在饱和区，而 PMOS 晶体管仍然在线性区。根据 $I_{DN} = I_{DP}$ 可得

$$V_{out} = \left(V_{in} - V_{TP} \right) + \left[\left(V_{in} - V_{TP} - V_{DD} \right)^2 - \frac{1}{\beta_0} \left(V_{in} - V_{TN} \right)^2 \right]^{\frac{1}{2}} \tag{5.2.14}$$

式中，$\beta_0 = K_p / K_n$，$K_n = \mu_n C_{OX} \dfrac{W}{L}$。$\beta_0$ 为 CMOS 反相器的比例因子，是 CMOS 反相器的重要设计参数，在一定工艺条件下由 PMOS 晶体管和 NMOS 晶体管的宽长比决定。

（3）$V_{out} + V_{TP} \leqslant V_{in} \leqslant V_{out} + V_{TN}$

如图 5.2.4 所示的 CD 区域，NMOS 晶体管和 PMOS 晶体管都处在饱和区，因此有

$$K_n \left(V_{in} - V_{TN} \right)^2 = K_p \left(V_{in} - V_{TP} - V_{DD} \right)^2 \tag{5.2.15}$$

由此得到

$$V_{in} = \frac{V_{TN} + \sqrt{\beta_0} \left(V_{DD} + V_{TP} \right)}{1 + \sqrt{\beta_0}} \tag{5.2.16}$$

与该输入电压对应的输出电压将从（$V_{in} - V_{TP}$）一直下降到（$V_{in} - V_{TN}$），电压传输特性为一段垂直线。在该区域存在 CMOS 反相器的阈值电平 V_M：

$$V_M = \frac{V_{TN} + \sqrt{\beta_0}\,(V_{DD} + V_{TP})}{1 + \sqrt{\beta_0}} \tag{5.2.17}$$

显然，若构成 CMOS 反相器的 NMOS 管和 PMOS 管性能完全一致，即 $V_{TN} = -V_{TP}$，$K_n = K_p$ 时，有

$$V_M = \frac{V_{DD}}{2} \tag{5.2.18}$$

（4）$V_{out} + V_{TN} \leqslant V_{in} \leqslant V_{DD} + V_{TP}$

如图 5.2.4 所示的 DE 区域，NMOS 晶体管进入线性导通区，而 PMOS 晶体管仍在饱和区。根据 NMOS 晶体管和 PMOS 晶体管直流电流相等的条件，可以得到

$$V_{out} = (V_{in} - V_{TN}) - \left[(V_{in} - V_{TN})^2 - \beta_0 (V_{in} - V_{TP} - V_{DD})^2 \right]^{\frac{1}{2}} \tag{5.2.19}$$

（5）$V_{DD} + V_{TP} \leqslant V_{in} \leqslant V_{DD}$

如图 5.2.4 所示的 EF 区域，PMOS 管由导通变为截止，而 NMOS 管仍然在线性导通区。由于 PMOS 管截止，使得

$$I_{DN} = I_{DP} = 0 \tag{5.2.20}$$

即

$$K_n \left[(V_{in} - V_{TN})^2 - (V_{in} - V_{TN} - V_{out})^2 \right] = 0 \tag{5.2.21}$$

由此得到

$$V_{out} = 0 \tag{5.2.22}$$

这就是 CMOS 反相器的输出低电平区，因此 CMOS 反相器的输出低电平为

$$V_{OL} = 0 \tag{5.2.23}$$

图 5.2.4 所示是理想 CMOS 反相器的直流电压传输特性。可以看出，在 NMOS 晶体管和 PMOS 晶体管都饱和时传输特性曲线为一段垂直线，这是一个近似处理，前提是认为晶体管的饱和区电流不随 V_{DS} 变化。实际上饱和区电流并不完全饱和，考虑到饱和区沟道调制效应以及小尺寸器件中的其他二级效应，饱和区电流随 V_{DS} 变化而略有增加，因此在 CD 区 CMOS 反相器的传输曲线是一段变化很陡的曲线。曲线的斜率就是电路的电压增益，即 $A_V = -\mathrm{d}V_{out}/\mathrm{d}V_{in}$，在转变区 CMOS 反相器有很大的增益。

2. 噪声容限

在实际电路工作时，各种干扰信号的存在使电路的输入电平偏离理想的逻辑电平，因此会影响电路的输出电平。为了反映逻辑电路的抗干扰能力，引入了直流噪声容限作为电路性能指标。直流噪声容限反映了电路所能承受的实际输入电平与理想逻辑电平的偏离范围。

（1）单位增益点定义的噪声容限

从 CMOS 反相器的电压传输特性来看，在稳定的输出高电平或输出低电平区，输出电平不随输入变化，也就是说，电路的电压增益为 0，即 $|\mathrm{d}V_{out}/\mathrm{d}V_{in}| = 0$。而在转变区，输出电平随着输入电平的增加迅速下降，表现出很高的增益，即 $|\mathrm{d}V_{out}/\mathrm{d}V_{in}| \gg 1$。在增益为 0 和增益很大的区域之间，必然存在单位增益点，即 $|\mathrm{d}V_{out}/\mathrm{d}V_{in}| = 1$ 的点，如图 5.2.5 所示的 V_{IL} 和 V_{IH} 点。

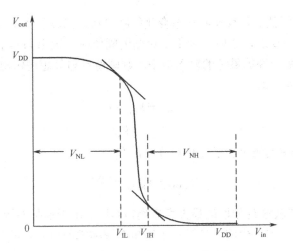

图 5.2.5　单位增益定义的噪声容限

以单位增益点所对应的输入电平为所允许的临界电平，它们和理想逻辑电平的差为 CMOS 电路的直流噪声容限，定义为

$$V_{NH} = V_{OH} - V_{IH} \tag{5.2.24}$$

$$V_{NL} = V_{IL} - V_{OL} \tag{5.2.25}$$

式中，V_{NH} 和 V_{NL} 分别为高噪声容限和低噪声容限。

（2）极限输出电平定义的噪声容限

根据实际工作确定所允许的最低的输出高电平 V_{OHmin}，它所对应的输入电平定义为关门电平 V_{OFF}；给定允许的最高的输出低电平 V_{OLmax}，它所对应的输入电平定义为开门电平 V_{ON}。开门电平和关门电平与 CMOS 电路的理想输入逻辑电平的差就是 CMOS 电路的噪声容限。如图 5.2.6 所示为 CMOS 反相器的直流噪声容限。输入高电平时的噪声容限为

$$V_{NH} = V_{OH} - V_{ON} = V_{DD} - V_{ON} \tag{5.2.26}$$

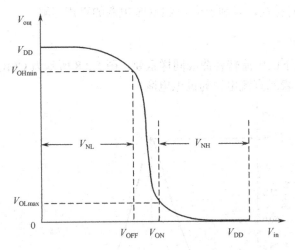

图 5.2.6　极限输出电平定义的噪声容限

输入低电平时的噪声容限为

$$V_{NL} = V_{OFF} - V_{OL} = V_{OFF} \tag{5.2.27}$$

（3）反相器阈值点定义的最大噪声容限

CMOS 反相器的阈值点是反相器状态变化的临界点，当输入小于反相器阈值时，输出必然大于反相器的阈值；反之，当输入大于反相器的阈值时，输出必然小于反相器的阈值。若以反相器的阈值作为所允许的最坏的输入电平，则阈值点与理想逻辑电平的差，就是 CMOS 反相器的最大噪声容限，即

$$V_{\mathrm{NHM}} = V_{\mathrm{DD}} - V_{\mathrm{M}} \tag{5.2.28}$$

$$V_{\mathrm{NLM}} = V_{\mathrm{M}} \tag{5.2.29}$$

当 CMOS 反相器中的两个管子完全对称时，有

$$V_{\mathrm{NHM}} = V_{\mathrm{NLM}} = \frac{V_{\mathrm{DD}}}{2} \tag{5.2.30}$$

图 5.2.7 所示为 CMOS 反相器的最大直流噪声容限。由于实际的管子参数很难完全对称，使得 $V_{\mathrm{NHM}} \neq V_{\mathrm{NLM}}$，它们中较小的一个决定了电路所能承受的最大直流噪声容限。因为

$$V_{\mathrm{NHM}} + V_{\mathrm{NLM}} \equiv V_{\mathrm{DD}} \tag{5.2.31}$$

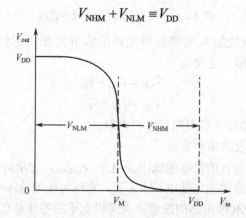

图 5.2.7　CMOS 反相器的最大直流噪声容限

一般情况下，CMOS 反相器的最大直流噪声容限总小于 $V_{\mathrm{DD}}/2$。提高 NMOS 晶体管和 PMOS 晶体管参数的对称性，有利于增大 CMOS 电路的噪声容限。

3. 电流转移曲线

直流（DC）供电下的电流转移曲线同样重要。图 5.2.8 所示为 CMOS 反相器中 I_{DD} 随 V_{in} 变化的特性曲线，I_{DD} 表示直流电源的供电电流。

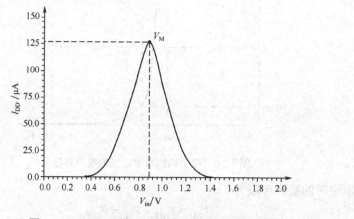

图 5.2.8　CMOS 反相器直流供电的电流转移曲线

当 $V_{in} \leqslant V_{TN}$ 时，NMOS 晶体管截止，电路没有电流；当 $V_{in} > V_{DD} + V_{TP}$ 时，PMOS 晶体管截止，电源与地之间同样没有电流。一般来说，对长沟道情况，在静态逻辑下的反相器电流应该低至皮安数量级，主要是漏极-衬底反偏饱和电流。截止电流如此小，基本上可以认为在静态逻辑电平下没有功率消耗。

当 V_{in} 在 V_M 附近时，电流峰值大小取决于晶体管参数（如宽长比、阈值电压和载流子迁移率）。在电流峰值处，两个晶体管均处于饱和态。当反相器逻辑状态改变时，这个瞬时电流将造成功率浪费。在本例中该电流峰值 I_{DD}=126.3 μA，大型微处理器设计中的总峰值电流高达几安培，因为它是数百万个翻转的逻辑门电流的总和。

4. 瞬态特性

当输入端输入阶跃信号时，CMOS 反相器的输入和输出曲线如图 5.2.9 所示，其中 4 个重要的瞬态参数分别为：从低电平到高电平的传输延迟 t_{pLH}、高电平到低电平的传输延迟 t_{pHL}、输出上升时间 t_r 和输出下降时间 t_f。

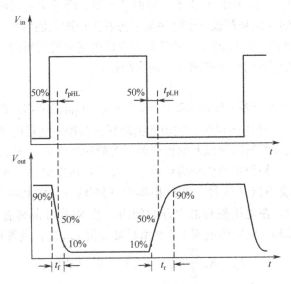

图 5.2.9　CMOS 反相器的输入和输出曲线

由低电平到高电平的传输延迟 t_{pLH} 是指在输出节点由低电平变化为高电平的转化时间。同样，t_{pHL} 是指在输出节点由高电平变化为低电平的转化时间。传输延迟是在输入和输出曲线 50% 的点之间测量的。上升时间 t_r 定义为使反相器的输出电平从高电平的 10% 上升到高电平的 90% 所需要的时间；下降时间 t_f 定义为输出电平从高电平的 90% 下降到高电平的 10% 所需要的时间。

5. 动态功耗

CMOS 反相器的动态功耗分为两部分：逻辑门负载电容充放电功耗（瞬态部分）和翻转过程中产生的电源与地之间的短路电流，即如图 5.2.8 所示的电流。动态功耗的计算需要同时考虑瞬态部分和短路部分。

（1）瞬态功耗

在一个时钟周期 T_{clk} 内向电容 C_L 充放电的动态功耗 P_d 是

$$P_{\mathrm{d}} = \frac{1}{T_{\mathrm{clk}}} \int_0^{T_{\mathrm{clk}}} i_{\mathrm{load}}(t) v_{\mathrm{out}}(t) \mathrm{d}t \tag{5.2.32}$$

在一个周期内，输出电压从 0 V 变化到 V_{DD}，再从 V_{DD} 变化到 0 V。由

$$i_{\mathrm{load}} = \frac{\mathrm{d}q}{\mathrm{d}t} = C_{\mathrm{L}} \frac{\mathrm{d}v_{\mathrm{load}}}{\mathrm{d}t} = \frac{\mathrm{d}v_{\mathrm{out}}}{\mathrm{d}t} \tag{5.2.33}$$

得

$$P_{\mathrm{d}} = \frac{1}{T_{\mathrm{clk}}} \left[\int_0^{V_{\mathrm{DD}}} C_{\mathrm{L}} v_{\mathrm{out}} \mathrm{d}v_{\mathrm{out}} + \int_{V_{\mathrm{DD}}}^0 C_{\mathrm{L}} (V_{\mathrm{DD}} - v_{\mathrm{out}}) \mathrm{d}v_{\mathrm{out}} \right] \tag{5.2.34}$$

因此

$$P_{\mathrm{d}} = \frac{C_{\mathrm{L}} V_{\mathrm{DD}}^2}{T_{\mathrm{clk}}} = C_{\mathrm{L}} V_{\mathrm{DD}}^2 f_{\mathrm{clk}} \tag{5.2.35}$$

式（5.2.35）说明，减小输出电容、电源电压或者工作频率都可以降低瞬态功耗。由于功耗依赖于电源电压的平方，因此相比于另外两个参数，降低 V_{DD} 对减小功耗更加有效。注意，式（5.2.35）成立的前提是假设一个时钟周期内发生一次上翻转和一次下翻转。若一个时钟周期内只发生一次翻转，则 P_{d} 减半。通常组合逻辑电路中的逻辑门一个时钟周期发生一次翻转，而时钟网络中的逻辑门一个周期发生两次翻转。

（2）短路功耗

在输入变化的过程中，翻转的电压处于 V_{TN} 和 $V_{\mathrm{DD}} - |V_{\mathrm{TP}}|$ 之间时，两个晶体管都导通，于是 V_{DD} 和地之间产生了一个电流通路，它引起的功耗占总翻转功耗的 5%~30%。短路功耗取决于器件电流强度、输入翻转时间以及输出电容。若翻转时间长，则 CMOS 晶体管短路电流有效的时间就相对较长。短路电流的精确计算十分复杂，这里给出一种近似方法。

当反相器的输出端不接负载时，若反相器中 PMOS 与 NMOS 的特性参数相同（即 $V_{\mathrm{TN}} = -V_{\mathrm{TP}}$，$K_{\mathrm{n}} = K_{\mathrm{p}}$），在电压翻转的上升时间内，若 NMOS 晶体管处于饱和态区间（如图 5.2.4 所示的 BD 区间），则短路电流 I 从 0 增至最大值 $I_{\max}$ 时，其漏极电流是

$$I_{\mathrm{D}} = K_{\mathrm{n}} \frac{W}{L} (V_{\mathrm{in}} - V_{\mathrm{TN}})^2, \quad 0 < I < I_{\max} \tag{5.2.36}$$

由于反相器对称且无负载，最大电流应出现在 $V_{\mathrm{in}} = V_{\mathrm{DD}}/2$ 处，假设输入电压翻转时的上升时间和下降时间相等，通过推理计算可得到一个周期内的平均电流 I_{mean}：

$$I_{\mathrm{mean}} = \frac{1}{6} K_{\mathrm{n}} \frac{W}{L} \frac{1}{V_{\mathrm{DD}}} (V_{\mathrm{DD}} - V_{\mathrm{TN}})^3 \frac{\tau}{T_{\mathrm{clk}}} \tag{5.2.37}$$

式中，τ 是输入电压 V_{in} 的上升持续时间。最终短路功耗为

$$P_{\mathrm{sc}} = V_{\mathrm{DD}} I_{\mathrm{mean}} \tag{5.2.38}$$

5.2.3　CMOS 逻辑门电路

1. 与非门电路

（1）逻辑表达式

$$F = \overline{AB} \tag{5.2.39}$$

（2）电路构成

电路由两个 N 沟道的驱动管 N_1 和 N_2 串联及两个 P 沟道的负载管 P_1 和 P_2 并联构成，如图 5.2.10 所示。

（3）逻辑分析

① 当 A 为低电平，B 为低电平时（$A=0$，$B=0$），P_1、P_2 管导通，N_1、N_2 管截止，F 为高电平（$F=1$），如图 5.2.11 所示。

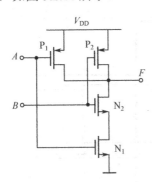

图 5.2.10　与非门电路

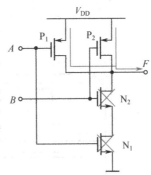

图 5.2.11　$A=0$，$B=0$ 时的电路图

② 当 A 为低电平，B 为高电平时（$A=0$，$B=1$），P_1、N_2 管导通，N_1、P_2 管截止，F 为高电平（$F=1$），如图 5.2.12 所示。

③ 当 A 为高电平，B 为低电平时（$A=1$，$B=0$），N_1、P_2 管导通，P_1、N_2 管截止，F 为高电平（$F=1$），如图 5.2.13 所示。

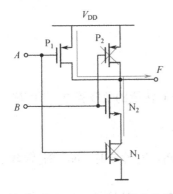

图 5.2.12　$A=0$，$B=1$ 时的电路图

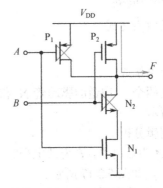

图 5.2.13　$A=1$，$B=0$ 时的电路图

④ 当 A 为高电平，B 为高电平时（$A=1$，$B=1$），P_1、P_2 管截止，N_1、N_2 管导通，F 为低电平（$F=0$），如图 5.2.14 所示。

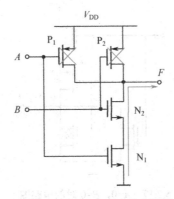

图 5.2.14　$A=1$，$B=1$ 时的电路图

当A、B取不同组合的逻辑电平时，与非门电路的输出响应如图 5.2.15 所示，其对应复合逻辑运算真值表（见表 5.2.3）中的与非运算。

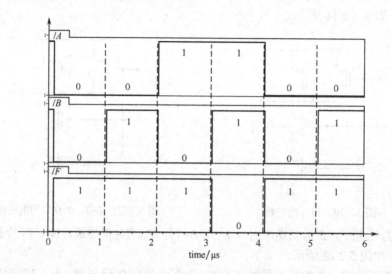

图 5.2.15　与非门输出响应

2. 或非门电路

（1）逻辑表达式

$$F=\overline{A+B} \tag{5.2.40}$$

（2）电路构成

电路由两个 N 沟道的驱动管 N_1 和 N_2 并联及两个 P 沟道的负载管 P_1 和 P_2 串联构成，如图 5.2.16 所示。

（3）逻辑分析

① 当A为低电平，B为低电平时（$A=0$，$B=0$），P_1、P_2 管导通，N_1、N_2 管截止，F 为高电平（$F=1$），如图 5.2.17 所示。

② 当A为低电平，B为高电平时（$A=0$，$B=1$），P_1、N_2 管导通，N_1、P_2 管截止，F 为低电平（$F=0$），如图 5.2.18 所示。

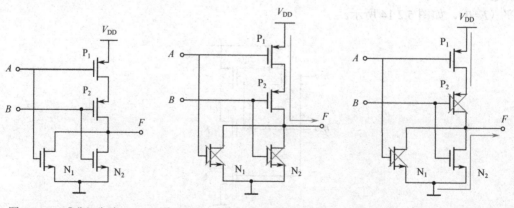

图 5.2.16　或非门电路　　　图 5.2.17　$A=0$，$B=0$ 时的电路图　　　图 5.2.18　$A=0$，$B=1$ 时的电路图

③ 当A为高电平，B为低电平时（$A=1$，$B=0$），N_1、P_2 管导通，P_1、N_2 管截止，F 为低

电平（F=0），如图 5.2.19 所示。

④ 当 A 为高电平，B 为高电平时（A=1，B=1），P_1、P_2 管截止，N_1、N_2 管导通，F 为低电平（F=0），如图 5.2.20 所示。

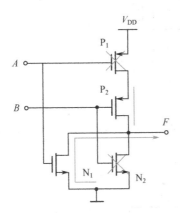
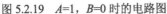

图 5.2.19 A=1，B=0 时的电路图

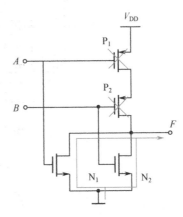

图 5.2.20 A=1，B=1 时的电路图

当 A、B 取不同组合的逻辑电平时，或非门电路的输出响应如图 5.2.21 所示，其对应复合逻辑运算真值表（见表 5.2.3）中的或非运算。

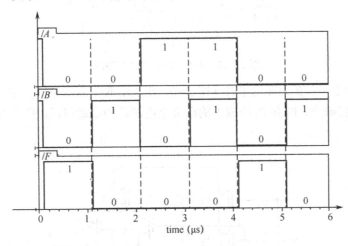

图 5.2.21 或非门输出响应

3. 异或门/同或门电路

异或门电路也称为半加器，是用途很广泛的逻辑单元。

（1）逻辑表达式

$$F=A \oplus B=A\bar{B}+\bar{A}B \tag{5.2.41}$$

（2）电路构成

电路由 N_1、N_2、P_1 和 P_2 组成的或非门及 N_3~N_5 和 P_3~P_5 组成的与或非门构成，如图 5.2.22 所示。

（3）逻辑分析

① 当 A 为低电平，B 为低电平时（即 A=0，B=0），N_5、P_1、P_2、P_4 和 P_5 管导通，N_1~N_4 和 P_3 管截止，N_5 构成了输出端至地端的导通路径，使 F 为低电平（F=0），如图 5.2.23 所示。

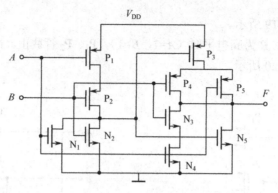

图 5.2.22　异或门电路

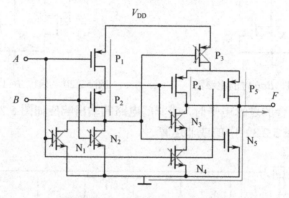

图 5.2.23　$A=0$，$B=0$ 时的电路图

② 当 A 为低电平，B 为高电平时（即 $A=0$，$B=1$），N_2、N_3、P_1、P_3 和 P_5 管导通，N_1、N_4、N_5、P_2 和 P_4 管截止，P_3 和 P_5 组成了输出端至电源端的导通路径，使 F 为高电平（$F=1$），如图 5.2.24 所示。

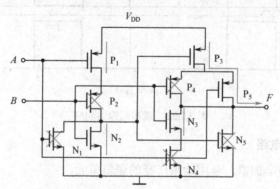

图 5.2.24　$A=0$，$B=1$ 时的电路图

③ 当 A 为高电平，B 为低电平时（即 $A=1$，$B=0$），N_1、N_4 和 $P_2 \sim P_4$ 管导通，N_2、N_3、N_5、P_1、P_5 管截止，P_3 和 P_4 组成了输出端至电源端的导通路径，使 F 为高电平（$F=1$）。如图 5.2.25 所示。

④ 当 A 为高电平，B 为高电平时（$A=1$，$B=1$），$N_1 \sim N_4$ 和 P_3 管导通，N_5、P_1、P_2、P_4 和 P_5 管截止，N_3 和 N_4 组成了输出端至地端的导通路径，使 F 为低电平（$F=0$），如图 5.2.26 所示。

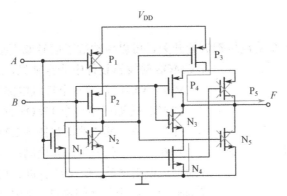

图 5.2.25　$A=1$，$B=0$ 时的电路图

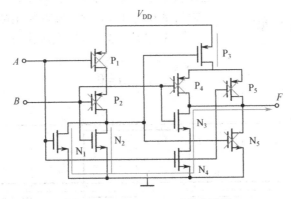

图 5.2.26　$A=1$，$B=1$ 时的电路图

A、B 在取不同组合的逻辑电平时，异或门电路的输出响应如图 5.2.27 所示。其输出响应对应表 5.2.3 所示复合逻辑运算真值表中的异或运算。

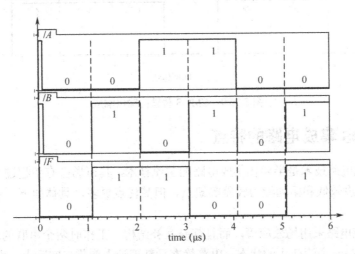

图 5.2.27　异或门输出响应

同或门的逻辑功能与异或门相反，因此同或电路也叫作"异或非"电路，即异或电路的取反，这里不再详细介绍同或门电路，其逻辑表达式为

$$F = A \odot B = AB + \overline{A}\,\overline{B} \tag{5.2.42}$$

4. 传输门电路

CMOS 传输门是一个受电压控制的开关，可以传输数字信号或模拟信号。CMOS 传输门

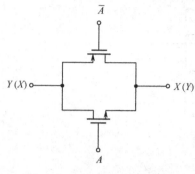

在 CMOS 触发器设计中非常常见，通常一个触发器含有 4 个 CMOS 传输门，而一个集成电路中有数百万个触发器。

CMOS 传输门由一个 PMOS 晶体管和一个 NMOS 晶体管并联而成，其电路图如图 5.2.28 所示。信号的传输由两个互补的门控信号 A、$\overline{A}$ 控制，当 $A=1$ 时，两个晶体管导通形成低阻通路，信号从节点 $X(Y)$ 传输到节点 $Y(X)$；当 $A=0$ 时，两个晶体管都截止形成开路，信号不能通过，这种状态称为高组态（也称悬空、高 Z 或三态）。CMOS 传输门是双向开关，输入端和输出端可以对调，其输出响应如图 5.2.29 所示，逻辑表达式为

图 5.2.28　CMOS 传输门电路

$$Y = \begin{cases} X, & A=1 \\ Z, & A=0 \end{cases} \qquad (5.2.43)$$

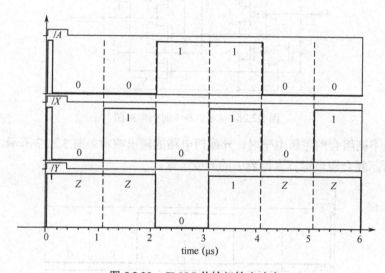

图 5.2.29　CMOS 传输门输出响应

5.2.4　CMOS 集成电路的特点

CMOS 集成电路技术是半导体集成电路的主流技术，其市场占有率超过 95%。CMOS 集成电路虽然有速度较低和驱动能力较差等缺点，但其优点更多，具体如下。

（1）功耗低

CMOS 集成电路采用场效应管，而且都是互补结构，工作时两个串联的场效应管总是处于一个管导通、另一个管截止的状态，电路静态功耗理论上为零。实际上，由于存在漏电流，CMOS 电路尚有微量静态功耗。单个门电路的功耗典型值仅为 20μW，动态功耗（在 1MHz 工作频率时）也仅为几毫瓦（mW）。

（2）工作电压范围宽

CMOS 集成电路供电简单，供电电源体积小，基本上不需要稳压。国产 CC4000 系列的

集成电路可在 3~18V 电压下正常工作。

（3）温度稳定性能好

由于 CMOS 集成电路的功耗很低，内部发热量少，而且 CMOS 电路线路结构和电气参数都具有对称性，在温度环境发生变化时，某些参数能起到自动补偿作用，因而 CMOS 集成电路的温度特性非常好。一般陶瓷金属封装的电路工作温度为 -55～+125℃；塑料封装的电路工作温度范围为 -45～+85℃。

（4）输入阻抗高

CMOS 集成电路的输入端一般都是由保护二极管和串联电阻构成的保护网络，故比一般场效应管的输入电阻稍小，但在正常工作电压范围内，这些保护二极管均处于反向偏置状态，直流输入阻抗取决于这些二极管的泄放电流，通常情况下，等效输入阻抗高达 $10^3 \sim 10^{11}\Omega$，因此 CMOS 集成电路几乎不消耗驱动电路的功率。

（5）抗干扰能力强

CMOS 集成电路电压噪声容限的典型值为电源电压的 45%，保证值为电源电压的 30%。随着电源电压的增加，噪声容限电压的绝对值将成比例增加。对于 V_{DD}=15V 的供电电压（当 V_{SS}=0V 时），电路将有 7V 左右的噪声容限。

（6）抗辐射能力强

CMOS 集成电路中的基本器件是 MOS 晶体管，属于多数载流子导电器件。各种射线、辐射对其导电性能的影响有限，因而特别适用于制作航天及核实验设备。

（7）逻辑摆幅大

CMOS 集成电路的逻辑高电平 "1"、逻辑低电平 "0" 分别接近于电源高电位 V_{DD} 及电源低电位 V_{SS}。当 V_{DD}=15V，V_{SS}=0V 时，输出逻辑摆幅近似为 15V。因此，CMOS 集成电路的电压利用系数在各类集成电路中是较高的。

（8）扇出能力强

扇出能力是用电路输出端所能带动的逻辑门数来表示的。由于 CMOS 集成电路的输入阻抗极高，因此电路的输出能力受逻辑门输入电容的限制。但是，当 CMOS 集成电路用来驱动同类型逻辑门时，如果不考虑速度，一般可以驱动 50 个以上的逻辑门。

5.3　双极型和 BiCMOS 集成电路

5.3.1　双极型集成电路

双极型（Bipolar）晶体管是由靠得很近的两个 PN 结构成的半导体器件，又称为三极管。它有 PNP 管和 NPN 管两种。

双极型晶体管以电子和空穴为载流子，是一种双极型器件，而且载流子中的少数载流子决定器件的功能。它是以控制电流来达到放大、开关特性的电流控制器件。

1. 双极型非门

下面着重介绍由双极型晶体管构成的非门。

如图 5.3.1 所示，A 为高电平（A=1）时，Q_1 管饱和，Q_2 管截止，Q_3 管饱和，此时 F 为低电平（F=0）。

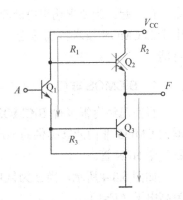

图 5.3.1　A=1 时的双极型非门电路图

如图 5.3.2 所示，A 为低电平（A=0）时，Q_1 管截止，Q_2 管饱和，Q_3 管截止，此时 F 为高电平（F=1）。

双极型晶体管非门具有速度高，稳定性好，适于处理高电压、大电流场合，驱动能力强，工艺简单和适用于高精度模拟电路等优点，然而它也有功耗大、集成度低等缺点。

2. 双极型传输门

用一对极性相反的三极管也能构成传输门，如图 5.3.3 所示。

若 P=0，N=1，当 A 作为输入端且为高电平时，信号从上面的三极管传输到 B 端输出（P 端三极管导通）；若 A 为低电平，则通过下面的三极管送到 B 端（N 端三极管导通）。当 B 作为输入端且为高电平时，信号从下面的三极管送到 A 端输出（N 端三极管导通）；若为低电平，则从上面的三极管传输到 A 端（P 端三极管导通）。

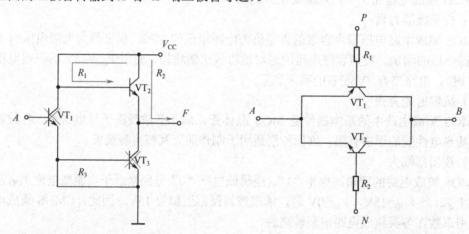

图 5.3.2　A=0 时的双极型非门电路图　　　　图 5.3.3　三极管构成的传输门

若 P=1，N=0，则两个三极管都截止，此时 A、B 之间相当于断开的开关。

5.3.2　BiCMOS 集成电路

本节将介绍一种日渐流行的 VLSI 电路技术——BiCMOS。顾名思义，BiCMOS 技术是在一块 IC 芯片上集成了双极型晶体管和 CMOS 电路。CMOS 电路具有低功耗、高输入阻抗和宽噪声容限等特点，而双极型晶体管具有较高的电流驱动能力，BiCMOS 则把这两者的优点集中在一起。当要求输出电流较大且超过 CMOS 电路的能力时，这类电路特别有用。另外，由于 BiCMOS 技术特别适用于高性能模拟电路，使得模拟和数字电路同处于一块芯片成为可能。

1. BiCMOS 非门

目前已经有很多种 BiCMOS 非门电路被提出和使用，所有这些电路都利用了 NPN 管以增大 CMOS 非门能够提供的输出电流。最简单的方法就是在 CMOS 非门的 N 管和 P 管后级联一个 NPN 管。

如图 5.3.4 所示，当 A 为低电平（A=0）时 P 管导通，N 管截止，VT_1 饱和，VT_2 截止，F 为高电平（F=1）。

如图 5.3.5 所示，当 A 为高电平（$A=1$）时 P 管截止，N 管导通，VT_1 截止，VT_2 饱和，F 为低电平（$F=0$）。

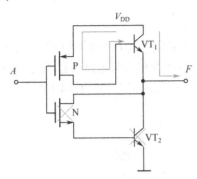

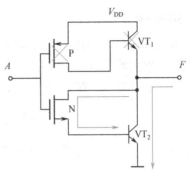

图 5.3.4　$A=0$ 时的 BiCMOS 非门电路图　　　　图 5.3.5　$A=1$ 时的 BiCMOS 非门电路图

2．BiCMOS 或非门

BiCMOS 技术同样可以实现或非门电路。如果要实现或非逻辑关系，输入信号用来驱动并联的 N 沟道 MOSFET，而 P 沟道 MOSFET 则彼此串联，如图 5.3.6 所示。

当两个输入端 A 和 B 均为低电平时，则两个 MOSFET 的 M_{PA} 和 M_{PB} 均导通，VT_1 导通而 M_{NA} 和 M_{NB} 均截止，输出 F 为高电平。与此同时，M_1 通过 M_{PA} 和 M_{PB} 被 V_{DD} 所激励，从而为 VT_2 的基区存储电荷提供一条释放通路。

另一方面，当两输入端 A 和 B 中有一端为高电平时，则 M_{PA} 和 M_{PB} 的通路被断开，并且 M_{NA} 或 M_{NB} 导通，将使输出端为低电平。同时，M_{1A} 或 M_{1B} 为 VT_1 的基极存储电荷提供一条释放道路。因此，只要有一个输入端接高电平，输出即为低电平。

BiCMOS 电路用 CMOS 器件制作高集成度、低功耗部分，用双极型器件制作输入/输出部分和高速部

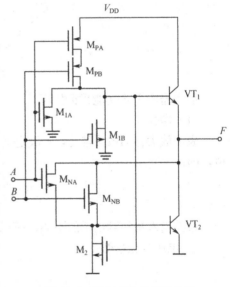

图 5.3.6　BiCMOS 或非门电路

分，从而综合了双极型和 CMOS 集成电路的优点，为高速、高性能超大规模集成电路的发展开辟了一条崭新的道路。然而它的工艺复杂，因此比较昂贵。

5.4　模拟集成电路

5.4.1　放大器的性能指标

1．一般概念

放大器是模拟集成电路中最重要的组成部分，它能够把微弱的输入模拟电信号放大为较强且无失真的输出模拟电信号。按放大器的输入、输出电信号的类型，可将放大器划分为以下 4 类。

① 电压放大器：输入与输出信号均为电压信号。

② 电流放大器：输入与输出信号均为电流信号。

③ 跨导放大器：输入信号为电压，输出信号为电流。

④ 跨阻放大器：输入信号为电流，输出信号为电压。

2. 性能指标

除增益和速度外，功耗、电源电压、线性度、噪声和最大电压摆幅等也是放大器的重要指标。此外，放大器的输入/输出阻抗将决定其应如何与前级和后级电路进行相互配合。在实际应用中，这些参数几乎都会相互牵制，一般称为"八边形法则"，如图 5.4.1 所示。

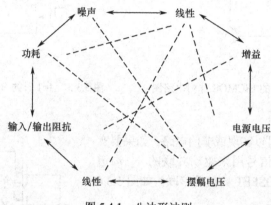

图 5.4.1　八边形法则

放大器的主要性能指标如下。

（1）增益

表示放大器的放大能力，一般定义为小信号情况下放大器的输出量 X_{out} 与输入量 X_{in} 的比值，即：

$$A = \frac{\partial X_{\text{out}}}{\partial X_{\text{in}}} \tag{5.4.1}$$

根据输入量和输出量的不同，有以下 4 种增益定义方法。

① 电压放大倍数：

$$A_{\text{V}} = \frac{\partial V_{\text{out}}}{\partial V_{\text{in}}} \tag{5.4.2}$$

② 电流放大倍数：

$$A_{\text{i}} = \frac{\partial I_{\text{out}}}{\partial I_{\text{in}}} \tag{5.4.3}$$

③ 跨导放大倍数：

$$A_{\text{iv}} = \frac{\partial I_{\text{out}}}{\partial V_{\text{in}}} \tag{5.4.4}$$

④ 跨阻放大倍数：

$$A_{\text{Vi}} = \frac{\partial V_{\text{out}}}{\partial I_{\text{in}}} \tag{5.4.5}$$

（2）带宽

主要指放大器的小信号带宽。常用定义有两个：3dB 带宽和单位增益带宽。3dB 带宽指放大器的增益下降 3dB 时所对应的带宽，而单位增益带宽则定义为放大器的开环增益为 1 时所对应的频率。

（3）建立时间：表示从跳变开始到输出稳定的时间。主要针对放大器的小信号特性，在整个跳变过程中，放大器仍保持线性，是衡量放大器反应速度的重要指标。

（4）相位裕度：主要用来衡量反馈系统的稳定性，并能用来预测闭环系统阶跃响应的过冲。

（5）转换速率：反映放大器的响应速度，定义为放大器输出电压对时间的变化率。

$$SR = \frac{dV_{out}}{dt} \tag{5.4.6}$$

5.4.2　3 种组态放大器

1. 共源极放大器

（1）电阻负载的共源极放大器

借助于自身的跨导，MOS 管可以将栅源电压的变化转换成小信号漏极电流，小信号漏极电流流过电阻就会产生输出电压，其电路结构如图 5.4.2 所示。

下面来分析该电路的大信号特性和小信号特性。需要指出的是，电路的输入阻抗在低频时非常高。

图 5.4.2 所示为电阻做负载的共源极放大器，它的大信号传输曲线（即输出电压与输入电压的关系曲线）如图 5.4.3 所示。如果输入电压从零开始增大，M_1 截止，$V_{out}=V_{DD}$。当 V_{in} 接近 V_{TH} 时，M_1 开始导通，电流经过 R_D，使 V_{out} 减小。如果 V_{DD} 不是非常小，M_1 饱和导通且忽略晶体管的沟道长度调制效应，可以得到

$$V_{out} = V_{DD} - R_D \frac{1}{2}\mu_n C_{OX}\frac{W}{L}(V_{in}-V_{TH})^2 \tag{5.4.7}$$

进一步增大 V_{in}，则 V_{out} 下降更多，管子继续工作在饱和区，直到 $V_{in}=V_{out}+V_{TH}$（图 5.4.3 中的 A 点）。在 A 点处满足

$$V_{in1} - V_{TH} = V_{DD} - R_D \frac{1}{2}\mu_n C_{OX}\frac{W}{L}(V_{in1}-V_{TH})^2 \tag{5.4.8}$$

由式（5.4.7）和式（5.4.8）可计算出 V_{out}。

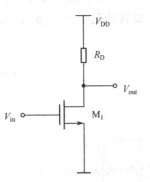

图 5.4.2　电阻做负载的共源极放大器

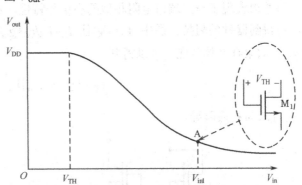

图 5.4.3　共源极放大器的传输曲线

当 $V_{in}>V_{in1}$ 时，M_1 工作在线性区：

$$V_{out} = V_{DD} - R_D \frac{1}{2}\mu_n C_{OX}\frac{W}{L}\left[2(V_{in}-V_{TH})V_{out}-V_{out}^2\right] \tag{5.4.9}$$

晶体管在线性区跨导 g_m 会下降，所以要保证晶体管工作在饱和区，即 $V_{out} > V_{in} - V_{TH}$（工作在图 5.4.3 中 A 点的左侧）。用式（5.4.7）表征输入输出特性，并把它的斜率看作小信号增益，可以得到

$$A_V = \frac{\partial V_{out}}{\partial V_{in}} \qquad (5.4.10)$$
$$= -g_m R_D$$

式中，$g_m = \frac{1}{2} \mu_n C_{OX} \frac{W}{L} (V_{in} - V_{TH})$。

根据式（5.4.10）可以看出，该共源极放大器为一个反相放大器，其低频小信号增益等于该放大器的跨导与负载阻抗的乘积。

同时式（5.4.10）还可以根据以下分析得到：M_1 将输入电压的变化 ΔV_{in} 转换为漏极电流的变化 $g_m \Delta V_{in}$，然后进一步转换为输出电压的变化 $-g_m R_D \Delta V_{in}$。从图 5.4.4 所示的小信号等效电路模型也可以得到同样的结果。

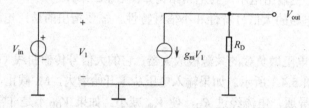

图 5.4.4　饱和区的小信号电路模型

（2）二极管连接为负载的共源极放大器

在许多 CMOS 工艺条件下，制作精确阻值或具有合理物理尺寸的电阻是很困难的。因此，最好用 MOS 管代替图 5.4.2 中的电阻 R_D。

如果把晶体管的栅极和漏极短接（如图 5.4.5（a）所示），只要 MOS 管导通就会工作在饱和区，这个 MOS 器件可以起一个小信号电阻的作用。与双极型晶体管对应，它在模拟电路中叫作"二极管连接"器件。

该结构表现了与二端口电阻相似的小信号特性，利用图 5.4.5（b）所示的小信号等效电路，可得到器件的阻抗，图中 $V_1 = V_X$ 且 $I_X = V_X/r_O + g_m V_X$。所以二极管的阻抗为 $(1/g_m) \| r_O \approx 1/g_m$。如果存在体效应，可以得到

$$I_X = (g_m + g_{mb}) V_X + \frac{V_X}{r_O} \qquad (5.4.11)$$

式中，g_{mb} 为衬底跨导。

（a）栅、漏短接的 MOS 晶体管　　　　（b）小信号等效电路

图 5.4.5　"二极管连接器件"及其等效电路

由式（5.4.11）得出

$$\frac{V_X}{I_X} = \frac{1}{g_m + g_{mb} + r_O^{-1}}$$

$$= \frac{1}{g_m + g_{mb}} \| r_O \qquad\qquad (5.4.12)$$

$$\approx \frac{1}{g_m + g_{mb}}$$

现在分析采用二极管连接的负载的共源极放大器，如图 5.4.6 所示。忽略沟道长度调制效应，式（5.4.12）可以替代式（5.4.10）中的负载阻抗 R_D，得出

$$A_V = -g_{m1} \frac{1}{g_{m2} + g_{mb2}}$$

$$= -\frac{g_{m1}}{g_{m2}} \frac{1}{1+\eta} \qquad\qquad (5.4.13)$$

式中，$\eta = \dfrac{g_{mb2}}{g_{m2}}$。用器件尺寸和偏置电流表示 g_{m1} 和 g_{m2}，可以得到

$$A_V = -\frac{\sqrt{2\mu_n C_{OX}(W/L)_1 I_{D1}}}{\sqrt{2\mu_p C_{OX}(W/L)_2 I_{D2}}} \frac{1}{1+\eta} \qquad\qquad (5.4.14)$$

因为 $I_{D1}=I_{D2}$（I_{D1} 是 M_1 管的漏极电流，I_{D2} 是 M_2 管的漏极电流），所以

$$A_V = -\frac{\sqrt{(W/L)_1}}{\sqrt{(W/L)_2}} \frac{1}{1+\eta} \qquad\qquad (5.4.15)$$

从式（5.4.15）可得，如果忽略 η 随输出电压的变化，增益和偏置电压或电流没有关系（只要 MOSFET 工作在饱和区）。即当输入和输出电平发生变化时，增益相对保持不变，这表明输入-输出呈线性关系。

图 5.4.7 表示了输出电压与输入电压的关系曲线，如果 $V_{in}<V_{TH1}$，则输出电压等于 $V_{DD}-V_{TH2}$。如果 $V_{in}>V_{TH1}$，则 V_{out} 近似沿着直线变化。如果 $V_{in}>V_{out}+V_{TH1}$（超越了 A 点），则 M_1 管进入非线性区，特性曲线呈现非线性。

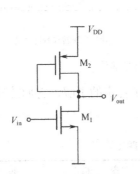

图 5.4.6　采用二极管连接的 PMOS
负载的共源极放大器

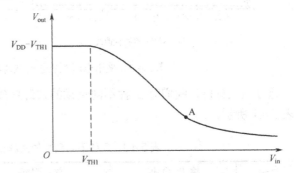

图 5.4.7　输出电压与输入电压的关系曲线

（3）电流源负载的共源极放大器

应用中有时要求单级放大器有很大的电压增益，通过关系式 $A_V = -g_m R_D$ 可知增大共源极的负载电阻能够提高增益。但对于电阻或者二极管连接的负载而言，增大阻值会限制输出电压摆幅。

为解决此问题，用一个电流源代替负载，其电路结构如图 5.4.8 所示，电路中两个 MOS 管都工作在饱和区。因为在输出节点所看到的总的输出阻抗等于 $r_{O1} \parallel r_{O2}$（r_{O1} 和 r_{O2} 分别为 M_1 管和 M_2 管的漏源电阻），所以增益为

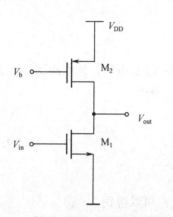

$$A_V = -g_{m1}\left(r_{O1} \parallel r_{O2}\right) \tag{5.4.16}$$

式中，M_2 管的输出阻抗和所要求的 M_2 的最小 $|V_{DS}|$ 之间的关系较弱，而电阻阻值和它上面压降之间的关系较为紧密。通过增加 M_2 管的沟道宽度，就可以使电压 $|V_{DS2,min}| = |V_{GS2} - V_{TH2}|$ 减小到几百毫伏。如果 r_{O2} 不够大，在保持相同的过驱动电压的同时增大 M_2 管的长和宽可以获得较小的 λ（λ 为沟道长度调制系数），而代价是在输出节点由 M_2 管引入了大的电容。

图 5.4.9（a）所示是电流源做负载的共源极放大器的 NMOS 管的特性曲线，图 5.4.9（b）所示是电压转移特性曲线（图 5.4.9 基于 0.18μm CMOS 工艺仿真得

图 5.4.8 采用电流源负载的共源极放大器

出）。当 V_{in} 小于 NMOS 管阈值电压 V_{TH} 时，NMOS 处于截止状态，V_{out} 输出高电平 V_{DD}。随着 V_{in} 的进一步增加，NMOS 管进入饱和区，最后进入线性区。通常情况下应将 NMOS 管设定在高增益的饱和区。

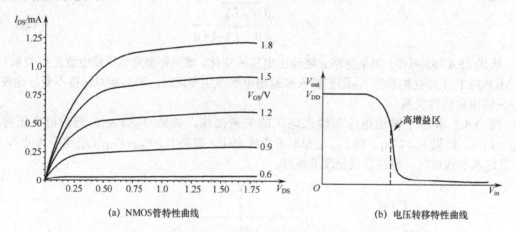

（a）NMOS管特性曲线　　　　　　　　　（b）电压转移特性曲线

图 5.4.9 采用电流源负载的共源极放大器特性曲线

通过以上分析，我们对 3 种不同负载的共源极放大器有了初步的了解，它们的性能比较如表 5.4.1 所示。

表 5.4.1 3 种不同负载的共源极放大器性能比较

	输出阻抗	放大器增益	摆 幅	其 他
电阻做负载	输出阻抗小；电阻阻值误差较大，且大阻值电阻占用面积大	增益较小；通过增大输出电阻来提高增益会使 MOS 管很快进入线性区	输出摆幅小，和增益之间存在矛盾	一般用作低增益高频放大器
二极管做负载	输出阻抗大，在制造中容易精确控制	增益较小，且相对精确稳定，是器件尺寸的弱相关函数	输入、输出摆幅小，和增益之间仍存在矛盾	
电流源做负载	输出阻抗很大	增益很大	摆幅较大；解决了摆幅与增益之间的矛盾	引入了寄生电容，影响频率特性

2. 源极跟随器

通过对共源极放大器的分析可知，在一定范围的电源电压下，要获得更高的电压增益，负载阻抗必须尽可能大。如果这种电路驱动一个低阻抗负载，为了使信号电平的损失可以忽略不计，就必须在放大器后面放置一个"缓冲器"。源极跟随器（共漏极放大器）就可以起到电压缓冲的作用。

源极跟随器的电路如图 5.4.10（a）所示，输入信号由栅极接入，源极驱动负载，使源极电势能"跟随"栅压。首先分析大信号特性，当 $V_{in}<V_{TH}$ 时，M_1 管处于截止状态，V_{out} 等于零。随着 V_{in} 增大并超过 V_{TH}，如图 5.4.10（b）所示，M_1 管导通进入饱和区（V_{DD} 为典型值时），I_{D1} 流过电阻 R_S。V_{in} 进一步增大，输出电压 V_{out} 跟随输入电压变化，且两者之差为 V_{GS}。输入-输出特性可以表示为

$$\frac{1}{2}\mu_n C_{OX}\frac{W}{L}\left(V_{in}-V_{TH}-V_{out}\right)^2 R_S = V_{out} \tag{5.4.17}$$

式（5.4.17）两边同时对 V_{in} 求微分，可得到电路的小信号增益：

$$\frac{1}{2}\mu_n C_{OX}\frac{W}{L}2\left(V_{in}-V_{TH}-V_{out}\right)\left(1-\frac{\partial V_{TH}}{\partial V_{in}}-\frac{\partial V_{out}}{\partial V_{in}}\right)R_S = \frac{\partial V_{out}}{\partial V_{in}} \tag{5.4.18}$$

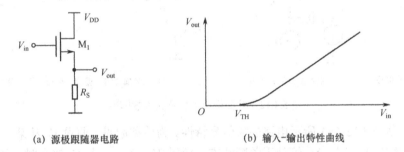

（a）源极跟随器电路　　　　　　　　（b）输入-输出特性曲线

图 5.4.10　源极跟随器电路及其特性曲线

因为 $\partial V_{TH}/\partial V_{in}=\eta\,\partial V_{out}/\partial V_{in}$，所以

$$\frac{\partial V_{out}}{\partial V_{in}}=\frac{\mu_n C_{OX}\dfrac{W}{L}\left(V_{in}-V_{TH}-V_{out}\right)R_S}{1+\mu_n C_{OX}\dfrac{W}{L}\left(V_{in}-V_{TH}-V_{out}\right)R_S\left(1+\eta\right)} \tag{5.4.19}$$

此外

$$g_m = \mu_n C_{OX}\frac{W}{L}\left(V_{in}-V_{TH}-V_{out}\right) \tag{5.4.20}$$

所以

$$A_V=\frac{g_m R_S}{1+\left(g_m+g_{mb}\right)R_S} \tag{5.4.21}$$

通过图 5.4.11 所示的等效小信号电路更容易得到相同的结果，其中 $V_{out}=V_{in}-V_1$，$V_{bs}=-V_{out}$，所以 $g_m V_1-g_{mb}V_{out}=V_{out}/R_S$，因此 $V_{out}/V_{in}=g_m R_S/[1+(g_m+g_{mb})R_S]$。式（5.4.21）的一个重要结论是，即使 $R_S=\infty$，源极跟随器的电压增益也不会等于1。

3. 共栅极放大器

输入端为 MOS 管的源端、输出端为 MOS 管漏端的放大器即为共栅极放大器，如图 5.4.12（a）

所示。栅极接一个直流电压，以便建立适当的工作条件。应当注意，M_1 管的偏置电流流过输入信号源。另一种方法如图 5.4.12（b）所示，M_1 管用一个恒流源偏置，信号通过电容耦合到电路。

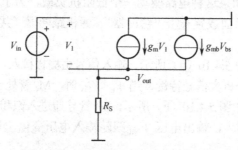

图 5.4.11　源极跟随器的小信号等效电路

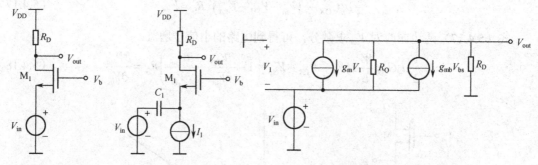

(a) 直接耦合的共栅极　　　(b) 电容耦合的共栅极　　　(c) 直接耦合的共栅极的小信号等效模型

图 5.4.12　共栅极放大器及其等效模型

首先分析图 5.4.12（a）所示电路的大信号特性。为简单起见，假设 V_{in} 从某一个大的正值减小。当 $V_{in} \geqslant V_b - V_{TH}$ 时，M_1 管处于关断状态，所以 $V_{out} = V_{DD}$。当 V_{in} 较小时，如果 M_1 管处于饱和区，可以得到

$$I_D = \frac{1}{2} \mu_n C_{OX} \frac{W}{L} (V_b - V_{in} - V_{TH})^2 \tag{5.4.22}$$

随着 V_{in} 的减小，V_{out} 也逐渐减小，最终 M_1 管进入线性区，此时，

$$V_{DD} - \frac{1}{2} \mu_n C_{OX} \frac{W}{L} (V_b - V_{in} - V_{TH})^2 R_D = V_b - V_{TH} \tag{5.4.23}$$

输入-输出特性曲线如图 5.4.13 所示。如果 M_1 管为饱和状态，输出电压可以写成

$$V_{out} = V_{DD} - \frac{1}{2} \mu_n C_{OX} \frac{W}{L} (V_b - V_{in} - V_{TH})^2 R_D \tag{5.4.24}$$

可得小信号增益：

$$\frac{\partial V_{out}}{\partial V_{in}} = -\mu_n C_{OX} \frac{W}{L} (V_b - V_{in} - V_{TH}) \left(-1 - \frac{\partial V_{TH}}{\partial V_{in}} \right) R_D \tag{5.4.25}$$

因为 $\partial V_{TH} / \partial V_{in} = \partial V_{TH} / \partial V_{SB} = \eta$，可以得到

$$\frac{\partial V_{out}}{\partial V_{in}} = \mu_n C_{OX} \frac{W}{L} R_D (V_b - V_{in} - V_{TH})(1 + \eta)$$

$$= g_m (1 + \eta) R_D \tag{5.4.26}$$

注意，该增益是正值，且体效应使共栅极的等效跨导变大了。

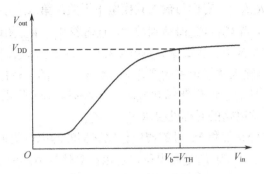

图 5.4.13　共栅极的输入-输出特性曲线

5.4.3　差分放大器

差分放大器（也称为差动放大器）是一种经典的放大器，它处理两个输入信号的差值，而与输入信号的绝对值无关。差动工作与单端工作相比，一个重要的优势在于它对环境噪声具有更强的抗干扰能力，另一个有用的特性是增大了可得到的最大电压摆幅，同时差动电路的优势还包括偏置电路更简单和具有更高的线性度。

1. 基本差动对

基本差动对电路如图 5.4.14 所示，从图中可以看出这个电路实际上是由两个共源电路和一个电流源组成的。

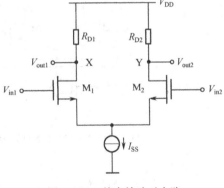

如图 5.4.14 所示，假设 $V_{in1}-V_{in2}$ 从 $-\infty$ 变化到 $+\infty$。如果 V_{in1} 比 V_{in2} 小得多，则 M_1 管截止，M_2 管逐渐导通，$I_{D2}=I_{SS}$。因此，$V_{out1}=V_{DD}$，$V_{out2}=V_{DD}-R_D I_{SS}$。当 V_{in1} 变化到比较接近 V_{in2} 时，M_1 管逐渐导通，从 R_{D1} 抽取 I_{SS} 的一部分电流，从而使 V_{out1} 减小。由于 $I_{D1}+I_{D2}=I_{SS}$，所以 M_2 管的漏极电流减小，V_{out2} 增大。

图 5.4.14　基本差动对电路

如图 5.4.15（a）所示，当 $V_{in1}=V_{in2}$ 时，有 $V_{out1}=V_{out2}=V_{DD}-R_D I_{SS}/2$。当 V_{in1} 比 V_{in2} 更大时，M_1 管的电流大于 M_2 管的电流，从而使 V_{out1} 小于 V_{out2}。对于足够大的 $V_{in1}-V_{in2}$，M_1 管流过所有的 I_{SS} 电流，因此 $V_{out1}=V_{DD}-R_D I_{SS}$，$V_{out2}=V_{DD}$。图 5.4.15（b）画出了 $V_{out1}-V_{out2}$ 随 $V_{in1}-V_{in2}$ 变化的曲线。

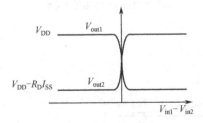

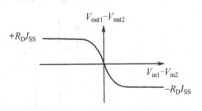

(a) 输出与输入差分信号的关系　　　　　　　(b) 输出与输入差分信号的关系

图 5.4.15　差动对的输入-输出特性曲线

　　上述分析揭示了差动对的两个重要特性：第一，输出端的最大电平和最小电平是完全确定的（分别是 V_{DD} 和 $V_{DD}-R_D I_{SS}$），它们与输入共模电平无关；第二，小信号增益（$V_{out1}-V_{out2}$ 与 $V_{in1}-V_{in2}$ 关系曲线的斜率）当 $V_{in1}=V_{in2}$ 时达到最大，且随着 $V_{in1}-V_{in2}$ 的增大而逐渐减小为零。也就是说，随着输入电压摆幅的增大，电路变得更加线性。当 $V_{in1}=V_{in2}$ 时，称电路处于平衡状态。

　　尾电流的作用是抑制输入共模电平的变化对 M_1 和 M_2 的工作以及输出电平的影响。令 $V_{out1}=V_{out2}=V_{DD}$，然后使 $V_{in,CM}$ 从 0 变化到 V_{DD}，图 5.4.16（a）中的差动放大器通过 NMOS 管 M_3 来提供尾电流。注意电路的对称性要求 $V_{out1}=V_{out2}$。

　　当 $V_{in,CM}=0$ 时，由于 M_1 管和 M_2 管的栅电位比它们的源电位更低，所以两个晶体管都处于截止状态，因而 $I_{D3}=0$。因为 V_b 是高电位，足以在晶体管中形成反型层，所以 M_3 管处于深度线性区。由于 $I_{D1}=I_{D2}=0$，该电路不具有信号放大的功能，$V_{out1}=V_{out2}=V_{DD}$。

　　现在假设 $V_{in,CM}$ 增大。如图 5.4.16（b）所示，将 M_3 管等效为一个电阻。当 $V_{in,CM} \geqslant V_{TH}$ 时，M_1 管和 M_2 管导通。此后，I_{D1} 和 I_{D2} 持续增加，V_P 也会上升（如图 5.4.16（c）和（d）所示）。从某种意义上看，M_1 管和 M_2 管构成了一个源极跟随器，强制 V_P 跟随 $V_{in,CM}$ 变化。对于足够高的 $V_{in,CM}$，M_3 管的漏源电压将大于 $V_{GS3}-V_{TH3}$，使 M_3 管工作在饱和状态。流过 M_1 管和 M_2 管的电流之和保持为一个常数。可以推断，电路正常工作时应满足关系式 $V_{in,CM} \geqslant V_{GS1}+(V_{GS3}-V_{TH3})$。

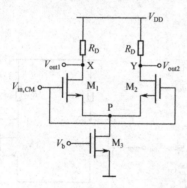

（a）检测输入共模电压变化的差动对电路

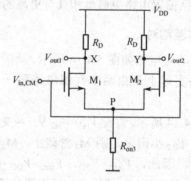

（b）M_3 管工作在深线性区时的等效电路

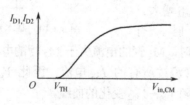

（c）共模输入-输出电流的关系

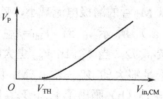

（d）共模输入-P点电压的关系

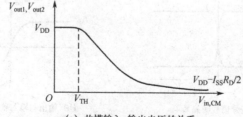

（e）共模输入-输出电压的关系

图 5.4.16　带 MOS 尾电流的差动对及其特性曲线

如果 $V_{\text{in,CM}}$ 进一步增大，由于 V_{out1} 和 V_{out2} 相对恒定，且假设 $V_{\text{in,CM}} > V_{\text{out1}} + V_{\text{TH}} = V_{\text{DD}} - R_{\text{D}}I_{SS}/2 + V_{\text{TH}}$，则 M_1 管和 M_2 管进入线性区。这就为输入共模电平设定了上限。总之，$V_{\text{in,CM}}$ 允许的范围如下：

$$V_{\text{GS1}} + (V_{\text{GS3}} - V_{\text{TH3}}) \leq V_{\text{in,CM}} \leq \min\left[V_{\text{DD}} - R_{\text{D}}\frac{I_{SS}}{2} + V_{\text{TH}}, V_{\text{DD}}\right] \tag{5.4.27}$$

差动对的负载并不一定需要用线性电阻来实现。与之前介绍的共源极电路一样，差动对可以用二极管连接的 MOS 或者电流源做负载，如图 5.4.17 所示。小信号差动增益可以用"半边电路概念"来求得。对于图 5.4.17（a）所示的差动放大器，其增益 A_{V} 为

$$A_{\text{V}} = -g_{\text{mN}}\left(g_{\text{mP}}^{-1} \| r_{\text{ON}} \| r_{\text{OP}}\right)$$

$$\approx -\frac{g_{\text{mN}}}{g_{\text{mP}}} \tag{5.4.28}$$

式中各变量的下标 N 和 P 分别表示 NMOS 和 PMOS。用器件尺寸表示 g_{mN} 和 g_{mP}，则有

$$A_{\text{V}} \approx -\sqrt{\frac{\mu_{\text{n}}(W/L)_{\text{N}}}{\mu_{\text{p}}(W/L)_{\text{P}}}} \tag{5.4.29}$$

对于图 5.4.17（b）所示的差动放大器，其增益 A_{V} 为

$$A_{\text{V}} = -g_{\text{mN}}\left(r_{\text{ON}} \| r_{\text{OP}}\right) \tag{5.4.30}$$

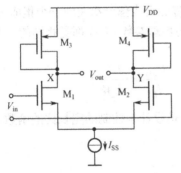

(a) 以二极管连接的MOS为负载的差动对

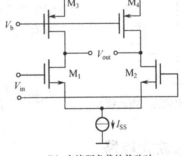

(b) 电流源负载的差动对

图 5.4.17　不同负载的差动对

对于图 5.4.17（a）所示的电路，二极管连接的负载消耗了电压裕度，从而需要在输出电压摆幅、电压增益和输入共模电平范围之间进行折中。对于给定的偏置电流和输入器件的尺寸，电路的增益与 PMOS 管的过驱动电压呈比例关系。为了获得更大的电路增益，必须减小 $(W/L)_{\text{P}}$，从而增大 $|V_{\text{GSP}} - V_{\text{THP}}|$，降低 X 点和 Y 点的共模电平。

5.4.4　基准电压源

基准电压源是当代模拟集成电路极为重要的组成部分，它为串联型稳压电路、A/D 和 D/A 转换器提供基准电压，也是大多数传感器的稳压供电电源或激励源。另外，基准电压源也可作为标准电池、仪器表头的刻度标准和精密电流源。理想基准电压源要求不仅有精确稳定的电压输出值，而且具有低的温度系数。获得理想基准电压源的一个简单方法是采用如图 5.4.18 所示的有源器件，MOS 管通过电阻 R 接至电源。

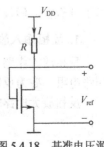

图 5.4.18　基准电压源

$$I = \frac{V_{DD} - V_{ref}}{R} = \frac{K}{2}(V_{ref} - V_T)^2 \qquad (5.4.31)$$

$$V_{ref} = V_T + \left[\frac{2(V_{DD} - V_{ref})}{RK}\right]^{1/2} \qquad (5.4.32)$$

V_{ref} 对 V_{DD} 的灵敏度则为

$$S = \frac{(\partial V_{ref} / V_{ref})}{(\partial V_{DD} / V_{DD})} = \frac{V_{DD}}{V_{ref}}(\frac{\partial V_{ref}}{\partial V_{DD}}) \qquad (5.4.33)$$

式中，$K = \frac{W\mu C_{OX}}{L}$，$\frac{W}{L}$ 为 MOS 管宽长比，μ 为载流子迁移率，C_{OX} 为栅电容。

5.4.5 基准电流源

基准电流源又称电流镜，其遵循的原理是：如果两个相同 MOS 管的栅源电压相等，那么沟道电流也应相等。图 5.4.19 说明了简单 N 沟道电流镜的构成，对于 M_1 管，因为 $V_{DS1}=V_{GS1}$，从而 M_1 管处于饱和区。假设 $V_{DS2} \geqslant V_{GS2} - V_{T2}$，采用 MOS 管饱和区的公式，$I_{OUT}$ 与 I_{IN} 之比为

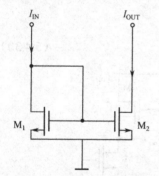

$$\frac{I_{OUT}}{I_{IN}} = (\frac{L_1 W_2}{L_2 W_1})(\frac{V_{GS} - V_{T2}}{V_{GS} - V_{T1}})^2 \qquad (5.4.34)$$

式中，V_{T1} 和 V_{T2} 分别为 M_1 管和 M_2 管的阈值电压。

通常，电流镜的组成部分都在同一个集成电路上，因此两个 MOS 管所有的物理参数（V_T）都是相同的，所以式（5.4.34）可以简化为

$$\frac{I_{OUT}}{I_{IN}} = (\frac{L_1 W_2}{L_2 W_1}) \qquad (5.4.35)$$

图 5.4.19 基准电流源（电流镜）

因此，$\frac{I_{OUT}}{I_{IN}}$ 是设计者控制的宽长比的函数。

5.4.6 运算放大电路

在信号运算电路中，输出电压将按一定的数学规律跟随输入电压变化，即输出电压反映输入电压的某种运算结果，它包括比例运算电路（同相/反相输入放大器）、加/减运算电路、微分运算电路和积分运算电路、对数和反对数运算电路、乘法和除法运算电路等，它们在测量和自动控制系统等电子设备中得到广泛的应用。

信号运算电路中集成运算放大电路必须工作在线性区，由于集成运算放大电路开环增益高，因此运算电路中必须引入深度负反馈，并通过选用不同的反馈网络以实现各种数学运算。以下分析中，假设集成运算放大电路具有理想特性。

1. 反相输入放大器

反相放大电路（反相输入放大器）也称为反比例运算电路，如图 5.4.20 所示，R_1 为输入回路电阻，R_f 为反馈电阻，该电路属于电压并联负反馈放大电路。

反相放大电路输出电压与输入电压之间的关系为

$$V_{out} = -\frac{R_f}{R_1}V_1 \qquad (5.4.36)$$

当 $R_f = R_1$ 时，$V_{out} = -V_1$，可见输出电压与输入电压呈反比关系，故称之为非门。

2. 加法器

加法器也称为求和运算电路，它有同相和反相求和运算两种电路。如图 5.4.21 所示为反相求和运算电路。

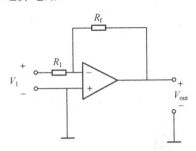

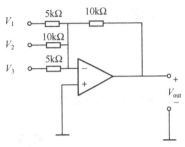

图 5.4.20　反相输入放大器电路图　　　图 5.4.21　反相求和运算电路

根据"虚短"和"虚断"，可以求得输出电压 V_{out} 的表达式为

$$V_{out} = -R_f \left(\frac{V_1}{R_1} + \frac{V_2}{R_2} + \frac{V_3}{R_3} \right) \tag{5.4.37}$$

当 $R_f = R_1 = R_2 = R_3$ 时：

$$V_{out} = -(V_1 + V_2 + V_3) \tag{5.4.38}$$

由此可见，在反相求和运算电路中，当改变一路输入信号源的大小以及输入端电阻时，并不影响其他路信号产生的输出值，同时各路信号源之间因运放的虚地特性而互不影响，因而调节方便，使用比较多。

3. 减法器

如图 5.4.22 所示，两个输入信号 V_1、V_2 分别加到集成运算放大电路的反相输入端和同相输入端，则构成减法运算电路，也称为差分放大电路。

利用叠加原理，可以得到减法运算电路的输出电压为

$$V_{out} = \frac{R_f}{R_1}(V_1 - V_2) \tag{5.4.39}$$

当 $R_f = R_1$ 时，可以得到

$$V_{out} = V_1 - V_2 \tag{5.4.40}$$

由此可见，在减法运算电路中，输出电压与两个输入电压之差呈正比，从而实现了减法运算。

4. 积分器

如图 5.4.23 所示为积分运算电路（积分器），它和反相比例运算电路的差别就是用电容 C 代替了电阻 R_f。

由图 5.4.23 可得，输出电压 V_{out} 为

$$V_{out} = -\frac{1}{RC} \int_0^t V_1(t)\mathrm{d}t + V_{out}(0) \tag{5.4.41}$$

可见，输出电压 V_{out} 正比于输入电压 V_1 对时间 t 的积分值，从而实现了积分运算。式中 RC 为电路的时间常数。

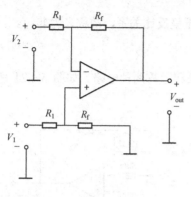

图 5.4.22　减法运算电路

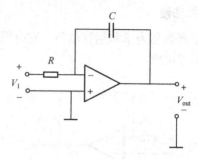

图 5.4.23　积分运算电路

5.5　集成电路版图

5.5.1　版图设计规则

集成电路的版图定义为制造集成电路时所用的掩模上的几何图形。根据工艺水平的发展和生产经验的积累，总结制定出的作为版图设计时必须遵循的一整套数据规则称为版图设计规则。

在工艺加工中，难免会出现光刻套准偏差、过腐蚀和硅片变形等工艺偏差情况，设计规则对这些影响生产的因素给予了考虑和规定，提出对容差的要求，即给出集成电路在制造过程中工艺水平能够达到的和保证芯片正常加工的各种约束条件。

版图设计规则是集成电路版图设计和工艺制造之间的桥梁。有了版图设计规则，版图设计师则不需要深入了解工艺的细节，只需严格按照版图设计规则的要求进行版图设计即可。

设计规则是由几何限制条件和电学限制条件共同确定的版图设计的几何规定，这些规定以掩模版各层几何图形的宽度、间距及重叠量等最小容许值的形式出现。虽然每个晶体管的宽度和长度是由电路设计决定的，但版图中其他大多数尺寸都要受“设计规则”的限制。大部分设计规则都可以纳入以下描述的四种规则之一。

1. 最小宽度

版图设计时，几何图形的宽度或长度必须大于或等于版图设计规则中的最小宽度。例如，若矩形多晶硅连线的宽度太窄，那么由于制造偏差的影响，可能会导致多晶硅断开，或在局部出现一个大电阻，如图 5.5.1 所示。通常，连接层越厚，则该层最小允许的宽度也越大，这表明，随着工艺尺寸的减小，层厚度也必须按比例缩小。

2. 最小间距

在同一层掩模上，图形之间的间隔必须大于或者等于最小间距。集成电路制造工艺是利用光刻和刻蚀工艺来获得各种图形的，如果两个图形之间的间距小于最小间距，那么由于可能存在的工艺偏差，这两个图形就可能连接在一起成为一个图形，如图 5.5.2 所示。

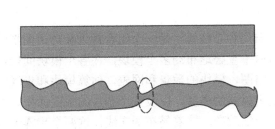

图 5.5.1　最小宽度

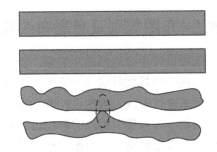

图 5.5.2　最小间距

3. 最小包围

在版图设计中，有些图形是被其他层的一些图形所包围的。例如，N 阱、N^+离子注入和 P^+离子注入包围有源区。这些包围应该有足够的余量，即满足最小包围，以确保即使出现光刻套准偏差，器件有源区也始终在 N 阱、N^+离子和 P^+离子注入区的范围内。同理，为了保证接触孔和多晶硅、有源区以及金属的正确连接，应使多晶硅、有源区和金属对接触孔四周要保持一定的覆盖，即满足最小包围。如图 5.5.3 所示，图中用 Overlap 表示图形之间的包围余量。

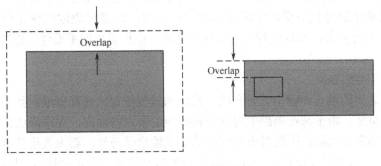

图 5.5.3　最小包围

4. 最小延伸

在版图设计中，某些图形重叠于其他层的图形上时，不能仅仅达到边缘为止，还必须延伸到边缘之外的一个最小长度，这就是最小延伸。例如，为了保证多晶硅栅极对沟道的有效控制，防止源区和漏区之间短路，多晶硅栅极必须从有源区中延伸出一定长度，且不能小于最小延伸，如图 5.5.4 所示，其中用 Overhang 表示多晶硅对有源区的最小延伸。

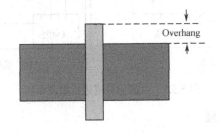

图 5.5.4　最小延伸

5.5.2　布图规则及布局布线技术

版图设计主要包括芯片规划、模块设计、布局和布线等，是一个组合规划和巧拼图形的工作。在一个规则形状（一般为长方形）区域内不重叠地布局多个模块，在各个模块间按电路的要求进行布线。版图设计前，根据设计电路图、模块的数量和网表，估算模块和走线的版图面积，再对整个芯片的面积进行估算，确定封装的类型，以及整个芯片的版图面积。如果封装形式已经确定，版图面积就已经确定，无法改变。接着是布局布线，这两个步骤十分重要，要在指定的面积内达到最优的工作性能。

1. 版图布局的概念

布局一般有 3 种方法：根据 I/O 布局、根据模块布局、根据信号流布局。

（1）根据 I/O 布局

根据已经确定好的 I/O 来决定模块的布局位置。在考虑其他 PAD 前，首先考虑电源 PAD 和 ESD 保护。如果芯片采用多电源多地，要把 ESD 保护接同一电源和地的引脚相互靠近，这样做有利于减小版图面积，降低寄生参量。

（2）根据模块布局

一般情况下，要求内部模块连线尽量短，避免在整个芯片上走线，能对称布线时尽量对称。同时也要考虑敏感模块受环境温度和噪声的影响。内部模块位置变化会使得它与外围 PAD 间的连线变得复杂，PAD 的位置也要相应调整。依据模块的重要性，通过多次调整寻找最佳布局。

（3）根据信号流布局

根据模块之间的输入和输出关系来决定模块的放置位置。在高频或射频中，模块间信号传递方式相当重要。由于高频电路中对寄生和噪声的要求特别高，要求降低信号线的交叠电容和信号走线的寄生电阻，因此对于相同的输入或输出信号线，要求走线长度相同且对称。从图 5.5.5（a）中的布局可以看出，DIGITS 模块的信号线带有大量的噪声，从提供稳定电流、电压的 BIAS 模块上跨过，严重影响 BIAS 模块的输出电压，因此图 5.5.5（a）所示的布局是失败的。应重点考虑噪声源的放置，图 5.5.5（b）所示的布局是成功的。

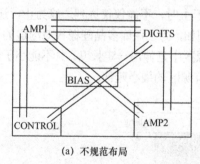 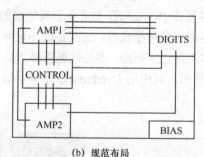

　　　　　（a）不规范布局　　　　　　　　　　　　　　（b）规范布局

图 5.5.5　根据信号流进行版图布局

2. 布局时需要注意的问题

在布局时，不能一味地追求最小的版图面积，需要留有足够的空间。在模块组合时，必须留有足够空间给电源线和信号线，要考虑到器件匹配和噪声设计。可以参考功能相近的现有电路的布局，从中得到启发。

（1）温度的影响

版图中如果有功率器件的存在，需要考虑到温度对器件的影响。对于对温度敏感的器件，譬如我们知道电阻对温度敏感，电阻的温度系数可以达到 0.5%/℃～1%/℃。在电阻的布局上要考虑远离功率器件，也要考虑温度梯度的问题，需仔细考虑电阻位置。

（2）噪声的影响

在数模混合电路版图中，数字模块电源和模拟模块电源要分开，并且两个模块之间要用接地环隔离开来，避免数字模块的瞬态噪声对模拟模块的影响。同样，模拟信号线和数字时钟信号线也要用接地环隔离。

（3）布线规划

布线规划的目的是判断整个布线的复杂程度，确定芯片上用于布线的区域（即布线通道），并找到在完成全部布线的过程中潜在的瓶颈或问题。另外，也要预先估计到布线对最终芯片面积的影响。

一般布线规划步骤如下：

① 信号估计。

如果没有最终的电路图或者网表，则不可能确定用于模块之间互连的信号线数目。不管布线规划多么完善，它仅仅是对将来的一个预先判断而已，而且它还可能是错的。但需要说明的是，不管规划多么粗糙，有总是比没有要好。

对信号的估计可以基于如下几个方面：向有经验的或做过类似芯片版图的设计师请教，让他基于自己的经验给出一个对面积的估计；进行尺寸估算并在设计中为每个主要模块预备引脚列表；估计信号源和目标点，即信号从哪里来到哪里去；给出主要的总线和特殊信号线的列表；给出 Pad 列表及其在芯片周围的位置。

② 估计布线方向。

对于每一个分层来说，要逐个通道地决定布线方向。在版图规划阶段选择最优的布线方向是一个好方法。

③ 偶然性规划。

为处理设计中产生的重大改变而带来的特性和开销应该纳入规划。

④ 监视和更新。

当电路设计成熟后，由于模块和全芯片的更多细节是可用的，所以布线规划应该被不断更新。

3. 布线方向

手工实现和优化布线通道的简单步骤如下：

① 为通道中的每个信号添加一个无命名的路径。

② 假如通道中有已知的重要关键信号，首先给它们做上标记，并决定它们在通道中的位置。

③ 标记并放置横跨通道全长的信号线。

④ 标记并放置在通道中开始或者结束的信号线。

⑤ 当信号绕过边角从一个通道到下一个通道时，如果有必要对通孔数目或分层进行优化

或者使其最小化，那么应对信号线进行重新排序。

⑥ 对于电源线、特殊信号线和宽总线来说，每一层的布线方向应保持一致。

⑦ 走线尽可能短，并且布局紧凑，减小延时。

⑧ 尽量不用多晶硅来走线，如果两个栅极之间距离太长，中间可用金属走线。

5.5.3　数字电路版图设计

标准的 CMOS 反相器电路如图 5.5.6 所示，反相器由一个 NMOS 晶体管和一个 PMOS 晶体管构成，也称非门。当输入 V_{in} 等于低电平 0 时，NMOS 晶体管关断，PMOS 晶体管导通，因此输出 V_{out} 被上拉到高电平 1；相反，当 V_{in} 等于高电平 1 时，NMOS 晶体管导通，PMOS 晶体管关断，因此输出 V_{out} 被下拉到低电平 0，实现了反相功能。

从晶体管的排列方向来说，CMOS 反相器版图可以分成两种方式，一种是垂直走向 MOS 管结构，另一种是水平走向 MOS 管结构，其版图实例如图 5.5.7 所示。其中，垂直走向 MOS 管结构的多晶硅栅为垂直布局，该种反相器结构输入线与输出线之间的距离可以较远，输入与输出之间耦合较小；而水平走向 MOS 管结构的多晶硅栅为水平布局，该种结构版图的输入线与输出线之间的距离较近，输入与输出之间的耦合比垂直布局结构版图要大。

图 5.5.6　CMOS 反相器电路

设计反相器时，为了提高驱动能力，常常需要将多个相等尺寸反相器并联，以提高电流输出能力。并联反相器的版图实例如图 5.5.8 所示，其中一种是直接将 MOS 管并联的接法，如图 5.5.8（a）所示；另一种是采用源漏区共享的连接方法，如图 5.5.8（b）所示。通过图 5.5.8（b）可以发现，源漏共享减小了版图面积。

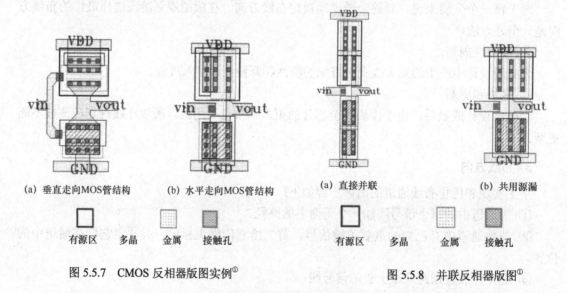

| (a) 垂直走向 MOS 管结构 | (b) 水平走向 MOS 管结构 | (a) 直接并联 | (b) 共用源漏 |

　　　有源区　　多晶　　金属　　接触孔　　　　　　　有源区　　多晶　　金属　　接触孔

图 5.5.7　CMOS 反相器版图实例[①]　　　　　　　图 5.5.8　并联反相器版图[①]

---

① 此为屏幕截图，图中符号均为屏幕实际显示形式。

5.5.4　模拟电路版图设计

1. 模拟集成电路与数字集成电路的比较

通过对模拟集成电路和数字集成电路进行对比，得出两者之间存在如下区别：

① 模拟电路设计需要在速度、功耗、增益、精度和电源电压等多种因素之间进行折中，而数字电路基本上只需权衡速度和功耗两种因素即可。

② 模拟集成电路对噪声、串扰和其他干扰比数字集成电路要敏感得多。

③ 器件的二级效应对模拟集成电路性能的影响比对数字集成电路性能的影响要严重得多。

④ 高性能模拟集成电路的设计很少能自动完成，通常每个器件都要"手工设计"，而许多数字集成电路都是自动生成和布局的。

⑤ 数字集成电路版图以设计规则为基础，十分严格且非常必要，但设计规则对模拟集成电路版图却并非关键所在。

⑥ 数字集成电路和模拟集成电路的规模不同。在数字集成电路中一个芯片可能有成千上万个反相器，而模拟集成电路中也许只有一个或者几个放大器。

⑦ 设计 CMOS 数字电路的主要目标是优化芯片的尺寸和提高密度。因为器件数目庞大，一个单元的尺寸增加 10%，整个芯片的尺寸就要显著变大。而模拟集成电路的主要目标是电路性能、匹配程度、速度和各种功能方面的问题。

模拟集成电路的性能与版图的相关性很强，而且在版图设计过程中要考虑很多数字集成电路中不存在的问题。因此在版图设计方面，模拟集成电路的要求比数字集成电路高很多。

2. 失配及匹配

工艺中存在的非理想因素会降低芯片性能与成品率，非理想因素包括光刻版的分辨率、光刻版套不准问题、芯片表面不平整、横向扩散、过度刻蚀和因载流子浓度不均匀分布造成的梯度效应。这些非理想因素会造成两个版图完全相同的器件特性参数不同，这种现象称为失配。对于数字集成电路而言，面积与延时是最主要的版图设计约束，因此版图设计只需满足版图设计规则，对器件匹配要求不高。但对于高频数字电路与模拟电路而言，仅满足版图设计规则远远不够。

失配可以分为随机失配与系统失配两种：随机失配是指由器件尺寸、掺杂浓度和氧化层厚度的不同而导致器件特性参数变化引起的失配，这种失配可以通过适当增加器件的尺寸来减小，譬如增大电阻条的宽度，避免采用最小沟道长度的晶体管等。系统失配是由于工艺偏差、工艺参数梯度效应、接触孔电阻、扩散区之间的影响、机械压力和温度梯度效应而造成的器件失配。系统失配可以通过版图设计技巧来降低，譬如采用单位匹配技术、虚拟单元和对称等。下面以 MOS 管为例，介绍版图中的匹配设计方法。

匹配是版图设计中重要的技巧之一。从某种意义上讲，匹配等同于对称，意味着器件对称、布局布线对称等。因此，模拟电路中器件及其周围环境必须进行对称性设计。通常采用的匹配规则如下。

（1）匹配器件相互靠近放置

如果把要求匹配的器件相互靠近放置，则衬底材料的均匀性、掩模版的质量及芯片加工对它们的影响可以认为几乎是相同的。

（2）匹配 MOS 管应采用相同的形状

MOS 管可以有多种形状，包括直线形、曲线形和环形。无论采用哪种形状，匹配 MOS

管的形状必须相同。如果 MOS 管的形状不同，边缘效应以及加工误差等将使 MOS 管无法精确匹配。

（3）器件保持相同方向

由于在集成电路制造工艺中许多工艺步骤沿不同方向的特性是不一样的，所以匹配 MOS 管的取向应一致。MOS 管的取向一致包括两种情况：一是晶体管的栅极平行；二是晶体管栅极在同一条直线上，分别如图 5.5.9（a）、（b）所示。

（4）共中心（四方交叉）

对于大的晶体管，对称性会变得更困难。为了减小失配，可采用共中心的布局方法，这样沿 x 轴和 y 轴方向的一阶梯度效应就会相互抵消。这种布局方法是把 M_1 和 M_2 都分成两个宽度为原来的一半的晶体管，沿对角放置且并联连接，如图 5.5.10 所示。由于器件分成两半且相互对角布局，因此这种方法又称为四方交叉技术。

(a) 栅极平行　　　(b) 栅极在同一条直线上

图 5.5.9　MOS 管的取向　　　　　　　　　　　　图 5.5.10　共中心版图

5.6　集成电路设计工具介绍

5.6.1　概述

随着集成电路制造技术的不断发展，其加工工艺已经达到纳米级（特征尺寸在 13nm 以下），单个芯片集成的晶体管最高可达 200 亿个。集成电路设计的高度复杂性，使得其设计需要借助于计算机辅助的设计方法学和技术手段。集成电路设计的研究范围很广，涵盖了数字集成电路中数字逻辑的优化、网表实现、寄存器传输级硬件描述语言代码的书写、逻辑功能的验证、仿真和时序分析、电路在硬件中连线的分布、模拟集成电路中运算放大器与电子滤波器等器件在芯片中的安置和混合信号的处理。相关的研究还包括硬件设计的电子设计自动化（EDA，Electronics Design Automation）、计算机辅助设计（CAD，Computer Aided Design）方法学等，它们是电机工程学和计算机工程的一个子集。

由于数字电路的规律性和离散性，计算机辅助设计方法学在给定所需功能行为描述的数字系统设计自动化方面已经非常成功。但是这并不适用于模拟电路设计，一般来说，模拟电路设计仍需"手工"进行。此外，许多用于分立器件模拟电路的设计技术也无法应用于模拟/混合信号的 VLSI 电路设计中。

本节主要介绍一些最常用的集成电路设计工具，比如 Cadence，以及安捷伦公司的 ADS（Advanced Design System）和华大九天公司的 Aether 设计平台软件。

5.6.2　Cadence 工具介绍

Cadence 软件是铿腾电子科技有限公司（Cadence Design Systems，Inc）开发的集成电路设计产品的总称，是行业内公认的具有强大功能的大规模集成电路计算机辅助设计系统。作为流行的 EDA 工具之一，Cadence 一直以来都受到了广大 EDA 工程师的青睐。

　　Cadence 是一个大型的 EDA 软件，它几乎可以完成电子设计方方面面的工作，包括系统设计，功能验证，IC 综合及布局布线，模拟、混合信号及射频 IC 设计，全定制集成电路设计，IC 物理验证，PCB 设计和硬件仿真建模等。与其他软件相比，Cadence 的综合工具略微逊色，然而在仿真、电路图设计、自动布局布线、版图设计及验证等方面具有绝对的优势。

　　在实际设计中经常用到的 Cadence 工具主要包括 Verilog HDL 仿真工具 Verilog-XL、电路设计工具 Composer、电路模拟工具 Analog Artist、版图设计工具 Virtuoso Layout Editor、版图验证工具 Dracula 和 Diva 以及自动布局布线工具 Preview 和 Silicon Ensemble。

　　Cadence 软件中针对数字电路的逻辑分析采用了业界喻为"黄金仿真器"的 Verilog-XL，以及以 NC Simulator 为核心，配以 Sim Vision 所提供的直观、易用的仿真环境，构成了顺畅的数字电路分析流程。针对模拟电路的功能验证，Cadence 软件采用了非常符合工程技术人员使用的工具界面，配合高精度、强收敛的模拟仿真器所提供的直流、交流、瞬态功率分析、灵敏度分析及参数优化等功能，可以辅助用户实现模拟电路以及数模混合电路的分析。针对

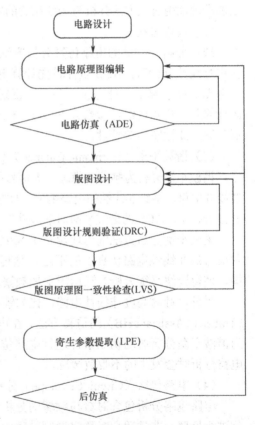

图 5.6.1　模拟集成电路设计流程

"设计即正确"的思想，Cadence 软件在印制电路板布局、布线设计领域，在传统的物理约束的基础上扩充了电气约束能力，可以解决高速 PCB 电路设计中遇到的信噪、热、电磁兼容等问题。而在高速高密度 PCB 系统设计方面，Cadence 软件提供了设计与分析紧密结合的设计方法和强有力的设计工具 SpecctraQuest。

　　针对模拟电路设计，Cadence 软件按照库（Library）、单元（Cell）和视图（View）的层次实现对文件的管理。库文件是一组单元的集合，包含各个单元的不同视图。单元是构造芯片或者逻辑结构的最低层次的结构单元，如反相器、运放、正弦波发生器等。视图位于单元层次下，包括电路图（Schematic）、版图（Layout）和符号（Symbol）等。在 Cadence 软件中，库文件包括设计库和技术库。设计库是针对用户而言的，不同的用户可以有不同的设计库；而技术库是针对集成电路制造工艺而言的，不同特征尺寸工艺、不同芯片制造厂商的技术库是不同的。为了能够完成集成电路芯片的制造，用户的设计库必须和某个工艺库相关联。

　　图 5.6.1 给出了一个简单的模拟集成电路设计流程。

5.6.3　ADS 工具介绍

　　ADS 是安捷伦公司电子设计自动化部门研发的 EDA 软件，因其强大的功能、丰富的模板支持和高效准确的仿真能力（尤其是在射频微波领域）而得到广大集成电路设计者的支持。

ADS 支持系统和射频设计师开发了所有类型的射频设计，从简单到复杂，从射频/微波模块到用于通信和航空航天/国防的 MMIC。

ADS 电子设计自动化功能十分强大，包括时域电路仿真（SPICE-like Simulation）、频域电路仿真（Harmonic Balance、Linear Analysis）、三维电磁仿真（EM Simulation）、通信系统仿真（Communication System Simulation）及数字信号处理仿真（DSP）。

ADS 包含以下仿真分析方法。

（1）高频 SPICE 分析和卷积（Convolution）分析

高频 SPICE 分析方法可分析线性与非线性的瞬态响应。SPICE 仿真器中无法直接使用的频域分析模型（如微带线、带状线等），可在高频 SPICE 仿真器中直接使用，因为在仿真时，高频 SPICE 仿真器会将频域分析模型进行拉普拉斯变换后再进行瞬态分析，而不需要将该模型转化为等效 RLC 电路。因此高频 SPICE 除了可以做低频电路的瞬态分析，也可以分析高频电路的瞬态响应。此外，高频 SPICE 也提供瞬态噪声分析的功能，可以用来仿真电路的瞬态噪声，比如振荡器或锁相环的抖动。

卷积分析方法为架构在 SPICE 高频仿真器上的高级时域分析方法，借助于卷积分析可以更加准确地用时域方法分析与频率相关的器件，如以 S 参数定义的器件、传输线以及微带线等。

（2）线性分析

线性分析为频域的电路仿真分析方法，可以对线性和非线性的射频电路进行线性分析。在进行线性分析时，ADS 软件首先计算电路中每个元件的线性参数，比如 S 参数、Z 参数、Y 参数、H 参数、电路阻抗、噪声、反射系数、稳定系数、增益或损耗等（若为非线性元件则计算其工作点的线性参数），然后对整个电路进行分析和仿真，得到线性电路的幅频、相频、群延迟、线性噪声等特性。

（3）谐波平衡（Harmonic Balance）分析

谐波平衡分析为频域、稳态、大信号的仿真分析方法，可以用来分析具有多频输入信号的非线性电路，得到非线性的电路响应，如噪声、功率压缩点、谐波失真等。与时域的 SPICE 仿真分析相比，ADS 的谐波平衡对非线性的电路分析是一个比较快速有效的分析方法。

谐波平衡分析方法的出现填补了 SPICE 的瞬态响应分析与线性 S 参数分析对具有多频输入信号的非线性电路仿真上的不足。尤其在当今的高频通信系统中，大多包含了混频电路结构，使得谐波平衡分析方法运用更加频繁，也日趋重要。

另外，针对高度非线性电路，比如锁相环中的分频器，ADS 也提供了瞬态辅助谐波平衡（Transient Assistant HB）的仿真方法，在电路分析时先执行瞬态分析，并将瞬态分析的结果作为谐波平衡分析时的初始条件进行电路仿真，借助于此种方法可以有效地解决在高度非线性电路分析时会发生的不收敛情况。

（4）电路包络（Circuit Envelope）分析

电路包络分析包含时域与频域的分析方法，可以将高频调制信号分解为时域和频域两部分进行处理，非常适合对数字调制射频信号进行快速、全面的分析。在时域上，电路包络仿真对相对低频的调制信息用时域 SPICE 方法进行仿真分析；而对相对高频的载波成分，电路包络仿真采用类似谐波平衡法的仿真方法，在频域进行处理。

（5）电磁（Momentum）仿真分析

ADS 采用矩量法对电路进行电磁仿真分析，近年来又增加了基于有限元算法的电磁仿真分析。矩量法和有限元法都是一种数值计算方法，可以对微分方程和积分方程进行数值求解，因此在电磁场的数值计算中应用十分广泛。其中，矩量法是将激励和加载分割成若干部分，并将一个泛函方程化为矩阵方程，从而得到射频电路电磁分布的数值解。激励和加载分割的部分越多，矩量法的电磁数值解就越精确。ADS 采用矩量法可以对版图进行电磁仿真分析，得到电路板上的寄生和耦合效应，能对原理图的设计结果加以验证。

5.6.4　Aether 工具介绍

Aether 设计平台是华大九天公司推出的一款集成电路设计自动化（EDA）软件，同时这也是一款本土的 EDA 软件。华大九天 Aether 设计平台提供完整的数模混合信号集成电路设计解决方案，包含设计数据库管理（Design Manager）、工艺管理（Technology Manager）、原理图编辑器（Schematic Editor）、混合信号仿真环境（MDE）、版图编辑器（Layout Editor）和原理图驱动版图（SDL，Schematic Driven Layout）等工具，并且无缝集成华大九天 SPICE 仿真工具 Alps-AS、数据混合信号仿真工具 Alps-MS、混合信号波形查看工具 iWave、版图物理验证工具 Argus、寄生参数提取工具（RC Explorer）以及其他主流的第三方工具，使整个设计流程更加平滑、高效。

Alps-AS 是新一代高速高精度并行晶体管级电路仿真工具，能够在保持精度的前提下突破目前验证大规模电路所遇到的容量和速度瓶颈。Alps-MS 是新一代高速高精度并行混合电路仿真工具，能够协同仿真互相并联的数字电路与模拟电路，实现数字信号与模拟信号的自动转换与同步。

iWave 是模拟和混合信号波形分析工具，除提供电路调试所需的仿真结果显示、测量、计算、编辑和保存等基本功能外，还提供了多面板波形显示、波形叠加、波形自动对比分析和波形转换（A/D，D/A）等功能。

Argus 是新一代纳米级芯片物理验证解决方案，能够提供精确的扁平化、层次化、高效并行的物理验证技术，易于定制扩充的验证规则，并且与主流物理验证工具兼容。

时序、信号完整性以及功耗问题在当代复杂 IC 设计中变得更具有挑战性，尤其是在 65nm及以下工艺中。RC Explorer 可在纳米级标准单元设计中进行单元级的寄生参数提取，也可以利用 Argus 或第三方 LVS 工具进行晶体管级的寄生参数提取。同时，RC Explorer 可提供基于版图和网表的点到点寄生参数和时延的快速分析，可以广泛应用于版图编辑、后仿 debug、PG分析、RdsON 分析和 ESD 分析等应用，提供准确的寄生参数分析优化解决方案。此外，RC Explorer 还可以用于两个 DSPF 文件的比较，分析线网间耦合电容、端口间的电阻差异，帮助设计者对集成电路版图进行有效的版图管理对比。

数模混合信号集成电路设计流程如图 5.6.2 所示。

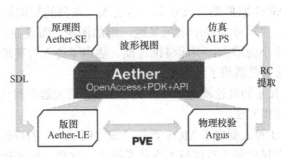

图 5.6.2　数模混合信号集成电路设计流程

在数字 SoC 设计以及 FAB 解决方案中，华大九天的设计平台 Aether 集成了 ClockExplorer、TimingExplorer、PowerExplorer、Skipper 等模块。

ClockExplorer 能够帮助设计者找出影响 CTS 质量的问题所在，改进时钟综合结果，从而降低时钟网络功耗，提高时钟工作频率；通过与业界主流工具的文件交互，华大九天工具可以为时序收敛问题提供基于精确时序信息和准确物理位置信息的解决方案，帮助设计者加快时序收敛速度，免去项目延宕忧虑，保证既定的流片安排。

Skipper 是针对芯片 Tape-out 及版图 debug 阶段版图处理的高效处理平台。能够处理超过几百吉字节（GB）的海量版图数据，其高速的数据读写能力及高效的数据压缩能力可以实现最小系统资源占用，为版图设计工程师提供完美的设计解决方案。

与传统版图设计工具不同，Skipper 侧重版图高速读取及查看；针对版图 debug 的常见问题，提供了精准快速的版图比较、关键线网追踪及点到点电阻提取等功能；对于图层布尔运算、IP merge 等操作，Skipper 都进行了特殊优化以满足客户的不同要求，可以有效缩短用户芯片面市时间，给用户带来高效、全新的使用体验。

5.7　大规模集成电路基础

随着器件尺寸的缩小，集成电路的性能和集成度得到改善。器件尺寸的缩小在集成电路技术发展的历史中起着十分重要的作用，在今后仍然是集成电路进一步发展的一个关键因素。研究表明，在 3 种主要的器件结构（双极型、MOS 型和 CMOS 型）中，MOS 型从器件尺寸的缩小中获益最大。增强型驱动管/耗尽型负载管（E/D 型）NMOS 集成电路，由于其工艺简化、器件结构简单、集成密度高、速度快而成为大规模集成电路的主流。随着器件尺寸的缩小，E/D NMOS 集成电路的集成度迅速提高。但由于其功耗及噪声容限的限制，目前 E/D NMOS 集成电路的集成度已经接近极限。互补型 MOS 集成电路，即 CMOS 电路，具有固有静态功耗低、噪声容限（抗干扰能力）高、抗辐射性能好、温度和电源电压工作范围宽等优点。更重要的是，在器件尺寸比 NMOS 小得多的条件下，CMOS 电路的这些优点仍然有可能得到保持。因此，CMOS 工艺已成为超大规模集成电路的主流工艺。双极型集成电路制备工艺复杂，尽管如 I^2L 这种双极型结构并不像一般双极型集成电路功耗那样大，但仍存在着成品率低、工作范围窄、抗干扰能力低等问题。不过，驱动能力、工作速度及阈值电压的可控性等优点，使双极型集成电路在 VLSI 中仍有一定的地位和作用。

为了有效地实现器件尺寸的缩小，从而得到最大的利益，必须建立科学的理论及缩小尺寸的理论和规则。

MOS 集成电路的缩小尺寸包括组成集成电路的 MOS 器件的缩小尺寸以及隔离和互连线的缩小尺寸 3 个方面。MOS 器件缩小尺寸后，会引入一系列的短沟道和窄沟道效应。这主要是由于：①在沟道中，大尺寸器件中电场呈现一维的图像，而现在三维的性质逐渐明显；②电场强度随器件尺寸缩小而增大，引起碰撞电离、热电子注入等高场效应；③沟道载流子的输运性质发生变化，特别是载流子的速度饱和。

MOS 集成电路缩小尺寸的理论就是从器件物理出发，研究器件尺寸缩小之后，尽可能减少这些小尺寸效应的途径和方法。

1974 年，R. Dennard 等人提出了 MOS 器件"按比例缩小"的理论。这个理论建立在器件中的电场强度和形状在尺寸缩小后保持不变的基础上。这样，许多影响器件性能并与电场变化呈非线性关系的因素将不会改变器件大小，而器件的性能却得到明显改善，因此该理论称为恒定电场（Constant Electrical Field）理论，简称 CE 理论。随着实际应用的需要，又提出了恒定电源电压的按比例缩小理论，称为 CV（Constant Voltage）理论以及准恒定电源电压的 QCV（Quasi-Constant Voltage）理论。下面以 E/D NMOS 为例，对这 3 种理论予以介绍。

5.7.1　按比例缩小的基本理论——CE 理论

简单地缩小器件的表面尺寸并不能改善器件的性能，相反，甚至可能使器件无法工作。图 5.7.1 表明，如果简单地缩小水平尺寸，则在沟道长度方向，源和漏的 PN 结的耗尽区将互相交叠而引起穿通；在沟道宽度方向，由于场氧化层厚度没有减小，场氧化区向沟道宽度的横向扩展（称为"鸟嘴效应"）量保持不变，造成沟道宽变窄甚至消失。所以，必须寻找一个正确的器件尺寸缩小的规则，以避免这些现象的出现并尽可能减少三维效应所带来的不利影响。

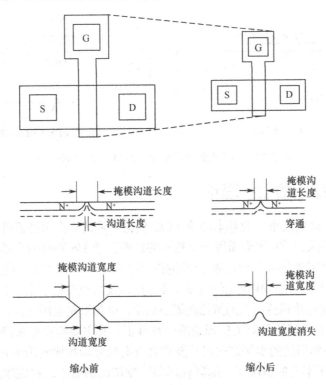

图 5.7.1　简单缩小器件水平尺寸的问题

所谓"按比例缩小"，意味着不仅仅是简单地缩小器件的水平尺寸，而且按同样比例缩小器件的垂直尺寸；不仅缩小器件的尺寸，而且按比例地变化电源电压及衬底浓度。图 5.7.2（a）所示是一个 MOSFET，其栅长度为 L，栅宽度为 W，栅氧化层厚度为 t_{OX}，源和漏 PN 结的结深为 x_j，衬底掺杂浓度为 N_{SUB}，漏源电压为 V_{DS}。有效栅压定义为 $V_{GE}=(V_{GS}-V_T)$，其中 V_{GS} 为栅源电压；V_T 为器件的阈值电压。注意，这里的各个电压量均是相对于源电位而言的，所以此处衬底相对于源的电压为 V_{BS}。

现在，器件尺寸、电源电压及衬底浓度这 3 个参数均按一个比例因子 α 而变化，即所有水平方向和垂直方向的器件尺寸均按 $1/\alpha$ 缩小（此处 $\alpha>1$，是无量纲的常数）。与此同时，为了保持器件中各处电场强度不变，所有工作电压均按同样比例降低为原来的 $1/\alpha$。为了按同样比例缩小器件内各个耗尽层宽度，衬底浓度应提高 α 倍。这就是 CE 规则的基本特点。我们把这个理论称为恒定电场按比例缩小理论。这里"按比例缩小"的提法是为了着重说明器件和引线尺寸的缩小。事实上，除尺寸之外，电源电压及衬底浓度是按同样比例改变的，并不一定缩小。因此，称为按比例缩小变化理论或许更合适。

图 5.7.2（b）给出了图 5.7.2（a）所示的器件按 CE 规则缩小后，其尺寸、电压和衬底掺杂浓度的变化情况。垂直方向的尺寸均缩小为原来的 $1/\alpha$，即 $t'_{OX}=t_{OX}/\alpha$；$x'_j=x_j/\alpha$；水平方向的尺寸均缩小为原来的 $1/\alpha$，即 $L'=L/\alpha$；$W'=W/\alpha$；电压缩小为原来的 $1/\alpha$，即 $V'_{BS}=V_{BS}/\alpha$；衬底掺杂浓度为 $N'_{SUB}=\alpha N_{SUB}$。

这样按比例变化器件结构及电压的参数，其目的是为了在器件缩小尺寸后基本上保持器件沟道区中电场的图像不变，使短沟道、窄沟道效应大为减弱。

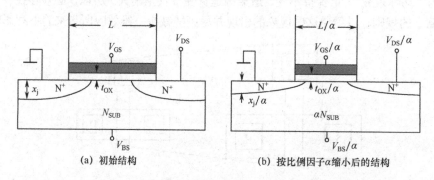

(a) 初始结构　　　　　　　　　　(b) 按比例因子 α 缩小后的结构

图 5.7.2　恒定电场按比例缩小的 MOS 晶体管结构

5.7.2　按比例缩小的 CV 理论

如前所述，"按比例缩小"的基本理论（CE 理论）是建立在保持器件尺寸缩小后，器件内电场分布不变的基础上的，因而需用一个相同的比例因子 $1/\alpha$ 同时缩小器件的尺寸和减小工作电压。但是许多实践的因素要求电源电压不按比例缩小。例如，好的阈值电压控制和高的噪声容限；良好的器件截止态；保证宽的电路工作温度以及与现有电子系统和电路的兼容性；等等。从而提出了电源电压保持不变的按比例缩小理论，称为恒定电压理论，即 CV 理论。

按比例缩小的 CV 理论是对 CE 理论的一种修正，其主要特点是保持电源电压不变。与 CE 规则一样，器件和引线的水平方向尺寸及垂直方向尺寸均按比例因子 α 缩小，此处 $\alpha>1$。为了保证在电源电压不变的情况下，漏区耗尽层宽度按比例缩小，衬底浓度必须有相应的调整。表 5.7.1 给出了按比例缩小的 CV 规则。

表 5.7.1　按比例缩小的 CV 规则

参　数	比例因子
器件及引线的水平尺寸（W，L，W_1，L_1，引线孔）	$1/\alpha$
器件及引线的垂直尺寸（t_{OX}，t_{OXF}，t_1，x_j）	$1/\alpha$
衬底掺杂浓度 N_{SUB}	α^2
电压量（V_{DD}，V_{BS}）	1

按比例缩小的 CV 规则解决了 CE 规则所带来的问题，但是器件中电场强度的增大又带来一系列新问题。

5.7.3　按比例缩小的 QCV 理论

从上面的讨论可知，无论 CE 规则还是 CV 规则，都使集成电路的性能得到改善，集成密度得到显著提高。但是，它们各自都存在由于过低的电压（CE 规则）或过高的电场强度（CV 规则）所带来的一系列性能限制。如果完全按照这两个规则缩小集成电路，器件性能显然不能得到最佳化。

事实上，按比例缩小的理论中，并不是所有几何尺寸或其他参数的改变都能带来好处。例如，场氧化层厚度和互连线的厚度若能保持不变，则可使互连线的电阻保持不变，而其电容值却缩小为原来的 $1/\alpha^2$。相应地，互连线的时间常数也缩小为原来的 $1/\alpha^2$，与电路中器件的性能改善相匹配。当然，这种做法必须有相应的工艺技术作为基础。可以根据工艺技术水平，减缓场氧化层厚度及互连线减薄的速率。

又如，衬底浓度的过分提高，使载流子的有效迁移率减小，使漏和源 PN 结的寄生电容增大，还会带来体效应的增大，这是应该避免的。在按比例缩小的理论中提高衬底浓度的目的是要使耗尽层宽度按比例缩小。但是只有耗尽层的横向宽度才是防止穿通的主要参数，而这种耗尽层的横向扩展可以通过沟道离子注入改变沟道表面浓度而得到控制，并无必要改变衬底浓度。假定注入剂量不变，而注入深度按比例缩小，则表面浓度按比例增大，衬底的掺杂浓度就可以不变。当然，在实践中由于注入以后仍有一系列热处理过程，要按比例缩小注入的深度是困难的，但是衬底浓度不需要按 CE 及 CV 规则要求那样大的比例增大则是显然的。为了防止结的深部穿通的发生，也可采用深注入的方法。

总之，按比例缩小理论存在的目的在于实现高性能与高可靠性的器件及电路的需求。如前所述，为了达到高性能，往往带来可靠性的问题。例如，按 CV 规则缩小的器件中，电源电压保持不变带来了高场效应，如热电子注入及氧化层击穿会引起器件可靠性严重退化。因此，必须研究新的按比例缩小的方法，确定工艺与器件参数及电源电压的优化值，以达到最佳的器件性能及高的器件可靠性。其中，电源电压的确定是达到上述目标的关键。采用计算机辅助技术，开发适当的模拟程序，可以在沟道长度、结深及电源电压确定的条件下，通过选择栅氧化层厚度、沟道注入浓度及衬底浓度，达到器件的阈值电压、驱动电流及速度的设计指标，并把短沟道效应（如阈值电压的下降及亚阈值电流的升高）限制在可接受的范围内。再由可靠性的要求（如衬底电流的数值）修正电源电压，直到高性能及高可靠性的要求均能达到为止。这个方法比较准确，但也较复杂。更为简单的方法是研究类似 CE、CV 的简单明了的缩小规则，使电源电压的值满足阈值电压可控及高场效应足够小两方面的要求。这就是按比例缩小的准恒定电压理论（QCV 理论）以及其他一些修正理论。这类理论与其说是按照某种比例关系缩小器件尺寸、按比例改变电压及衬底掺杂，还不如说是一种根据实际工艺能力的最佳设计。

5.8　集成电路设计方法学

ASIC（Application Specific Integrated Circuit，专用集成电路）是一种为专门目的而设计的集成电路，是指应特定用户要求和特定电子系统的需要而设计、制造的集成电路。其特点是面向特定用户的需求，在批量生产时与通用集成电路相比具有体积更小、功耗更低、可靠性更高、性能更高、保密性更强、成本更低等优点。

ASIC 设计流程图如图 5.8.1 所示，设计流程包括前端设计和后端设计两部分。前端设计包括系统设计、行为设计、逻辑设计和电路设计；后端设计包括物理设计和制版流片。

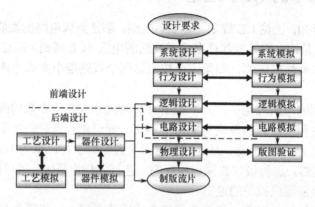

图 5.8.1　ASIC 设计流程图

（1）系统设计

根据设计要求对所要设计的目标电路进行模块划分和算法设计，将目标电路的系统级描述转化为行为级描述。

（2）行为设计

根据模块划分和算法，采用一种特殊的编程语言——硬件描述语言，对所设计的模块和算法进行设计，将行为级描述转换为逻辑级描述。

（3）逻辑设计

将子系统和模块的逻辑级设计进行进一步细化，得到只包含级别门和触发器的逻辑电路并进行优化，将逻辑级描述转换为门级描述。

（4）电路设计

将门、触发器等转换成晶体管、电阻和电容等基本元件与连线，将门级描述转换为电路级描述。该过程主要针对高速数字电路和模拟电路。

（5）物理设计

将晶体管、电阻、电容互连线等转换成物理版图，用于掩模版制作和集成电路制造。该过程将电路或门级描述转换为版图级描述。

（6）制版流片

利用版图文件数据在制版设备上制作光刻掩模版，而后在 Foundry 的生产线上进行流片，完成集成电路的制造流程。

5.9　本 章 小 结

本章讨论了有关集成电路的基本知识，并具体分析了一些常见电路以帮助读者了解集成电路基本技术。

5.1 节中首先对集成电路进行概述性介绍。随后给出了评价集成电路性能的主要指标，包括集成度、功耗延迟积、特征尺寸、可靠性，紧接着进一步分析了有源器件、无源器件、隔离区、互连线、钝化保护层、寄生效应等因素对集成电路性能造成的不同程度的影响。随后我们按器件结构、电路功能、集成规模等不同分类方法对集成电路进行区分，并对现今集成电路的发展情况进行了概述。

5.2 节中主要探讨了数字集成电路。由浅入深依次介绍了基本逻辑量、逻辑运算、逻辑门电路，对常见逻辑门电路进行了着重分析，帮助读者更好地理解数字电路。此外，也对 CMOS 传输门的工作原理进行了讨论。CMOS 技术由于其功耗低、工作电压范围宽、温度稳定性好、输入阻抗高、抗干扰能力强、抗辐射能力强、逻辑摆幅大、扇出能力强等一系列优点，成为半导体集成电路的主流。

5.3 节讨论了双极型和 BiCMOS 两种集成电路技术。双极型晶体管构成的电路具有 CMOS 技术不具备的高速度、强驱动能力的优点，适用于处理高电压、大电流场合以及高精度模拟电路。BiCMOS 是集合了双极型晶体管和 CMOS 电路的新一代 VLSI 电路技术，弥补了主流 CMOS 电路对大电流情况表现较差的缺点，并使得数模混合电路同处一块芯片成为可能。

5.4 节中主要探讨了模拟集成电路。着重介绍了放大器的知识，同时也对基准电压源、基准电流源进行了分析，这些都是基础概念且十分重要，是模拟电路中不可避免的问题。此外，也给出了运算放大电路的相关内容。具体探讨了反相输入放大器、加法器、减法器、积分器等基本运算电路的电路图以及工作原理。

5.5 节中主要探讨了集成电路版图。对于版图设计中的一些设计规则与布局布线技术给出了详细介绍，并分别对数字与模拟集成电路的版图设计进行了介绍与比较。

5.6 节简要介绍了一些用于集成电路设计的 EDA 工具，文中所列举的工具主要以模拟电路设计为主，未深入涉及数字集成电路设计的一些 EDA 工具，诸如 Synopsys、Mentor 等公司的一系列工具。

5.7 节是大规模集成电路的概述。主要讲解了按比例缩小理论——恒定电场理论，简称 CE 理论，并对随后提出的恒定电源电压的 CV 理论和准恒定电源电压的 QCV 理论给出了一定程度的介绍。

5.8 节给出了专用集成电路 ASIC 的设计流程。作为一种为专门目的而设计、制造、优化的集成电路，ASIC 具有令人瞩目的前景。

思　考　题

1. 写出异或逻辑和同或逻辑的真值表。

2. 试用一个与非门和一个反相器构成一个 CMOS 与门电路，画出电路图。（提示：$F = AB = \overline{\overline{AB}}$）

3. 列出题 3 图 CMOS 逻辑电路的真值表，其中输出为 X，输入为 A、B、C。

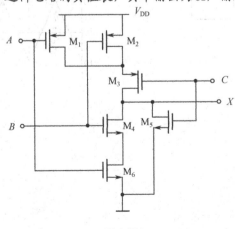

题 3 图

4. 比较双极型、CMOS 和 BiCMOS 集成电路的特点。

5. 一个 CMOS 反相器的 V_{DD}=1.5 V，V_{OH}=1.35 V，V_{OL}=0.2 V，V_{IH}=1.2 V，V_{IL}=0.3 V，求该反相器的高噪声容限 V_{NH} 和低噪声容限 V_{NL}。

6. 如题 6 图所示的源极跟随器电路中，已知 $(W/L)_1$=20/0.5，I_1=200 μA，V_{TH}=0.6 V，$\mu_n C_{OX}$=50 μA/V^2。计算 V_{in}=1.2 V 时的 V_{out}。

7. 将题 7 图中 M_1 的漏电流和跨导表示为输入电压的函数，并画出示意图。

8. 画出如题 8 图所示电路的等效小信号电路。

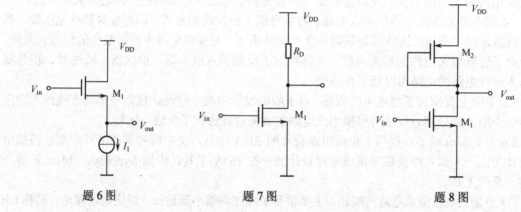

　　　题 6 图　　　　　　　　　　题 7 图　　　　　　　　　　题 8 图

9. 参见题 9 图，画出共模输入电平从 0 V 到 V_{DD} 时差动对的小信号差动增益变化关系示意图。

10. 反相积分放大器的输入电阻 R 为 10 kΩ，若输入和输出电压波形如题 10 图所示，求电容 C 的值。

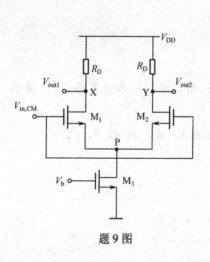

题 9 图

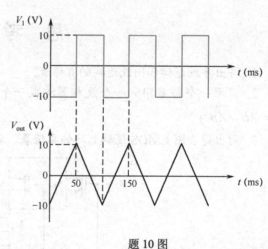

题 10 图

第6章　新型微电子技术

关键词

- SoC 技术
- 微机电系统（MEMS）技术
- 生物芯片技术
- 纳电子技术
- 纳米相关技术

　　微电子是 20 世纪以来最有影响力的技术之一，而微电子和其他各学科的结合也促进了各个相关领域的长足发展。比如，微电子技术和其他加工技术相结合，使得器件和系统向尺寸更小、集成度更高、性能更优良的方向发展。微电子和机械学科相结合，促进了微机电系统工业的大力发展。此外，微电子和生物学科相结合，促进了生物芯片技术的繁荣。

6.1　SoC 技术

　　随着设计与制造技术的发展，集成电路设计从晶体管的集成发展到逻辑门的集成，现在又发展到 IP 的集成，即 SoC（System on Chip）设计技术。SoC 可以有效地降低电子/信息系统产品的开发成本，缩短开发周期，提高产品的竞争力，是未来工业界将采用的最主要的产品开发方式。

　　SoC 技术被广泛认同的根本原因并不在于 SoC 可以集成多少个晶体管，而在于 SoC 可以用较短时间被设计出来。这是 SoC 的主要价值所在——缩短产品的上市周期，因此，SoC 更合理的定义为：SoC 是在一个芯片上由于广泛使用预定制模块 IP（Intellectual Property）而得以快速开发的集成电路。从设计上来说，SoC 就是一个通过设计复用达到高生产率的硬件和软件协同设计的过程。从方法学的角度来看，SoC 是一套大规模集成电路的设计方法学，包括 IP 核可复用设计/测试方法及接口规范、系统芯片总线式集成设计方法学、系统芯片验证和测试方法学。SoC 是一种设计理念，就是将各个可以集成在一起的模块集成到一个芯片上，它借鉴了软件复用的概念，也具有继承的概念，可以说是一项包含了设计和测试等更多技术的新的设计技术。

6.1.1　SoC 技术现状及其分类

　　从应用开发的角度来看，SoC 的主要含义是在单芯片上集成微电子应用产品所需的所有功能系统。SoC 技术的研究内容包括：开发工具、IP 及其复用技术、可编程系统芯片、信息产品核心芯片开发和应用、SoC 设计技术与方法、SoC 制造技术和工艺等。国际上 SoC 应用设计逐渐从 ASIC 方向向可编程 SoC 方向发展。ASIC 设计的典型实例主要包括：1994 年 Motolola 的 FlexCore 系统是基于定制的 68000 和 PowerPC 微处理器；1995 年 LSI Logic 为 Sony 公司开发的 SoC，它包括一个 lMIPS 的微处理器、存储器和 Sony Logic，已经被广泛应用于

Sony Playstation 视频游戏中；1996 年 IBM 公司制造了它的第一款 SoCASIC，该系统包括 PowerPC 401 微处理器、SRAM 存储器、高速的模拟存储器接口和私有的客户逻辑。随着 SoC 应用的不断普及，市场需要更加广泛的 SoC 设计。SoC 提供商不仅必须拓展系统内部设计能力，而且要直接开发和交付 SoC 设计套件和方法给客户。

因此，SoC 设计逐渐向可编程 SoC 方向发展。中国在高新技术研究发展"863"计划中，把 SoC 作为微电子重大专项列入了 2000—2001 年度信息技术领域的重大专项预启动项目，并在 IP 核的开发、软硬件协同设计、IP 复用、VDSM 设计、新工艺新器件等方面布置了预研性课题，其中 IP 核的设计和制造是 SoC 技术中最为关键的部分。在中国最适应 SoC 技术应用开发的 SoC 类型是可编程 SoC 技术。可编程 SoC 是在一块现场可编程芯片上提供产品所需的系统级集成。多家 IC 提供商已经在可编程 SoC 的实现方面迈出了可喜的步伐。这些新的器件所提供的系统功能包括处理器、存储器和可编程逻辑，从而解决了与 ASIC 相关的 NRE（非经常性工程）费用高或制造周期太长的问题。可编程 SoC 提供了 ASIC 的高集成度（低功率、小尺寸、低成本）及 FPGA 的低风险、灵活性和上市快的特性。这也是 SoC 技术在微电子行业受欢迎的最根本的原因。目前，已有几家集成电路提供商提供这种类型的可编程 SoC，其中比较著名的 3 家公司是 Atmel、Xilinx 和 Altera。

SoC/SoPC 明显的技术优势决定了其在军事装备上有广阔的应用空间。无论是对现役装备的"嵌入式"改造，还是新装备的研发，SoC 技术的应用都将成为一个战斗力的"倍增因子"。作为嵌入式电子技术之一，SoC 技术可以应用在作战武器、测试/检测设备、模拟训练器材等方面。例如，先进的便携式火控系统要求中央处理单元的体积小、功耗低，但要具有较强的处理能力、抗电子干扰能力和可靠性。SoC 技术可以很好地满足设计要求。SoC 追求功耗、体积、开发周期的最小化和性能、可靠性、自主知识产权的最优化，是实现嵌入式电子系统的理想方式。按照摩尔定律，芯片的集成度每 3 年增加 4 倍，SoC 将是大势所趋。

SoC 的一般构成如下：

① 逻辑核包括 CPU、时钟电路、定时器、中断控制器、串并行接口、其他外围设备、I/O 端口以及用于各种 IP 核之间的粘合逻辑等；

② 存储器核包括各种易失、非易失以及 Cache 等存储器；

③ 模拟核包括 ADC、DAC、PLL 以及一些高速电路中所用的模拟电路。

今天 SoC 的发展至少遇到了以下 4 大难以逾越的挑战：

第一，IP 的种类和复杂度越来越大以及通用接口的缺乏均使得 IP 的集成变得越来越困难；

第二，当今的高集成度 SoC 设计要求采用更先进的 90nm 以下工艺技术，而它将使得功率收敛和时序收敛的问题变得更加突出，这将不可避免地导致更长的设计验证时间；

第三，很难在 SoC 上实现模拟、混合信号和数字电路的集成；

第四，先进 SoC 开发的 NRE 成本动辄数千万美元，而且开发周期很长。

6.1.2　SoC 发展中的焦点技术

SoC 设计的最大门槛是要有专门技术、IP 库和 SoC 总线架构的支持，需要广泛的多功能 IP 和将客户逻辑与之集成在一起的设计艺术，以满足客户产品开发的需求。

SoC 的发展离不开应用领域的需求牵引。进行片上系统设计时，首先要考虑的问题是系统的体系结构。为了提高开发模块的重复利用率，降低开发成本，用户采用了 SoC（芯片内部）总线、芯片间总线（如 SPI、I2C、UART、并行总线）、板卡间总线（ISA、PCI、VME）、设备间总线（USB、1394、RS232）。SoC 总线为用户提供了一个堪称"理想"的环境：片上系统模块间不会面临干扰、匹配等传统问题，但是片上系统的时序要求却异常严格。

　　SoC 芯片需要集成一个复杂的系统，这导致了它具有比较复杂的结构。如果是从头开始完成芯片设计，显然将花费大量的人力物力。另外，现在电子产品的生命期正在不断缩短，从而要求芯片的设计在更短的周期内完成。为了加快 SoC 芯片设计的速度，人们将已有的集成电路以模块的形式在 SoC 芯片设计中调用，从而简化芯片的设计，缩短设计时间，提高设计效率。这些可以被重复使用的集成电路模块就叫作 IP 模块（或者系统宏单元、芯核、虚拟器件）。

　　由此使许多第三方 IP 供应商得到快速发展，它们的成功要么具有独一无二的且极具价值的 IP，要么具有良好声誉的库。SoC 设计者通过重用证明了的 IP，不仅利用了最新工艺技术优势，而且减少了开发周期和风险。

　　SoC 的设计基础是 IP 复用技术。

　　IP 模块是一种预先设计好且已经过验证的具有某种确定功能的集成电路、器件或部件。它有 3 种不同形式。

　　（1）软 IP 核（soft IP core）

　　软核（软 IP 核的简称）在 EDA 设计领域指的是综合之前的寄存器传输级（RTL）模型，具体在 FPGA 设计中指的是电路的硬件语言描述，包括逻辑描述、网表和帮助文档等。软核只经过功能仿真，需要经过综合以及布局布线才能使用。其优点是灵活性高、可移植性强，允许用户自配置；缺点是对模块的预测性较低，在后续设计中存在发生错误的可能性，有一定的设计风险。软核是 IP 核最广泛的应用形式。

　　（2）固 IP 核（firm IP core）

　　固核（固 IP 核的简称）在 EDA 设计领域指的是带有平面规划信息的网表，具体来说在 FPGA 设计中可以看作带有布局规划的软核，通常以 RTL 代码和对应具体工艺网表的混合形式提供。将 RTL 描述结合具体标准单元库进行综合优化设计，形成门级网表，再通过布局布线工具即可使用。和软核相比，固核的设计灵敏性稍差，但在可靠性上有较大提高。

　　（3）硬 IP 核（hard IP core）

　　硬核（硬 IP 核的简称）在 EDA 设计领域指经过验证的设计版图，具体在 FPGA 设计中指布局和工艺固定、经过前端和后端验证的设计，设计人员不能对其进行修改。不能修改的原因有两个：首先是系统设计对各个模块的时序要求很严格，不允许打乱已有的物理版图；其次是保护知识产权的要求，不允许设计人员对其有任何改动。硬核不许修改的特点使其复用有一定的困难，因此只能用于某些特定应用，适用范围较窄。

　　SoC 具有以下几方面的优势。

　　① 降低耗电量：随着电子产品向小型化、便携化发展，对省电的需求将大幅提升。由于 SoC 产品多采用内部信号的传输，可以大幅降低功耗。

　　② 减小体积：数颗 IC（集成电路）整合为一颗 SoC 后，可有效缩小电路板上占用的面积，达到重量轻、体积小的特点。

　　③ 丰富系统功能：随着微电子技术的发展，在相同的内部空间内，SoC 可整合更多的功能元件和组件，丰富系统功能。

　　④ 提高速度：随着芯片内部信号传递距离的缩短，信号的传输效率将得以提升，而使产

品性能有所提高。

⑤ 节省成本：理论上，IP 模块的出现可以减少研发成本，降低研发时间。不过，在实际应用中，由于芯片结构的复杂性增强，也有可能导致测试成本增加及生产成品率下降。

虽然使用基于 IP 模块的设计方法可以简化系统设计，缩短设计时间，但随着 SoC 复杂性的提高和设计周期的进一步缩短，也给 IP 模块的重用带来了如下问题。

① 要将 IP 模块集成到 SoC 中，要求设计者完全理解复杂 IP 模块的功能、接口和电气特性，如微处理器、存储器、控制器、总线仲裁器等。

② 随着系统复杂性的提高，要得到完全吻合的时序也越来越困难。即使每个 IP 模块的布局是预先定义的，但把它们集成在一起仍会产生一些不可预见的问题，如噪声，这些问题对系统性能有很大的影响。

6.1.3　SoPC

以往的 SoC 设计依赖于固定的 ASIC，其设计通常采用全定制和半定制电路设计方法，设计完成后如果不能满足要求，经常需要重新设计再进行验证，这将导致开发周期变长及开发成本的增加。另外，如果要对固定 ASIC 的设计进行修改、升级，也将花费昂贵的代价进行重复设计。与 ASIC 比较，可编程逻辑器件（PLD）的设计要灵活得多，它不仅开发周期较短，而且规模效应具有成本优势。

SoPC （System on a Programmable Chip，片上可编程系统）是 Altera 公司提出的一种灵活、高效的解决方案，它将处理器、存储器、I/O 口、LVDS、CDR 等系统设计需要的东西集成到一个 PLD 器件上，构成一个可编程的片上系统，它所具有的灵活性、低成本可让系统设计者获益匪浅。

SoPC 是 SoC 技术和可编程逻辑技术结合的产物，是一种特殊的嵌入式系统。首先它是 SoC，即可以由单个芯片完成整个系统的主要逻辑功能；其次，它还是可编程系统，具有灵活的设计方式，可裁减、可扩充、可升级，并具备一定的系统可编程功能。

SoPC 设计技术涵盖了嵌入式系统设计技术的全部内容，包括以处理器实时多任务操作系统（RTOS）为中心的软件设计技术、以 PCB 和信号分析为基础的高速电路设计技术、软硬件协同设计技术。

SoPC 结合了 SoC、PLD 和 FPGA 各自的优点，具备以下特点：

① 至少包含一个嵌入式处理器内核；

② 具有小容量片内高速 RAM 资源；

③ 丰富的 IP Core 资源；

④ 足够的片上可编程逻辑资源；

⑤ 处理器调试接口和 FPGA 编程接口；

⑥ 可能包含部分可编程模拟电路；

⑦ 单芯片，低功耗，微封装。

近年来 PLD 器件密度的提高、芯片规模的扩大和性能的提升为 SoPC 提供了物质基础。下面以 Altera 公司的 SoPC 解决方案为例，介绍 SoPC 技术的应用。

Altera 公司起初是生产可编程逻辑器件及其开发工具并拥有一些 IP 核的公司。随着相关技术的发展，尤其是通信技术的发展，对带宽和速度的要求越来越高，Altera 率先推出了自己的 SoPC 解决方案，将处理器、存储器、I/O 口、LVDS、CDR 等系统设计需要的东西集成到一个 PLD 器件上，构成一个可编程的片上系统。

在速度要求较高的高端应用领域，如通信领域，软核的处理速度不够，Altera 就推出了基于 ARM 硬核的 SoPC 解决方案。

为了支持 SoPC 的开发，Altera 公司还推出了一系列 EDA 设计工具，如 Quartus II 和 SoPC Builder。

Quartus II 是一个集成开发环境，设计人员可在其中完成 SoPC 的全部设计，包括系统的生成、编译、仿真，并可以下载到开发器件中，进行实时评估和验证。尤其是该软件还可以集成 SoPC Builder 开发工具，使 SoPC 的开发更为便捷。

SoPC Builder 是一个自动化的系统开发工具，可以简化 SoPC 的设计工作。它提供了一个强大的设计平台以搭建基于总线的系统，其内部包含一系列模块，如处理器、存储器、总线、DSP 等 IP 核。使用 SoPCBuider，设计人员能够快速地调用和集成内建的 IP 核库，定义一个从硬件到软件的完整系统。

6.2　微机电系统（MEMS）技术

微机电系统（MEMS，Micro-Electro-Mechanical System）也叫作微电子机械系统、微系统、微机械等，是在微电子技术（半导体制造技术）基础上发展起来的，融合了采用光刻、腐蚀、薄膜、LIGA、硅微加工、非硅微加工和精密机械加工等技术制作的高科技电子机械器件。

微机电系统是集微传感器、微执行器、微机械结构、微电源/微能源、信号处理和控制电路、高性能电子集成器件、接口、通信等于一体的微型器件或系统。MEMS 是一项革命性的新技术，广泛应用于高新技术产业，是一项关系到国家的科技发展、经济繁荣和国防安全的关键技术。

MEMS 侧重于超精密机械加工，涉及微电子、材料、力学、化学、机械学等诸多学科领域。它的学科面涵盖微尺度下的力、电、光、磁、声、表面等物理、化学、机械学的各分支[2]。MEMS 是一个独立的智能系统，可大批量生产，其系统尺寸为几毫米乃至更小，其内部结构一般在微米甚至纳米量级。常见的产品包括 MEMS 加速度计、MEMS 麦克风、微马达、微泵、微振子、MEMS 光学传感器、MEMS 压力传感器、MEMS 陀螺仪、MEMS 湿度传感器、MEMS 气体传感器等以及它们的集成产品，如图 6.2.1 所示。微机电系统是微电路和微机械按功能要求在芯片上的集成，尺寸通常在毫米或微米级，自 20 世纪 80 年代中后期崛起以来发展极其迅速，被认为是继微电子之后又一个对国民经济和军事领域具有重大影响的技术领域，将成为 21 世纪新的国民经济增长点和提高军事能力的重要技术途径。

图 6.2.1　MEMS 产品

6.2.1　微机电系统的特点

微机电系统的优点是：体积小、重量轻、功耗低、耐用性好、价格低廉、性能稳定等。微机电系统的出现和发展是科学创新思维的结果，是微观尺度制造技术的演进与革命。微机电系统是当前交叉学科的重要研究领域，涉及电子工程、材料工程、机械工程、信息工程等多项科学技术工程，将是未来国民经济和军事科研领域的新增长点。

其主要特点如下。

① 微型化：MEMS 器件体积小、重量轻、耗能低、惯性小、谐振频率高、响应时间短，如图 6.2.2 所示；

② 以硅为主要材料，机械电气性能优良：硅的强度、硬度和杨氏模量与铁相当，密度类似铝，热传导率接近钼和钨；

③ 批量生产：用硅微加工工艺在一片硅片上可同时制造成百上千个微型机电装置或完整的 MEMS。批量生产可大大降低生产成本；

④ 集成化：可以把不同功能、不同敏感方向或致动方向的多个传感器或执行器集成于一体，或形成微传感器阵列、微执行器阵列，甚至把多种功能的器件集成在一起，形成复杂的微系统。微传感器、微执行器和微电子器件的集成可制造出可靠性、稳定性很高的 MEMS；

⑤ 多学科交叉：MEMS 涉及电子、机械、材料、制造、信息与自动控制、物理、化学和生物等多种学科，并集约了当今科学技术发展的许多尖端成果。

图 6.2.2　MEMS 产品体积微小

6.2.2　微机电系统的分类

1. 传感 MEMS 技术

传感 MEMS 技术是指用微电子、微机械加工出来的、用敏感元件和参数（如电容、压电、压阻、热电耦、谐振、隧道电流等）来感受转换电信号的器件和系统。它包括速度、压力、湿度、加速度、气体、磁、光、声、生物、化学等各种传感器，按种类分主要有：面阵触觉传感器、谐振式力敏传感器、微型加速度传感器、真空微电子传感器等。传感器的发展方向是阵列化、集成化、智能化。由于传感器是人类探索自然界的触角，是各种自动化装置的神经元，且应用领域广泛，备受世界各国的重视。

2. 生物 MEMS 技术

生物 MEMS 技术是用 MEMS 技术制造的化学/生物微型分析和检测芯片或仪器，有一种在衬底上制造出的微型驱动泵、微控制阀、通道网络、样品处理器、混合池、计量、增扩器、反应器、分离器以及检测器等元器件并集成为多功能芯片，可以实现样品的进样、稀释、加试剂、混合、增扩、反应、分离、检测和后处理等分析全过程。它把传统的分析实验室功能微缩在一个芯片上。生物 MEMS 系统具有微型化、集成化、智能化、成本低的特点，功能上有获取信息量大、分析效率高、系统与外部连接少、实时通信、连续检测的特点。国际上生物 MEMS 的研究已成为热点，不久将为生物、化学分析系统带来一场重大的革新。

3. 光学 MEMS 技术

随着信息技术、光通信技术的迅猛发展，MEMS 发展的又一领域是与光学相结合，即综合微电子、微机械、光电子技术等基础技术，开发新型光器件，称为微光机电系统（MOEMS）。它能把各种 MEMS 结构件与微光学器件、光波导器件、半导体激光器件、光电检测器件等完整地集成在一起，形成一种全新的功能系统。MOEMS 具有体积小、成本低、可批量生产、可精确驱动和控制等特点。较成功的应用科学研究主要集中在两个方面：一是基于 MOEMS 的新型显示、投影设备，主要研究如何通过反射面的物理运动来进行光的空间调制，典型代表为数字微镜阵列芯片和光栅光阀；二是通信系统，主要研究通过微镜的物理运动来控制光路发生预期的改变，较成功的有光开关调制器、光滤波器及复用器等光通信器件。MOEMS 是综合性和学科交叉性很强的高新技术，开展这个领域的科学技术研究可以带动大量新概念的功能器件的开发。

4. 射频 MEMS 技术

射频 MEMS 技术传统上分为固定的和可动的两类。固定的 MEMS 器件包括本体微机械加工传输线、滤波器和耦合器，可动的 MEMS 器件包括开关、调谐器和可变电容。按技术层面又分为由微机械开关、可变电容器和电感谐振器组成的基本器件层面；由移相器、滤波器和 VCO 等组成的组件层面；由单片接收机、变波束雷达、相控阵雷达天线组成的应用系统层面。

随着时间的推移和技术的逐步发展，MEMS 所包含的内容正在不断增加，并变得更加丰富。世界著名信息技术期刊《IEEE 论文集》在 1998 年的 MEMS 专辑中将 MEMS 的内容归纳为集成传感器、微执行器和微系统。人们还把微机械、微结构、灵巧传感器和智能传感器归入 MEMS 范畴。制作 MEMS 的技术包括微电子技术和微加工技术两大部分。微电子技术主要包括氧化层生长、光刻掩模制作、光刻选择掺杂（屏蔽扩散、离子注入）、薄膜（层）生长、连线制作等。微加工技术主要包括硅表面微加工和硅体微加工（各向异性腐蚀、牺牲层）技术、晶片键合技术、制作高深宽比结构的 LIGA 技术等。利用微电子技术可制造集成电路和许多传感器，微加工技术很适合于制作某些压力传感器、加速度传感器、微泵、微阀、微沟槽、微反应室、微执行器、微机械等，从而能充分发挥微电子技术的优势，利用 MEMS 技术大批量、低成本地制造高可靠性的微小卫星。

MEMS 技术是一个新兴技术领域，主要属于微米技术范畴。MEMS 技术的发展已经历了 10 多年时间，大都基于现有技术，发展出一批新的集成器件，大大提高了器件的功能和效率，已显示出了巨大的生命力。MEMS 技术的发展有可能会像微电子技术一样，对科学技术和人类生活产生革命性的影响，尤其对微小卫星的发展影响更加深远，必将为大批量生产低成本、高可靠性的微小卫星打开大门。

6.2.3 微机电系统的工艺材料

微机械加工工艺基本有两种方式：①体微加工工艺；②表面微加工工艺。微机电系统加工工艺对材料的要求是：①具有可微机械加工的特性；②具有一定的机械性能；③具有较好的电性能；④具有较好的热性能。目前能基本满足上述要求的材料有半导体硅、锗、砷化镓、金属铌，以及石英、陶瓷等，尤以硅材料最为常见。

微机电系统的结构材料如下。

● 基底材料：硅，砷化镓，其他半导体材料；

- 薄膜材料：单晶硅，氮化硅，氧化硅；
- 金属材料：金，铝，其他金属。

微机电系统的功能材料如下。

- 高分子材料：聚酰亚胺，PMMA；
- 敏感材料：压阻，压电，热敏，光敏，其他材料；
- 致动材料：形状记忆合金，磁性材料等。

砷化镓（GaAs）是一种半导体化合物，由等量的砷原子和镓原子组成。作为化合物，含有两种元素原子的砷化镓的晶体结构更为复杂，是用于电子和声子器件在单个衬底单片集成的优秀材料。GaAs 的迁移率约比硅高 7 倍，当它被光源激发时，能更好地促进电子电流流动。

石英是 SiO_2 的化合物。石英的一个单位晶胞是四面体形状，3 个氧原子分别位于四面体底部的 3 个顶点，1 个硅原子在四面体的另一个顶点上。垂直于基面的轴叫作 Z 轴。石英晶体结构是由 6 个硅原子组成的圆环。石英几乎是用作传感器的理想材料，因为它有非常好的尺寸热稳定性。它用于市场中的许多压电器件中，石英晶体的商业应用包括手表、电子滤波器和谐振器。石英是应用于微流体医学分析的理想材料。

微机电系统所用的陶瓷材料与一般陶瓷不同，它是以化学合成的物质为原料，控制其中的组分比，经过精密的成型烧结，制成适合微系统需要的多种精密陶瓷材料，通常称为功能陶瓷材料。功能陶瓷具有耐热性、耐腐蚀性、多孔性、广电性、介电性和压电性等许多独特的性能。

为什么硅是比较理想的衬底材料呢？原因是：①硅的力学性能稳定，并且可被集成到相同衬底的电子器件上；②硅几乎是一个理想的结构材料，它几乎具有与钢相同的杨氏模量，但却与铝一样轻；③硅材料的质量轻，密度为不锈钢的 1/3，而弯曲强度却是不锈钢的 3.5 倍，它具有高的强度密度和高的刚度密度比。④它的熔点为 1400℃，约为铝的两倍；⑤它的膨胀系数是铝的 1/10；⑥单晶硅具有优良的机械、物理性质，其机械品质因数可高达 10^6 数量级，机械稳定性好，是理想传感器和执行器材料；⑦硅衬底在设计和制造中具有更大的灵活性。

6.2.4　微机电系统的应用领域

MEMS（微机电系统）最初大量用于汽车安全气囊，而后以 MEMS 传感器的形式被大量应用在汽车的各个领域，随着 MEMS 技术的进一步发展，以及应用终端"轻、薄、短、小"的特点，人们对小体积高性能的 MEMS 产品需求增势迅猛，消费电子、医疗等领域也大量出现了 MEMS 产品的身影。MEMS 发展的目标在于，通过微型化、集成化来探索新原理、新功能的元件和系统，开辟一个新技术领域和产业。MEMS 可以完成大尺寸机电系统所不能完成的任务，也可嵌入大尺寸系统中，把自动化、智能化和可靠性提高到一个新的水平。21 世纪 MEMS 将逐步从实验室走向实用化，对工农业、信息、环境、生物工程、医疗、空间技术、国防和科学发展产生重大影响。

到目前为止，MEMS 的成熟技术已经应用在以下几个方面：

① 在喷墨打印机里作为压电元件；
② 在汽车里作为加速规来控制碰撞时安全气囊防护系统的使用；
③ 在汽车里作为陀螺来测定汽车倾斜，控制动态稳定控制系统；
④ 在轮胎里作为压力传感器，在医学上测量血压；

⑤ 数字微镜芯片；

⑥ 在计算机网络中充当光交换系统，是一个与智能灰尘技术融合的技术。

6.3　生物芯片技术

生物芯片（biochip）是指采用光导原位合成或微量点样等方法，将大量大分子（比如核酸片段、多肽分子甚至组织切片、细胞等）生物样品有序地固化于支持物的表面，组成密集二维分子排列，然后与已标记的待测生物样品中的靶分子杂交，通过特定的仪器对杂交信号的强度进行快速、并行、高效的检测分析，从而判断样品中靶分子的数量。由于常用硅片作为固相支持物，且在制备过程中模拟计算机芯片的制备技术，所以称之为生物芯片技术。

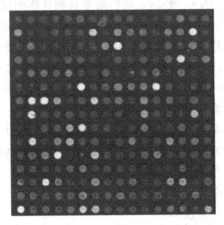

图 6.3.1　DNA 芯片荧光扫描分析图

6.3.1　生物芯片发展历史

自从 1996 年美国 Affymetrix 公司成功制作出世界上首批用于药物筛选和实验室试验用的生物芯片并制作出芯片系统，此后世界各国在芯片研究方面突飞猛进，不断有新的突破。美国的 Hyseq 公司、Syntexi 公司、Nanogen 公司、Incyte 公司及日本、欧洲各国都积极开展了 DNA 芯片研究工作；摩托罗拉、惠普、IBM 等跨国公司也相继投以巨资开展芯片研究。1998 年 12 月 Affymefrix 公司和 Molecular Dynamics 公司宣布成立基因分析技术协会以制定一个统一的技术平台生产更加有效且价廉的设备。美国召开了两次芯片技术会议，克林顿总统在会上高度赞赏和肯定了该技术，将芯片基因技术看作是保证公众健康的指南针。当时预计在会后 5 年内生物芯片销售可达 200 亿～300 亿美元。据预测，在 21 世纪，生物芯片对人类的影响将可能超过微电子芯片。

1998 年 10 月，我国中科院将基因芯片列为"九五"特别支持项目，利用中科院在微电子技术、生化技术、物理检测技术方面的优势，组织跨所、跨学科合作。在微阵列芯片和基于 MEBS 的芯片方面获得较大突破，在 DNA 芯片设计、基本修饰、探针固定、样品标记、杂交和检测等方面的技术有较大进展，已研制出肝癌基因差异表达芯片、乙肝病毒多态性检测芯片、多种恶性肿瘤病毒基因芯片等有一定实用意义的基因芯片和 DNA 芯片检测仪样机。中科院上海冶金所等单位开发出重大传染性疾病的诊断芯片及检测设备，如 HBV、HCV、TB 3 种基因诊断芯片。同时，清华、复旦、东南大学、北京军事医学科学院、华东理工大学、第一军医大学等院校都在积极进行芯片研究，并已有部分产品问世[2]。

6.3.2　生物芯片分类

根据芯片上固定的探针不同，生物芯片包括基因芯片、蛋白质芯片、细胞芯片、组织芯片，此外还有元件型微阵列芯片。表达谱基因芯片是用于基因功能研究的一种基因芯片，是目前技术比较成熟、应用最广泛的一种基因芯片。

6.3.3　生物芯片的应用前景

生物芯片能为现代医学发展提供强有力的手段，促进医学从"系统、血管、组织和细胞层次"（第二阶段医学）向"DNA、RNA、蛋白质及其相互作用层次"（第三阶段医学）过渡，使之尽快进入实际应用。基因芯片可为研究不同层次多基因协同作用提供手段，这将在研究人类重大疾病的相关基因及作用机理等方面发挥巨大作用。人类许多常见病，如肿瘤、心血管病、神经系统退化性疾病、自身免疫性疾病及代谢性疾病等均与基因有密切的关系。

DNA 芯片技术可用于水稻抗病基因的分离与鉴定。水稻是中国的主要粮食作物，病害是提高水稻产量的主要限制因素。利用转基因技术进行品种改良，是目前最经济有效的防治措施。而应用这一技术的前提是必须首先获得优良基因克隆，但目前具有专一抗性的抗病基因数量有限，限制了这一技术的应用。而将基因芯片用于水稻抗病相关基因的分离及分析，可方便地获取抗病基因，产生明显的社会效益。

近年来，生物芯片的应用前景呈现以下几个特点：

（1）高密度芯片的批量制备技术

利用平面微细加工技术，结合高产率原位 DNA 合成技术，制备高密度芯片是重要的发展趋势。

（2）高密度基因芯片的设计

将会成为基因芯片发展的一个重要课题，它决定基因芯片的应用和功能。利用生物信息学方法，根据被检测基因序列的特征和检测要求，设计出可靠性高、容错性好、检测直观的高密度芯片是决定其应用的关键。

（3）生物功能物质微阵列芯片的研制

发展高集成度的生物功能单元的微阵列芯片，特别是发展蛋白质、多肽、细胞和细胞器、病毒等生物功能单元的高密度自组装技术，研制和开发有批量制备潜力的生物芯片制备技术。

在医药设计、环境保护、农业等各个领域，基因芯片均有很多用武之地，成为人类造福自身的工具。

6.4　纳电子技术

"纳米"是英文 namometer 的译名，是一种度量单位，1 纳米为百万分之一毫米，即 1 毫微米，也就是十亿分之一米，大约相当于 45 个原子串起来那么长。纳米结构通常是指尺寸在 100 纳米以下的微小结构。1982 年扫描隧道显微镜发明后，便发现了一个以纳米长度为研究对象的分子世界，它的最终目标是直接以原子或分子来构造具有特定功能的产品。因此，纳米技术其实就是一种用单个原子、分子制造物质的技术。

今天人们生活在信息社会中，对信息的依赖和占有程度越来越高，而信息的获取、放大、存储、处理和传输等都离不开微电子技术，因此微电子学的应用显得越来越重要。微电子学研究发展的核心是集成电路，21世纪是集成电路及其相关领域持续发展的新世纪。随着微电子技术的发展，集成电路的集成度不断攀升，集成化器件的特征尺寸已进入深亚微米、纳米级（0.1~100nm），在原理、结构和制造工艺等方面都有许多重大突破，同时出现了许多新概念、新机理的电子器件，因此纳电子学应运而生。

纳电子学是指在纳米尺度（量子点或库仑岛）中，探测、识别与控制单个量子或量子波的运动规律，研究单个原子、分子人工组装和自组装技术，研究在量子点内，单个量子或量子波所表现出来的特征和功能的学科。其发展研究已成为一个前沿热点领域，而纳电子器件是纳电子学重要的组成部分，它的理论和潜在应用研究必将成为人们关注的焦点。纳电子器件方面的技术进步，在今后相当长的时期内仍会继续保持其突飞猛进、日新月异的势头。

6.4.1　纳电子器件

1. 单电子晶体管

单电子晶体管是用一个或者少量电子就能记录信号的晶体管。随着半导体刻蚀技术和工艺的发展，大规模集成电路的集成度越来越高。以动态随机存储器（DRAM）为例，它的集成度差不多以每两年增长4倍的速度发展，预计单电子晶体管将是最终的目标。目前一般的存储器每个存储元包含20万个电子，而单电子晶体管每个存储元只包含一个或少量电子，因此它将大大降低功耗，提高集成电路的集成度。

1989年 J. H. F. Scott-Thomas 等人在实验中发现了库仑阻塞现象。在调制掺杂异质结界面形成的二维电子气上面制作一个面积很小的金属电极，使得在二维电子气中形成一个量子点，它只能容纳少量的电子，也就是说它的电容很小。当外加电压时，如果电压变化引起的量子点中电荷变化量不到一个电子的电荷，则将没有电流通过。直到电压增大到能引起一个电子电荷的变化时，才有电流通过。因此电流–电压关系不是通常的直线关系，而是台阶形的。这个实验在历史上第一次实现了用人工控制一个电子的运动，为制造单电子晶体管提供了实验依据。

单电子晶体管如图6.4.1所示，由两个极薄的绝缘层夹一个小岛（库仑岛，尺寸小于10nm）组成。若加在栅上的电压变化引起的库仑岛中电荷变化量不到一个电子的电荷，则没有电流通过。直到电压增大到能引起一个电子电荷的变化时，源漏之间才有电流通过。

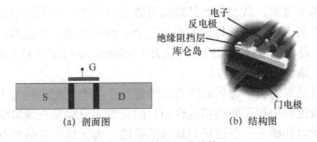

图 6.4.1　单电子晶体管

为了提高单电子晶体管的工作温度，必须使量子点的尺寸小于10nm，目前世界各实验室都在想各种办法解决这个问题。有些实验室宣称已研制出室温下工作的单电子晶体管，观察到由电子输运形成的台阶形电流-电压曲线，但离实用还有相当长的距离。

2. 碳纳米管场效应晶体管

自 1991 年 S. Iijima 发现碳纳米管后，由于其独特的物理、化学性质及其机械性能，具有径向量子效应、超大比表面积、千兆赫兹的固有振荡频率等特点，碳纳米管（CNT，carbon nanotube）引起了人们的极大关注。从结构上来说，CNT 可以分为单壁碳纳米管（SWCNT，single-walled carbon nanotube）和多壁碳纳米管（MWCNT，multi-walled carbon nanotube）。SWCNT 是单层的，其直径为 1～5nm；MWCNT 大约有 50 层，内径为 1.5～15nm，外径为 2.5～30nm。MWCNT 由于结构上存在缺陷，其纳结构在稳定性上不如 SWCNT 结构。碳纳米管具有一些独特的电学性质，可制备出金属型和半导体型两种特性的器件。

最早利用碳纳米管制成的场效应晶体管是荷兰代尔夫特工业大学 Tans S. J. 等人于 1998 年首次提出的，其将硅衬底作为背栅（衬底上通过热氧化生长 1 层厚 300nm 的 SiO_2 层），然后制备 Pt 作为电极，再利用自组装技术将半导体型的单根单壁碳纳米管搭接在 Pt 电极上，

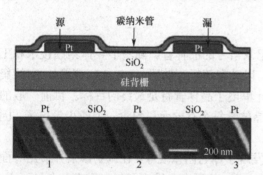

从而构建出单壁碳纳米管场效应晶体管结构，如图 6.4.2 所示。同年，IBM 的 R. Martel 等人也独立报道了他们的研究成果，并对器件结构进行了改进：在硅衬底上热生长 1 层厚氧化层（SiO_2）用作栅介质层，然后光刻制备 Au 作为电极，将分散于有机溶剂中的碳纳米管撒落在衬底上，用硅作为背栅。他们同时对单根多壁、单壁碳纳米管场效应晶体管的性能进行了分析研究。

图 6.4.2　单壁碳纳米管场效应晶体管典型结构示意图

普通 MOSFET 沟道为二维或三维结构，而碳纳米管场效应晶体管沟道为一维结构，因此载流子迁移率大大提高。普通 MOSFET 参与导电的是沟道和栅氧的界面，而碳纳米管场效应晶体管参与碳纳米管导电的是表面。普通 MOSFET 的源漏结势垒不能消失，而碳纳米管场效应晶体管通过选择源漏材料，可完全消除源漏结势垒。

3. 有机分子场效应晶体管

有机半导体与无机半导体相比，两者有着本质的不同：有机半导体是以范德华力相结合而形成的，无机半导体则是以共价键或离子键结合而形成的。另外，有机半导体中每一个分子单元的能量谱带都非常窄，从而导致其能级可能是分离的；而无机半导体的能带则是连续的，这一特征使得有机系统面临着与无机系统完全不同的挑战。该技术利用了分子之间可自由组合的化学特性，晶体管电极之间的距离仅为 1～2nm，是目前世界上最小的晶体管。此外它还具有制造简单、造价低廉的优点。

到目前为止，虽然对有机半导体的研究已经进行了半个世纪，但是人们对与其相关的许多问题（如极子形成过程中粒子间的相互作用）的认识还只停留在现象学的水平，并且对有机半导体中电荷的输运还缺乏一个很好的精微的描述。为了进一步研究有机半导体中电子的本质特性，突破传统的时间渡越法的限制是很重要的，而场效应技术正好是研究材料的二维物理性质的一种十分有效的方法。这种技术通过不断调整横向电场产生的电荷密度，使得德

对电荷系统无法测量的大载流子密度区域的研究成为可能。

4. 超导开关器件

1908 年，荷兰物理学家昂纳斯首次把称为"永久气体"的氦成功地液化，因此获得 4.2K 的低温源，为超导发现准备了条件。3 年后，即 1911 年，在测试纯金属电阻率的低温特性时，昂纳斯又发现汞的直流电阻在 4.2K 时突然消失，多次精密测量表明，汞柱两端压降为零，他认为这时汞进入一种以零阻值为特征的新物态，成为"超导态"。根据超导体界面能的正负，我们将超导体分为第一类超导体和第二类超导体。大多数纯超导金属元素的界面能为正，称为第一类超导体。对于许多超导合金和少数几种纯超导金属元素来说，其界面能为负，称为第二类超导体。这里主要研究的是第二类超导体。

利用超导技术用一条具有高超导临界温度的控制线穿过另一条线，在交点通过施加控制电流来控制受控线在超导态和正常态之间的转换，即相当于用控制线控制电阻在零和有限（小）电阻之间的转换。应用超导技术制成的开关元件，其开关速度可达 10^{-11}s 左右的数量级，比半导体集成电路快 100 倍，但功耗却是它的 1/100 左右，为制造亚纳秒电子计算机提供了一个途径。

5. 忆阻器

忆阻器，全称记忆电阻（Memristor），它是表示磁通与电荷关系的电路器件。忆阻具有电阻的量纲，但和电阻不同的是，电阻的阻值是由流经它的电流决定的，而忆阻的阻值是由流经它的电荷确定的。因此，通过测定忆阻的阻值，便可知道流经它的电荷量，从而有记忆电荷的作用。1971 年 1 月，蔡少棠从逻辑和公理的观点指出，自然界应该还存在一个电路元件，它表示磁通与电荷的关系。2008 年 2 月，惠普公司的研究人员首次做出纳米忆阻器件，掀起忆阻研究的热潮。纳米忆阻器件的出现，有望实现非易失性随机存储器。并且，基于忆阻的随机存储器的集成度、功耗、读写速度都要比传统的随机存储器优越。其特点是：电阻值取决于多少电荷经过了器件。让电荷沿一个方向流过，阻值会增加；如果让电荷以反向流动，阻值就会减小；具有记忆能力，断电后阻值保持不变。

6. 石墨烯

石墨烯于 2004 年由曼彻斯特大学的 A. K. Geim 发现，它是已知材料中最薄的一种，而且牢固坚硬；热力学涨落不允许任何二维晶体在有限温度下存在，所以它的发现立即震撼了凝聚态物理界。虽然理论和实验界都认为完美的二维结构无法在非热力学零度下稳定存在，但是单层石墨烯在实验中已被制备出来。这归结于石墨烯在纳米级别上的微观扭曲。

优良的导电特性：石墨烯在室温下传递电子的速度比已知导体都快。石墨烯中的电子在轨道中移动时，不会因晶格缺陷或引入外来原子而发生散射。由于原子间作用力非常强，在常温下，即使周围碳原子发生挤撞，石墨烯中电子受到的干扰也非常小。2006 年 3 月，佐治亚理工学院（Georgia Institute of Technology）的研究员宣布成功地制造出石墨烯平面场效应晶体管并观测到了量子干涉效应，并基于此研究出以石墨烯为基础的电路。

6.4.2　纳电子材料

纳米材料一经诞生，即以其异乎寻常的特性引起了材料界的广泛关注。这是因为纳米材料具有一些与传统材料明显不同的特征。例如，纳米铁材料的断裂应力比一般铁材料高 12 倍；

气体通过纳米材料的扩散速度比通过一般材料的扩散速度快几千倍等；纳米相的铜比普通的铜坚固 5 倍，而且硬度随颗粒尺寸的减小而增大；纳米陶瓷材料具有塑性或称为超塑性等。

效应颜料：这是纳米材料最重要且最有前途的应用之一，特别是在汽车的涂装业中，因为纳米材料具有随角度而变化色彩的性能，使汽车面漆大增光辉，深受配漆专家的喜爱。

防护材料：由于某些纳米材料透明性好且具有优异的紫外线屏蔽作用，因此在产品和材料中添加少量（一般不超过 2%）的纳米材料，就会大大减弱紫外线对这些产品和材料的损伤作用，使之更加具有耐久性和透明性，因而被广泛用于护肤产品、包装材料、外用面漆、木器保护、天然和人造纤维以及农用塑料薄膜等方面。

精细陶瓷材料：使用纳米材料可以在低温、低压下生产质地致密且性能优异的陶瓷。因为这些纳米粒子非常小，很容易压实在一起。此外，这些粒子陶瓷组成的新材料是一种极薄的透明涂料，喷涂在诸如玻璃、塑料、金属、漆器甚至磨光的大理石上，具有防污、防尘、耐刮、耐磨、防火等功能。涂有这种陶瓷的塑料眼镜片既轻又耐磨，还不易破碎。

磁性材料：纳米粒子属于单磁畴结构的粒子，它的磁化过程完全由旋转磁化进行，即使不磁化也是永久性磁体，因此用它可制作永久性磁性材料。磁性纳颗粒具有单磁畴结构及矫顽力很高的特征，用它来制作磁记录材料可以提高信噪比，改善图像质量。当磁性材料的粒径小于临界半径时，粒子就变得具有顺磁性，称之为超顺磁性，这时磁相互作用弱。利用这种超强磁性可制作磁流体，磁流体具有液体的流动性和磁体的磁性，它在工业废液处理方面有着广阔的应用前景。

传感材料：纳米粒子具有高比表面积（表面积/体积）、高活性、特殊的物理性质及超微小性等特征，是适合用作传感器材料的最有前途的材料。外界环境的改变会迅速引起纳米粒子表面或界面离子价态和电子运输的变化，利用其电阻的显著变化可做成传感器，其特点是响应速度快、灵敏度高、选择性优良。

6.5　纳米相关技术

纳米究竟是什么呢？纳米实际上是一种计量单位，从宏观的角度上看 1 米等于 100 万微米，而 1 微米等于 1000 纳米；从微观上看，纳米是描述原子、分子等尺寸及其距离的，1 纳米仅等于十亿分之一米，人的一根头发丝的直径相当于 6 万纳米。纳米小得可爱，却威力无比，它可以对材料性质产生影响，并使其发生变化，使材料呈现出极强的活跃性。科学家们说，纳米这个"小东西"将给人类生活带来的震撼，会比被视为迄今为止影响现代生活方式最为重要的计算机技术更深刻、更广泛、更持久。

也许你觉得纳米技术离你很远，但它已经悄悄且确确实实地来到了你的生活中。纳米技术在生活中的应用相当广泛，日本的 8mm 摄像机的生产，抗菌除臭冰箱、洗衣机、高性能彩打墨粉等，采用的都是纳米技术，如果在分散的纳米分子材料上经过特殊处理，再运用到纤维物体上，那么衣服就可以不粘油、不粘水，由于纳米分子极小，它不会影响纤维物体的透气性和清洗效果。

纳米技术用在医学上，专家们把磁性纳米复合高分子微粒用于细胞分离，或者把非常细小的磁性纳米微粒放入一种液体中，让病人喝下后，对人身体的病灶部位进行治疗，并且通过操纵，可使纳米微粒在人身体的病灶部位聚集从而进行有目标的治疗，在不破坏正常细胞的情况下，可以把癌细胞等分离出来，也可以制成靶向药物控释纳米微粒载体（俗称"生物导弹"），用于治疗脑栓塞等疾病，同时也可用纳米技术生产出纳米探针（微型机器人）深入体内治疗疾病或清理体内垃圾等。如果在火箭燃料中加入不到 1% 的纳米铝粉，就可将燃烧能力提高一倍，如果将纳米技术应用在陶瓷上，可使陶瓷具有超塑性，大大增强了陶瓷的韧性，使之不怕摔，不易碎，坚固无比。另外，还能用纳米技术识别化学和生物传感器材料。令科学家高兴的是，纳米钛与树脂化合后生成的多种全新涂料具有多种同类产品无法比拟的优越性，在海水中浸泡 10 年不损坏，并具有神奇的自我修复能力和自洁性，纳米钛作为唯一对人的植物神经、味觉没有任何影响的金属，其用途非常广泛。有科学家设想，把纳米技术和基因技术组合起来运用，有可能给人类带来异想不到的惊喜。

纳米技术带动纳米经济的发展已经昭示着十分美好的前景，谁都想捷足先登，早日拿到"纳米技术"应用的"准生证"和"产权证"。因此，世界抢占纳米技术的热潮一浪高过一浪。从全球角度看，在纳米技术的应用上，目前日本远远强于欧美国家，居世界领先地位。我国在 20 世纪 80 年代就开始进行纳米技术的基础与应用研究，已将纳米技术研究列入国家"攀登计划"、"863"计划和"火炬计划"等计划中，并且已经取得了很大成果，全国对纳米科技领域资助的总经费大约相当于 700 万美元。国内以纳米技术为基础的企业约有 100 多家，现有纳米材料生产线有 10 余条。在纳米材料和技术的开发应用上，尤其在纳米粉体的化学制备上，江苏省发展较快，在泰兴、常州、宜兴等市出现了几家纳米材料企业，生产的纳米氧化锌、乙氧化钛等具有吸收紫外线的功能，可应用于化妆品、化纤等产业上。纳米技术在北京、广东、上海、重庆、哈尔滨等地也呈快速发展势头，"钛纳米级金属粉的制备与应用"课题在哈尔滨市通过鉴定，经独特工艺制取的纳米钛粉能让普通涂料具有令人惊讶的耐磨、耐腐蚀等性能。经国际联机检索，这项成果属国际首创。国家"863"计划新材料首席专家谢思深指出，与国内外多数纳米研究处于实验阶段相比，这项成果已率先实现了批量生产和大面积应用。专家指出，我国拥有自主知识产权的这一科技成果，产业化前景已被证明十分广阔，生产的高效能粉碎机，其单机每年可加工纳米金属粉 12 吨，纳米钛涂料在石化、食品、煤矿、机械、海洋船舶等领域，应用涂覆面积已经超过 10 万平方米。

催化剂：纳米粒子表面积大、表面活性中心多，为制作催化剂提供了必要条件。目前将纳米粉材（如铂黑、银、氧化铝和氧化铁等）直接用于高分子聚合物氧化、还原及合成反应的催化剂可大大提高反应效率。利用纳米镍粉作为火箭固体燃料反应催化剂，燃烧效率可提高 100 倍，例如用硅载体镍催化剂对丙醛的氧化反应表明，镍粒径在 5nm 以下，反应选择性发生急剧变化，醛分解反应得到有效控制，生成酒精的转化率急剧增大。

材料的烧结：由于纳米粒子的小尺寸效应及较大活性，不论高熔点材料还是复合材料的烧结都比较容易。其烧结温度低、烧结时间短，而且可得到烧结性能良好的烧结体。

医学与生物工程：纳米粒子与生物体有着密切的关系。如构成生命要素之一的核糖核酸蛋白质复合体，其粒度在 15～20nm 之间，生物体内的多种病毒也是纳米粒子。此外用纳米 SiO_2 微粒可进行细胞分离，用金的纳米粒子进行定位病变治疗可减少副作用。研究纳米生物学可以在纳米尺度上了解生物大分子的精细结构及其与功能的关系，获取生命信息，特别是细胞内的各种信息。利用纳米粒子研制成机器人，注入人体血管内，对人体进行全身健康检查，疏通脑血管中的血栓，清除心脏动脉脂肪沉积物，甚至还能吞噬病毒、杀死癌细胞等。印刷油墨根据纳米材料粒子大小不同而具有不同的颜色这一特点，可不依靠化学颜料而选择颗粒均匀、体积适当的粒子材料来制得各种颜色的油墨。

能源与环保：德国科学家正在设计用纳米材料制作一个高温燃烧器，通过电化学反应过程，不经燃烧就把天然气转化为电能。燃料的利用率要比一般电厂的效率提高 20%～30%，而且大大减少了二氧化碳的排放量。

微器件：纳米材料，特别是纳米线，可以使芯片集成度提高，电子元件体积缩小，使半导体技术取得突破性进展，大大提高了计算机的容量和计算速度，对微器件制作具有决定性的推动作用。纳米材料在使机器微型化及提高机器容量方面的应用前景被很多发达国家看好，有人认为它可能引发新一轮工业革命。

光电材料与光学材料：纳米材料由于其特殊的电子结构与光学性能作为非线性光学材料、特异吸光材料、军事航空中用的吸波隐身材料，以及包括太阳能电池在内的储能及能量转换材料等具有很高的应用价值。

增强材料：纳米结构的合金具有很强的延展性等，在航空航天工业与汽车工业中是一类很有应用前景的材料；纳米硅作为水泥的添加剂可大大提高其强度；纳米纤维作为硫化橡胶的添加剂可增强橡胶强度并提高其回弹性，纳米管在作为纤维增强材料方面也具有潜在的应用前景。

纳米滤膜：采用纳米材料已开发出可以分离仅在分子结构上有微小差别的多组分混合物，实现了高能分离操作的纳米滤膜。此外还将纳米材料用作火箭燃料推进剂、H_2 分离膜、颜料稳定剂及智能涂料、复合磁性材料等。纳米材料由于具有特异的光、电、磁、热、声、力、化学和生物学性能，广泛应用于宇航、国防工业、磁记录设备、计算机工程、环境保护、化工、医药、生物工程和核工业等领域。不仅在高科技领域具有不可替代的作用，也为传统产业带来了生机和活力。可以预言，纳米材料制备技术的不断开发及应用范围的拓展，必将对传统的化学工业和其他产业产生重大影响。

继互联网、基因科学之后，纳米现象成为人们关注的又一个"焦点"，20 世纪 80 年代初期纳米材料这一概念形成以后，世界各国对这种材料给予了极大关注。纳米技术看似神秘，其实，它已经走进了我们的生活。它所具有的独特的物理和化学性质，使人们意识到它的发展可能给日常生活、医药、能源、交通、环保、医药和化工等领域的研究带来新的机遇。纳米材料的应用前景十分广阔，在日常生活方面，有了防水防油的纳米材料做成的衣服，人们就不用洗衣服了，而且这种衣服穿着很舒服，并不像雨衣那样；用这种材料做成的红旗，即使下雨在室外也依然会高高飘扬；戴上涂有纳米涂料的眼镜，在寒冷的冬季，人们从室外进入室内，就能避免眼镜上蒙上一层水汽；用纳米材料制成的餐具不易摔碎；若将抗菌物质进行纳米处理，在生产过程中加进去就能制成抗菌的日常用品，如现在市场上已出现的抗菌内衣和抗菌茶杯等；把纳米技术应用到化妆品中，护肤、美容的效果就会更佳，如制成抗掉色的口红、可防灼伤的高级化妆品等。另外，在医疗方面，纳米级粒子将使药物在人体内传输更加方便，用数层纳米粒子包裹的智能药物进入人体后可主动搜索并攻击癌细胞或修补损伤组织；在人工器官外面涂上纳米粒子可预防移植后的排异反应；使用纳米技术的新型诊断仪器只需检测少量血液，就能通过其中的蛋白质和 DNA 诊断出各种疾病；有了通过血管进入人体的纳米级医疗机器人，将大大减轻病人手术的痛苦。纳米技术得到应用，纳米经济炙手可热，有专家大声疾呼：谁能在这场遍及全球的"纳米决战"中抢占一席之地，纳米技术就能为谁带来滚滚财源。

人类社会是在不断征服自然和不断攀登科技高峰而发展的，纳米技术也是如此。20 世纪50 年代末，物理学家开始认识到"物理学的规律不排除一个原子一个原子地制造物品的可能性"。经过几十年的艰苦探索，纳米技术取得了关键性的突破，1990 年 IBM 公司使用扫描探针移动 35 个原子，组成了 IBM 3 个字母，创造了人类最"微乎其微"的伟大奇迹，纳米神话令世界震惊。随后，从大西洋到太平洋，各个发达国家纷纷制定了发展战略，投入巨资抢占纳米科技战略高地。

21 世纪纳米技术和纳米材料正向新材料、微电子、计算机、医学、航天、航空、环境、能源、生物技术和农业等诸多领域渗透，世界各国正你追我赶，抢占纳米技术制高点，其发展速度越来越快，正对世界和各国产业结构产生前所未有的冲击，到 2000 年底，全球纳米技术的年产值已达到 500 亿美元，到 2010 年，年产值超过 3000 亿美元，相信在不远的将来，纳米技术在进一步广泛应用后，将会给 21 世纪的人类又带来一次工业革命，同时也会创造人们的就业机会。

纳米打假可能被一些人认为是小题大做，其实不然，现在只要留心大城市的市场上，打着"纳米家用电器"、"纳米防辐射衣服"、"纳米防紫外线化妆品"、"纳米太阳伞"等新奇广告招牌的现象随处可见，就如同"绿色食品"、"基因食品"、"数字电视"等一样，"前卫"商品堂而皇之地摆在商场的柜台上，纳米技术的用途相当广泛这点不错，但还没有到广泛应用的阶段，因此，一些企业借纳米造势，趁老百姓对纳米技术的内涵还不太清楚，或把一点点皮毛的加工谎称为纳米技术，或以"微米技术"降格充当，甚至置纳米材料不会释放微波这一普通常识不顾，声称自己的产品能释放保健微波来欺骗消费者。

可以说，现在市场上凡是能打上"绿色产品"标志的几乎都已打上了，吃、穿、用、住、行都有，明明是传统工艺生产的白酒，明明是同一块农田里长出的农副产品，摇身一变就变成了"绿色食品"，而其中各项污染或农药等有害物质超标者不计其数，不但败坏了"绿色产品"的声誉，而且也扰乱了市场，消费者对"绿色产品"的可信度正呈下降趋势，这和世界向绿色产品发展的潮流背道而驰。前车可鉴，我们应当未雨绸缪。纳米技术并非高不可攀，但也决非人人都能"纳"一把，因此，我们要提前做好纳米技术的打假工作，建立一套十分严格的评审和考核制度，为纳米技术的发展创造良好的空间，防止样样都要"纳"一把现象的发生，尽量避免恶意炒作"伪纳米"，不能等到造成极其严重的恶果后再去打与堵，那样的话，将会妨碍真正的纳米技术和产业快速、健康地发展，造成无法挽回的损失。

6.6　本　章　小　结

微电子技术是当今最有影响力的技术之一，它与其他各个学科的结合，使得各行各业得到了大力的发展。

SoC 技术可以有效地降低电子信息系统的开发成本，缩短开发周期，提高产品的竞争力，是未来工业界将采用的最主要的产品开发方式。SoC 也可以说是包含了设计和测试等更多技术的一项新的设计技术。

微机电系统是在微电子技术基础上发展起来的，融合了光刻、腐蚀、薄膜、硅加工、精密机械加工等技术制作的高科技电子机械器件，是集微传感器、微执行器、信号处理和控制电路于一体的微型器件系统。它已被广泛应用于高新技术产业，是一项关系到国家科技发展和经济繁荣的关键技术，将成为国民经济增长点和提高军事能力的重要技术途径。

微电子和生物学科的结合，促进了生物芯片技术的大力发展。在 21 世纪，生物芯片对人类的影响将超过微电子芯片。世界各国在生物芯片方面的研究，将应用于医药、环境保护、农业等各个领域，使其成为人类造福自身的工具。

　　随着微电子技术的发展，集成电路的集成度不断攀升，集成化器件的特征尺寸也已经进入了亚微米、纳米级尺度，在原理结构和制造工艺等方面有许多重大突破，因此出现了许多新概念、新机理的电子器件，也产生了纳电子学。它是研究在量子点内单个量子或量子波所表现出来的特征和功能的学科，其发展和研究已成为一个前沿热点领域，而纳电子器件是纳电子学重要的组成部分，它的理论和潜在应用研究将成为人们关注的焦点，在今后相当长的时期内仍会继续保持突飞猛进、日新月异的势头。

　　所有这些技术的发展和进步，都预示着微电子技术的前景将更加广阔。

思 考 题

1. 什么是 SoC？其技术特点是什么？什么是 IP 核？如何分类？
2. 简单阐述 SoC 的设计思想和理念。
3. SoC 具有哪些明显的技术优势？试举一实例说明 SoC 系统。
4. 当今 SoC 面临哪些技术挑战？
5. 什么是 MEMS 和 NEMS？它们的理论基础和技术基础分别是什么？
6. 试列举几个生活中见到的微机电系统产品。
7. 在微机电系统中常用的材料有哪些？和微电子中使用的材料有什么区别？
8. 试举例说明微机电系统在汽车行业里的应用。
9. 试举例说明微机电系统在通信行业里的应用。
10. 碳纳米管场效应晶体管的特点是什么？
11. 试通过文献调研，了解我国生物芯片的发展现状。
12. 阐述单电子晶体管和超导开关器件的工作原理。

参 考 文 献

[1] 陈志，胡晓珍. 集成电路产业现状与发展前景. 广东：广东经济出版社，2014.

[2] 施敏. 现代半导体器件物理. 北京：科学出版社，2002.

[3] 黄昆，韩汝琦. 固体物理学. 北京：高等教育出版社，1988.

[4] 刘恩科，朱秉升，罗晋生，等. 半导体物理学. 第4版. 北京：国防工业出版社，1994.

[5] 关旭东. 硅集成电路工艺基础. 北京：北京大学出版社，2003.

[6] 施敏. 半导体器件物理. 北京：电子工业出版社，1987.

[7] 叶良修. 半导体物理学：上册，下册. 北京：高等教育出版社，1983.

[8] 林昭炯，韩汝琦. 晶体管原理与设计. 北京：科学出版社，1977.

[9] 张兴，黄如. 微电子学概论. 北京：北京大学出版社，2005.

[10] 刘永，等. 晶体管原理. 北京：国防工业出版社，2002.

[11] 华成英，童诗白. 模拟电子技术基础. 北京：高等教育出版社，1980.

[12] 阎洪. 金属表面处理新技术. 北京：冶金工业出版社，1996.

[13] 赵文轸. 材料表面工程导论. 西安：西安交通大学出版社，1998.

[14] 朱正涌. 半导体集成电路. 北京：清华大学出版社，2001.

[15] 施敏. 半导体工艺基础. 合肥：安徽大学出版社，2007.

[16] Alan Hastings. The Art of Analog Layout. 北京：清华大学出版社，2004.

[17] 王志功. 集成电路设计. 2版. 北京：电子工业出版社，2009.

[18] 查尔斯·霍金斯，佐米·塞古拉，等.CMOS数字集成电路设计. 北京：机械工业出版社，2016.

[19] 霍奇斯. 数字集成电路分析与设计. 北京：电子工业出版社，2005.

[20] 克斯林. 数字集成电路设计. 北京：人民邮电出版社，2010.

[21] 拉贝. 数字集成电路设计透视. 北京：清华大学出版社，2007.

[22] 魏廷存，陈英梅，胡正飞. 模拟CMOS集成电路设计. 北京：清华大学出版社，2010.

[23] 拉扎维. 模拟CMOS集成电路设计. 陈贵灿，程军，等译. 西安：西安交通大学出版社，2002.

[24] 耶格，布莱洛克. 微电子电路设计. 北京：电子工业出版社，2011.

[25] 康松默. CMOS数字集成电路分析与设计. 北京：电子工业出版社，2009.

[26] 拉贝艾，等. 数字集成电路：电路、系统与设计. 周润德，等译. 北京：电子工业出版社，2006.

[27] 陈贵灿. CMOS集成电路设计. 西安：西安交通大学出版社，1999.

[28] 艾伦. CMOS模拟集成电路设计. 2版. 冯军，李智群，译. 北京：电子工业出版社，2007.

[29] 张健康，吴建设，孙肖子. CMOS集成电路设计基础. 2版. 北京：高等教育出版社，2008.

[30] 甘学温，赵宝瑛. 集成电路原理与设计. 北京：北京大学出版社，2006.

[31] 谭博学. 集成电路原理及应用. 北京：电子工业出版社，2008.

[32] 王志功. 集成电路设计. 北京：电子工业出版社，2009.

[33] 康华光. 电子技术基础. 4 版. 北京：高等教育出版社，1999.

[34] 邱关源. 电路（上册）. 3 版. 北京：高等教育出版社 1988.

[35] 郭培源. 电子电路及电子器件. 北京：高等教育出版社，2000.

[36] 孙肖子，张企民. 电子技术基础. 第二版. 西安：西安电子科技大学出版社，2001.

[37] 何乐年，王忆. 模拟集成电路设计与仿真. 北京：科学出版社，2008.

[38] 王阳. CMOS 模拟集成电路与系统设计. 北京：北京大学出版社，2012.

[39] 曾庆贵. 集成电路版图设计. 北京：机械工业出版社，2008.

[40] 沈尚贤. 电子技术导论（下册）. 北京：高等教育出版社，1986.

[41] 童诗白. 模拟电子技术基础. 2 版. 北京：高等教育出版社，1988.

[42] 纽曼. 电子电路分析与设计. 北京：清华大学出版社，2018.

[43] 邱关源. 电路（下册）. 3 版. 北京：高等教育出版社，1988.

[44] 李金平. 模拟集成电路基础. 北京：北方交通大学出版社，2003.

[45] 于歆杰. 电路原理. 北京：清华大学出版社，2007.

[46] 王志功. 集成电路设计与九天 EDA 工具应用. 南京：东南大学出版社，2004.

[47] 刘昶. 微机电系统基础. 北京：机械工业出版社，2007.

[48] 盖德. 微机电系统设计与加工. 张海霞，赵小林，译. 北京：机械工业出版社，2010.

[49] 石庚辰，郝一龙. 微机电系统技术基础. 北京：中国电力出版社，2006.

[50] 王琪民，刘明侯，秦丰华. 微机电系统工程基础. 安徽：中国科学技术大学出版社，2010.

[51] 刘泽文，黄庆安，王晓红. 微系统设计. 北京：电子工业出版社，2004.

[52] 卢桂章，赵新. 微机电系统设计. 北京：科学出版社，2010.

[53] 徐泰然. MEMS 和微系统设计与制造. 北京：机械工业出版社，2004.

[54] 史蒂夫·拉塞尔. 生物芯片技术与实践. 肖华胜，张春秀，等译. 北京：科学出版社，2010.

[55] 吴相钰，刘恩山. 生物技术实践. 杭州：浙江科学技术出版社，2005.

[56] 谢纳. 生物芯片分析. 北京：科学出版社，2004.

[57] 郭炜. SoC 设计方法与实现. 北京：电子工业出版社，2007.

[58] 唐彬. 数字 IC 设计. 北京：机械工业出版社，2006.

[59] 童勤义. 超大规模集成物理学导论. 北京：电子工业出版社，1988.